预制装配式桥墩
构造体系与抗震性能研究

付　涛　王有标　于　科　孙中华◎著

中国铁道出版社有限公司

2022年·北　京

内 容 简 介

本书从材料研发、构造体系和抗震性能多角度出发，采用结构设计、模型试验、数值模拟和理论分析相结合的研究方法，开展基于灌浆套筒连接的预制装配式桥墩构造体系与抗震性能研究。本书可以作为高等院校道路桥梁与渡河工程专业和土木工程专业桥梁抗震方面的参考资料，也可供从事桥梁工程专业的科研、设计、施工和教学人员参考或使用。

图书在版编目(CIP)数据

预制装配式桥墩构造体系与抗震性能研究/付涛等著. —北京：中国铁道出版社有限公司，2022.9
ISBN 978-7-113-29284-3

Ⅰ.①预… Ⅱ.①付… Ⅲ.①预制结构-装配式构件-桥墩-桥梁施工-研究 Ⅳ.①U443.22

中国版本图书馆 CIP 数据核字(2022)第 112395 号

书　　名：预制装配式桥墩构造体系与抗震性能研究
作　　者：付　涛　王有标　于　科　孙中华

策　　划：徐　艳
责任编辑：张　瑜　　　　**编辑部电话：**(010)51873017
封面设计：曾　程　郑春鹏
责任校对：苗　丹
责任印制：樊启鹏

出版发行：中国铁道出版社有限公司(100054，北京市西城区右安门西街 8 号)
网　　址：http://www.tdpress.com
印　　刷：北京柏力行彩印有限公司
版　　次：2022 年 9 月第 1 版　2022 年 9 月第 1 次印刷
开　　本：710 mm×1 000 mm 1/16　**印张：**15.25　**字数：**273 千
书　　号：ISBN 978-7-113-29284-3
定　　价：88.00 元

编 委 会

前　言

随着科技的进步和国家经济的发展，桥梁工业化生产程度越来越高。在国家“双碳”战略背景下，我国政府为了环境治理和节能减排，在工程建设领域大力推广绿色建造技术，绿色桥梁作为绿色建筑的一部分，是未来桥梁的发展方向，预制装配式桥梁符合资源高效利用和绿色低碳发展的理念，符合建筑业绿色可持续发展的大趋势，符合以工业化、标准化、智能化和绿色建造为特征的桥梁全产业链创新体系，是现代绿色桥梁设计与施工不可或缺的一部分，是智慧技术发展与传统行业不断融合所形成的技术成果。在智慧设计和绿色建造的背景下，针对预制装配式桥墩构造体系与抗震性能展开研究具有重要的实际意义和应用价值。

本书从材料研发、构造体系和抗震性能多角度出发，采用结构设计、模型试验、数值模拟和理论分析相结合的研究方法，开展基于灌浆套筒连接的预制装配式桥墩构造体系与抗震性能研究，全书共分9章，研发了满足HTRB600E高强钢筋灌浆套筒连接节点性能需求的高性能灌浆料，提出了以此灌浆料作为粘结介质的HTRB600E高强钢筋临界锚固长度，得出了基于高性能灌浆料的HTRB600E高强钢筋预制装配式桥墩地震破坏模式，探讨了采用高强度钢筋等体积代换和等强度代换纵筋以及箍筋对装配式桥墩抗震性能的影响规律。提出了基于灌浆套筒连接的新型中空夹层和钢管约束混凝土预制装配式桥墩构造体系，揭示了新型预制装配式桥墩地震破坏机理，得出了不同构造参数对新型预制装配式桥墩抗震性能的影响规律。本书可以作为高等院校道路桥梁与渡河工程专业和土木工程专业桥梁抗震方面的参考资料，也可供从事桥梁工程专业的科研、设计、施工和教学人员参考或使用。

本书在组织编写过程中得到了国家自然科学基金项目（51408339，51908337）、中建基础科技研发项目（CSCIC-2020-KT-05）和山东省自然科学基金项目(ZR2021ME227)的资助,得到了课题组同仁的大力支持和协助,在此谨表谢意。

由于编者水平所限,书中不当之处在所难免,诚望专家和读者提出宝贵意见。

编　　者
2022 年 6 月

目　　录

第1章 预制装配式桥墩技术发展概况

随着科技的进步和经济的发展，桥梁工业化生产程度越来越高。桥梁施工中追求的高效率和高质量成为新的发展趋势，同时人们对施工的环保要求也有所提高。近几年来，随着桥梁设计技术的进步和新型材料的不断涌现，桥墩结构向着轻型、高强和快速施工的方向发展，譬如基于超高性能灌浆料的钢筋灌浆套筒连接、预制装配式钢管约束混凝土桥墩构造体系、预制装配式空心桥墩设计构造等，未来装配式桥墩构造体系和产业化将会以更快的速度向前发展。

预制装配式桥墩的设计与施工技术是随着社会科学技术发展而提出的一种全新的技术。从“十三五”国家战略性发展规划来看，把发展装配式产业现代化作为推进供给侧结构性改革的重要抓手，相较于传统的桥墩设计和施工技术，该项技术在保证桥墩施工及运营期工程质量的前提下，可以有效减少工期，并减少对周边环境的污染。预制装配式桥墩的设计与施工技术更加符合现代社会人们对于桥梁的功能需求，无论从材料、装配手段或设计技术中的任一方面来看，预制装配式桥墩的设计技术都符合现代社会经济发展的需求，对桥梁行业工业化的可持续发展具有深远的影响，因此预制装配式桥墩技术被广泛应用于国内外的桥梁工程中。

1.1 概　　述

随着人类社会的进步和科学技术的发展，桥梁建设领域取得了前所未有的成就。自改革开放以来，我国桥梁以巨大的规模和飞快的建设速度向前发展，我国已成为世界桥梁大国。在桥梁建设中，桥梁结构设计不仅要求桥梁结构安全和耐久，而且要求最大限度降低对现有交通的干扰，提高施工安全性，降低环境污染，保证施工质量，提高施工速度，减小生命运营期内的成本。当前，我国的公路和城市桥梁多数仍采用传统的建造方法，其下部结构还是以现浇混凝土施工为主体，如图1-1所示。传统现浇方法存在诸多缺点，如施工生产效率低、施工工期长；现场施工人员多，劳动强度大，安全管理较为复杂，安全风险大；全部工程现场作业，施工质量不易保证，质量管理较为困难；现场作业产生大量的施工粉尘，灰霾、污水、建筑垃圾、噪声、振动等严重影响环境和附近居民的健康；对城市桥梁而言，现场浇筑期间因需要长期占用交通空间，因此需要实行交通管制，对交通影响较大。

图 1-1　传统现浇方法

为满足桥梁建设安全高效的要求，预制装配式施工技术在桥梁建造中便应运而生。预制装配式桥墩相较于整体现浇式桥墩，耐久性更好，具有良好的自复位能力，桥墩节段都在预制场完成，施工条件和外界环境影响较小，桥梁质量更有保障，对交通运输等方面影响更小。由于装配式建造技术是绿色建造技术发展主体之一，因此为了降低传统桥梁建设中的整体耗能高、建造效率低、现场作业量大等不利因素的影响，全预制装配式桥梁成为很多桥梁建设者的首选。

我国桥梁上部结构预制装配技术发展已经较为成熟，但下部结构预制装配技术才刚刚起步，前期主要应用在一些跨海大桥中。例如，东海大桥采用湿接头(图 1-2)；杭州湾跨海大桥采用预制混凝土矩形空心墩，在海上浪溅区完成了高精度的测量和安装；港珠澳大桥预制墩台采用现代设备进行铣边、铣面等机械加工处理，通过结构、定位及组装的设计优化，实现了高精度、大刚度要求和装配式、通用性功能，可为其他类似工程提供借鉴；上海长江大桥采用预制安装的桥梁长度达 5.56 km，采用工厂预制、现场安装的桥梁一体化施工，墩身多节预制，提高工艺，开创了快捷、便捷施工的新局面，为城市桥梁提供了一种新的思路。

图 1-2　东海大桥(采用湿接头)

近些年来，我国政府为了环境治理和节能减排，提出了大量的政策措施。在工程建设领域大力推广绿色建造技术，陆续出台了若干相关纲要、导则和法规，大力推动绿色建筑的发展。2006年，建设部正式颁布了《绿色建筑评价标准》，2007年建设部又出台了《绿色建筑评价技术细则（试行）》和《绿色建筑评价标识管理办法（试行）》，2012年财政部发布了《关于加快推动我国绿色建筑发展的实施意见》，2016年国务院办公厅颁发了《关于大力发展装配式建筑的指导意见》，2019年住房和城乡建设部更新了《绿色建筑评价标准》（GB/T 50378—2019），这些政策、文件、规范的推出，为绿色建造技术的落地生根提供了政策保障。

全预制装配式桥梁最主要的特点就是“预制”和“装配”，即全预制桥梁是将桥梁的主要构件通过工厂化预制，运至现场后进行拼装，少量部位进行现浇或采用其他连接方式的施工技术。主要将桥梁的主梁、护栏、墩柱、盖梁、桩基甚至承台等在工厂进行整体预制或节段预制，施工现场主要解决各预制构件间的连接问题，实质上是将现场的顺序施工转化成工厂的平行施工，通过现代化的制造、运输、安装和科学管理的生产方式，来代替传统桥梁建设中分散的、低水平的、低效率的生产方式。图1-3所示为预制装配式施工现场。

图1-3　预制装配式施工现场

随着预制装配技术的不断进步，全预制装配式桥梁的发展越来越快，以后的应用也会越来越多。相对于传统建桥方法，全预制混凝土装配式桥梁表现出很多优势，具体如下：

(1)快速施工。预制技术的应用在缩短施工时间方面效果明显，施工速度非常快，大大地缩短了工期。

(2)安全管理。预制构件可以减少大量的现场人工以及现场支架、钢筋、模板搭设和拆除工序，降低工人长时间高空作业，便于现场管理，减少施工危险性。

(3)质量保证。将露天生产转化为厂内作业，构件型号统一，养护条件好，构件质量稳定，工程总体质量优于传统工艺。

(4)保护环境。构件在预制工厂集中预制,避免了现场粗放式作业对环境造成的污染,有利于集中处治施工过程中产生的粉尘、废水及固体垃圾。对城市桥梁而言,降低了对既有交通、周边环境的干扰。同时,该项技术能适应敏感施工环境,对自然保护区、海上、施工工期较短的严寒地区均有较好的适用性。

(5)成本优势。建筑工程领域的劳动力成本逐年上升,采用该项施工技术可减少现场人员 50%~60%,大大降低了人工成本;同时工程规模越大,成本摊销幅度越大。预制拼装主要投入的是预制加工厂和相关的生产及吊装设备,因而实施的工程规模越大,施工机械成本和预制成本可以得到更为充分的摊销。

可见,全预制装配式桥梁具有传统桥梁建造方法无法比拟的诸多优点,是现浇混凝土桥梁的替代方式之一。更具长远意义的是,近年来我国政府陆续出台了关于绿色建筑的发展政策体系,提倡和推崇绿色建筑,如《绿色建筑评价标准》(GB/T 50378—2019)中对绿色建筑的定义为:"在全寿命期内,节约资源、保护环境、减少污染,为人们提供健康、适用、高效的使用空间,最大限度地实现人与自然和谐共生的高质量建筑。"绿色桥梁作为绿色建筑的一部分,是未来桥梁的发展方向,全预制装配式桥梁符合绿色桥梁的节约资源、保护环境的理念,是现代绿色桥梁设计与施工不可或缺的一部分,符合我国桥梁建筑业绿色可持续发展的大趋势。相较于传统桥梁"施工—设计—管养"三个相对独立的阶段,全预制装配式桥梁更符合以工业化、标准化、智能化和绿色建造为特征的桥梁全产业链创新体系,是智慧技术发展与传统行业不断融合所形成的"智慧桥梁"的结果。为此,在智慧设计、绿色施工与管养的背景下,针对全预制装配式桥梁结构体系和抗震性能研究具有重要的实际意义和应用价值。

1.2 国内外预制装配式桥墩技术发展状况

1.2.1 国外的发展概况

装配式桥墩技术的发展与工业化及经济水平密切相关。20 世纪 40 年代,法国的工业化迅速发展,为避免大量的脚手架和现场混凝土浇筑,减少人工工作量以及降低施工风险,工厂开始集中生产混凝土构件,现场拼装,桥梁预制装配式技术诞生。1945 年法国工程师 Freyssinet 率先对预应力混凝土桥梁采用预制装配式施工法,在巴黎以东马恩河上架设了五座桥梁。

自 1960 年以来,欧美等发达国家已使用预制桥墩建造桥梁。为加快桥梁建设,美国联邦公路管理局对许多项目进行了详细研究,并发布了装配式桥墩的设计和建造手册。当时，这种施工工艺主要应用于跨海大桥以及城市高架桥的建设中。1955 年，美国 Pontchtrain 桥使用了预制柱和承台，仅用 18 个月便完成了建造。

20 世纪 60 年代，美国环保运动激烈，在此背景下大量应用预制装配式技术，降低了对环境的污染。欧美等工业化发达国家的发展加速了桥梁建设，将装配式桥墩建造技术推广到实际施工中。1971 年，美国将预制装配式桥墩建造技术应用在得克萨斯 Corpus Christi JFK 堤道桥。

1974 年苏联制定了全预制装配式桥墩的结构体系施工标准。在此之前，苏联国内的桥梁工程中，钢筋混凝土上部结构的装配程度已达到 92%，而桥墩的装配程度只占 28%～40%。从 1975 年起，苏联开始在桥梁修建中采用由混凝土预制块组成的全预制装配式桥墩代替现浇桥墩和墩内现场灌浆的半装配式桥墩。在采用全预制装配式桥墩前，桥梁公司做过一些试验研究，检验了试件的强度，得到的结论是两块整体浇灌的试件强度不低于现浇试件的强度。桥梁工程总局特种结构设计室(CKB)制定了预制构件钢模和装配式桥墩的设计标准，并应用于莫斯科环行线上的伊斯特拉河桥。除伊斯特拉河桥外，全装配式的桥墩结构还用于跨度 44.8 m 的贝霍尔加河桥、跨度 34.2 m 的克利亚兹马河桥以及跨度 27.6 m 的莫斯科河桥上。

1982 年修建在美国佛罗里达州的 Seven Mile Bridge 采用装配式空心桥墩。1993 年，日本开始动工建造角岛大桥。这是一座连接角岛和日本本土的海上桥梁，由于工程规模庞大，冬季的海面波浪汹涌，同时该桥梁所处海域的海水非常清澄，环境优美，为了防止污染水质，采用了全预制装配式技术的施工方法，该桥的上部结构设计为预制混凝土梁，下部结构为装配式预制桥墩，是一座跨海大桥。1999 年位于美国科罗拉多州的 Vail Pass 公路桥均采用多节段装配式技术建造桥墩。2001 年，位于美国卡罗来纳州国家公园风景区内的 Linn Cove 桥，出于对环境的特殊考虑，其桥墩和箱梁均采用预制的方法，如图 1-4 所示。2003 年，美国贝尔维尤过境的东北第四、第六道路的高架桥，以及于2005 年建于新泽西州布里埃尔的马纳斯广河桥，均采用了全预制装配式桥梁结构。

图 1-4　Linn Cove 桥

2007 年，建于美国得克萨斯州贝尔顿湖上替代老桥所建造的新桥采用了预制桥墩和墩帽，该桥墩身与墩帽的连接采用的是嵌入式后张管道灌浆的方法，在当时开创了一种新的墩身与墩帽连接形式，通过研究发现该方式在非震区和地震低烈度区具有很好的效果，但是在高地震烈度区不适用。

1.2.2 国内的发展概况

我国对装配式桥墩的应用较晚。20 世纪 60 年代，在国防军事工程领域内研发了装配式桥墩技术，并成功用于六四式军用铁路桥梁，在桥墩快速抢修架设方面取得了很大的进步。在 21 世纪初的诸多特大桥梁工程施工中，下部结构预制装配式技术得到了大规模的应用，并且结构形式呈现复杂多样化趋势。新澳凼大桥(又名友谊大桥)于 1990 年 6 月动工，1994 年 4 月正式通车，是第二条连接澳门半岛和凼仔的跨海大桥，也是澳门三条澳凼大桥中最长的一座，全长 4 700 m，包括 800 m 的高架引桥，桥宽 18 m。大桥中段有处隆起，顶部距离海面大约 30 m，如图 1-5 所示。

图 1-5　新澳凼大桥(友谊大桥)

新澳凼大桥的施工特点是：施工水域长，水上交通、通信不便；施工水深受到限制，有效工作时间短；政府不能提供足够的施工场地；全桥穿越两个航道，对施工安全带来诸多不便；配合施工的工程船舶及工作船只、交通船只最高峰达百艘之多，对交通安全及防台工作造成很多困难；地质情况复杂，基础工程难度颇大；航道全跨施工工艺繁琐，属高空作业，施工难度大等。为了克服施工困难，我国在建造该桥时首次采用预制承台和预制墩身。预制承台为空腔挂箱，通过后浇混凝土使桩基与承台连为整体。预制墩身采用多层工字形截面块体，预留了多根螺纹高强钢筋孔道，对贯穿墩身和墩顶横梁的预应力钢筋进行张拉锚固，将墩身与桩基承台连成一体。

上海沪闽高架桥于 2001 年 12 月动工，2003 年 9 月底竣工，其沪闽高架路段二期工程采用全预制的拼装形式，是由上海市城市建设设计研究院进行设计，上海城建集团负责施工。该桥的桥墩高度在 7 m 左右，桥墩截面形式为矩形，采用装配式节段施工方法，节段间的连接方式为预应力钢筋连接，施工效率得到显著提高。这种全桥装配式施工技术可以大幅度减少对地面交通的影响，在城市高架桥梁中有广阔的应用前景。

随着装配式桥墩技术的发展,在大型高架桥以及跨海大桥等大规模桥梁工程中,采用装配式桥墩技术有持续递增的趋势。2002年开工建设的东海大桥,是我国第一座真正意义上的跨海大桥,全面采用装配式桥梁精细化施工方案,60 m和70 m梁采用预应力混凝土箱梁整孔预制、运输、架设工艺,桥墩大量采用整体预制安装工艺。

随着全预制装配式桥梁的迅速发展,以及预制节段施工技术的日益成熟,预制装配式桥梁的发展方向逐渐向城市桥梁迈进。作为装配式技术发展与应用的最前沿,上海地区已经率先将预制装配式技术应用于城市高架桥建设。上海S6沪翔高速公路于2014年7月正式建成通车,该桥采用全预制装配式的施工方式建成,大大缩短了墩柱施工周期,保证了墩柱施工的精度和质量。随后,S6公路还进行了少量立柱盖梁预制拼装(图1-6和图1-7),并且在上海嘉闵高架桥、上海虹梅路高架桥,以及上海S3公路上予以推广。

图1-6 立柱预制安装

图1-7 盖梁预制安装

厦门BRT高架桥于2011年2月建成投入运营,该桥上部结构采用预制节段拼装连续箱梁,下部结构预制桥墩墩身采用空心截面以利于运输及吊装施工。厦门仙岳路高架桥于2015年5月建成,综合考虑质量、保通、美观、工期、环保等方面的要求,采用全预制装配式结构。天津生态城航海道匝道桥项目于2018年10月开工建设,是天津地区首座采用全预制装配式工艺建设的桥梁,缩短工期2个月左右。

广东省芳村大道快捷化改造项目于2019年1月完成首根预制装配式桥梁墩柱安装,如图1-8所示,2019年10月建成,该项目是广东省内首次采用全预制装配式桥梁,桥梁构件在预制场内统一制作,预制装配率达到90%。

河南郑州四港联动大道是河南省首座全预制装配式高架桥工程,2019年5月四港联动大道互通立交工程配套构件生产线(构件厂)正式投产,全桥于2020年9月建成。无锡凤翔路高架桥于2018年11月开始施工,采用全预制装配式施工技术,上部结构采用预制的预应力混凝土简支梁,下部结构采用预制墩柱构件,现场进行拼装,如图1-9所示。

图 1-8　广东省首根预制墩柱安装

图 1-9　无锡凤翔路高架桥立柱安装

浙江绍兴智慧快速路高架桥，首期率先实施的四条智慧快速路项目总里程 74 km，于 2022 年 3 月 19 日正式通车，浙江省首个桥梁全预制装配式构件生产基地——绍兴市市政装配式预制构件生产基地，为绍兴智慧快速路建设提供了环保、优质的“整装服务”，如图 1-10 所示。

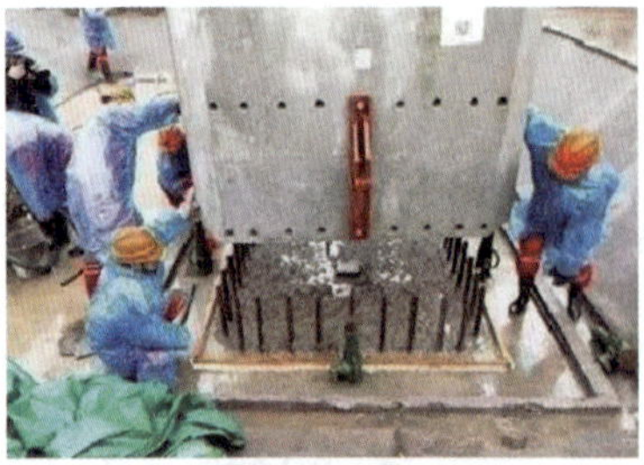

图 1-10　预制墩柱安装

济宁市快速路工程(一期)是济宁市规划“一环九联”中的“一环四联”，是城市快速路系统的重要组成部分。主线高架西起任城大道/新华路(RK22+721)，经南张街道杨甄庄、李营街道白王庄、黎寨村，东至任城大道建设路(RK26+140)，长度约 3.4 km，采用全预制拼装技术进行建造，有效提高施工安装质量以及施工效率，如图 1-11 所示。

图 1-11　预制立柱试拼安装

与常规的现场施工方法相比，全预制装配式桥梁的施工工艺提高了机械化作业水平，在保证工程质量的前提下，加快了桥梁的整体施工进度，提高了建筑生产效率，有利于环境保护。以高效、安全、优质、高速、环保的特点体现节能环保的建设理念，是当今桥梁建设的发展趋势。

1.3　预制装配式桥墩抗震研究现状

桥梁工程作为国家的生命线工程之一，在地震活动发生时，其能否正常发挥作用，对震后的抢险救灾工作起着决定性的作用。在地震区应用预制装配式桥墩，由于桥墩间的接缝处会承受较大的局部应力，故而会成为一个较为薄弱的环节，容易发生破坏、劣化等病害。因此在桥墩建设中，若采用预制装配式施工技术，由于桥墩间接缝的存在，其抗震性能相对于整体现浇桥墩是否存在差异，能否满足整个桥梁使用过程中对抗震设防的要求，这些问题现已成为预制装配式桥墩在地震区应用的主要问题。

按构造体系进行分类，预制桥墩体系基本可以分为“等同现浇”和“非等同现浇”两类。在工程实践中，用于建造“等同现浇”预制桥墩的连接形式主要包括灌浆套筒连接、灌浆波纹管连接、承插式连接等；“非等同现浇”预制桥墩是指通过采用预应力筋施加后张预应力的连接形式。针对这几种连接形式，各国学者从连接性能到预制桥墩整体抗震性能都开展了较广泛的研究。

1.3.1　灌浆套筒的类型

灌浆套筒连接是将构件预留的钢筋伸入到套筒中，然后向套筒中注入专用的高强度不收缩的灌浆料，从而实现构件之间的连接。灌浆套筒连接在预制桥墩和承台之间的连接中应用较多，这种连接方式具有传力机制明确、现场湿作业较少、施工速度较快等优点，但对施工安装精度要求较高，如果套筒的直径较大，会导致钢筋的混凝土保护层厚度增大。

目前市面上主要的灌浆套筒类型有：

1. NMB 灌浆套筒

20 世纪 70 年代初期，美国结构工程师 Dr. Alfred A. Yee 提出目前为大家所熟悉的 NMB 灌浆套筒，如图 1-12、图 1-13 所示，并且获得了该套筒专利。随后 Dr. Alfred A. Yee 将 NMB 灌浆套筒应用于美国檀香山阿拉莫阿那酒店工程中。

Dr. Alfred A. Yee汲取工程应用中的经验对NMB灌浆套筒做了进一步的改造，将套筒外形改进为圆柱形，并且由球墨铸铁制造，首次在套筒内壁设置多个环肋，以提高套筒与灌浆料之间的相互作用。美国土木工程协会于1983年将NMB灌浆套筒技术列为装配式建筑施工技术，并在美国大力推广使用。NMB灌浆套筒于1973年首次引入日本，并于1982年被日本土木工程协会(JSCE)认可为钢筋接头连接技术，根据日本多发地震的国情对NMB灌浆套筒做了一定的改造，在此之后日本将改造后的灌浆套筒大量应用于预制结构建筑中并在地震灾害时显示出优良的抗震性能。

图1-12　NMB灌浆套筒

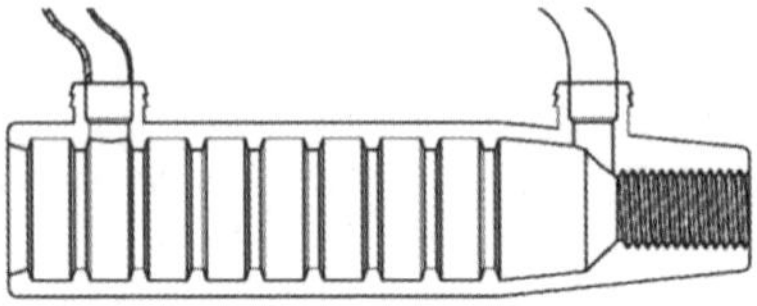

图1-13　NMB灌浆套筒内部构造

2. LENTON INTERLOK灌浆套筒

LENTON INTERLOK灌浆套筒是一种半灌浆套筒，如图1-14所示，此灌浆套筒用球墨铸铁制作而成，套筒一端采用螺纹连接，另一端采用灌浆套筒连接，并且在套筒内壁布置等间距对称分布的内凸肋，可以增大套筒壁与灌浆料的相互作用，以提高其力学性能。LENTON INTERLOK灌浆套筒被应用于英美两国的体育场等大型公共结构工程中。

图1-14　LENTON INTERLOK灌浆套筒内部构造

3. REIDBAR GROUTER灌浆套筒

REIDBAR GROUTER灌浆套筒是由球墨铸铁铸造而成，如图1-15所示，该套筒在其内壁布置了螺旋状的凸起以增加灌浆料与套筒之间的粘结作用。该套筒在澳大利亚使用范围广泛。

图1-15　REIDBAR GROUTER灌浆套筒

4. 铁钢灌浆套筒

日本东京的铁钢灌浆套筒是由球墨铸铁制作而

成，分为水平向和竖向两类，其中水平向灌浆套筒用于连接梁构件，如图 1-16 所示；墙、柱等构件的连接则需要用到竖向灌浆套筒，如图 1-17 所示。水平向灌浆套筒相较于竖向灌浆套筒，其内外径更大，体积也随之变大。水平向灌浆套筒的端部设有螺栓孔，目的是固定伸入套筒的钢筋。此外水平向和竖向灌浆套筒内壁与其他套筒相仿，均有凸肋，以增大灌浆料与套筒之间的粘结作用。

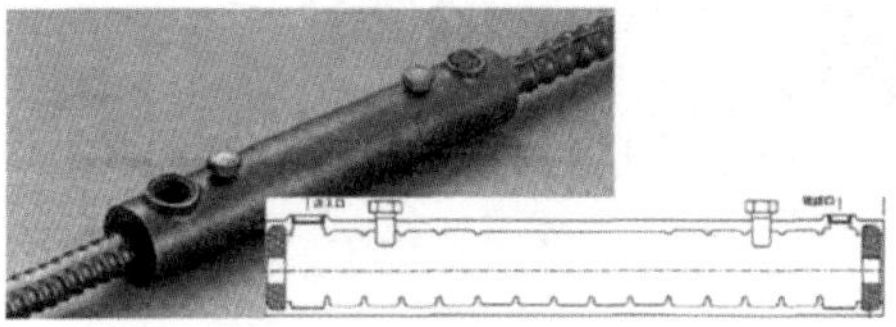

图 1-16　水平向灌浆套筒

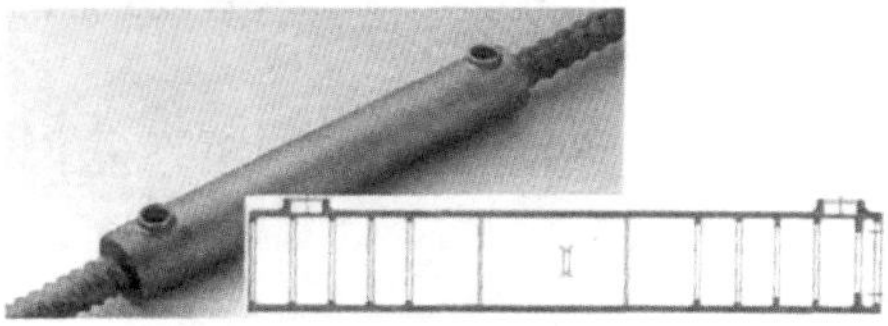

图 1-17　竖向灌浆套筒

5. 润泰公司灌浆套筒

台湾一家装配式公司润泰集团通过对常规灌浆套筒进行改进，研发出一种新型灌浆套筒，如图 1-18 所示。该套筒依旧由球墨铸铁制作而成，套筒内壁设有多个环肋凸起，环肋凸起呈对称分布，同时研发出与之配套使用的新型灌浆料，环肋与新型早强灌浆料共同作用，以提高套筒与灌浆料的粘结性能。该公司研发的套筒自 21 世纪初期一直使用至今，在台湾地区应用相当广泛。与此同时润泰公司创造性地提出与灌浆套筒配套应用的施工工艺，包括从生产加工标准到施工体系等各个方面。

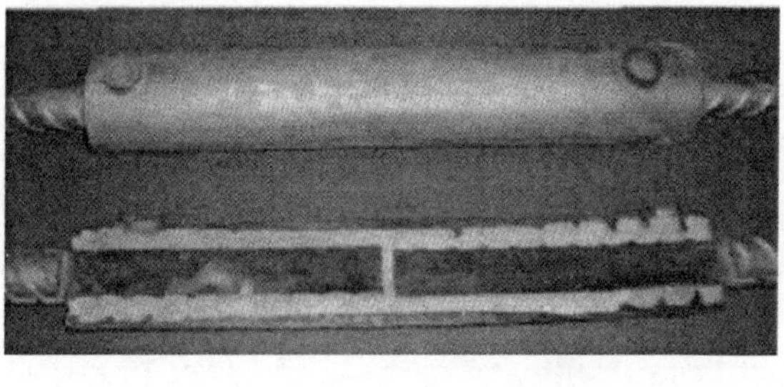

图 1-18　润泰公司灌浆套筒

6. JM 灌浆套筒

北京建茂建筑设备有限公司于 2010 年研制出了针对公称直径 14～25 mm 的钢筋灌浆套筒连接技术的 JM 灌浆套筒。该套筒采用优质碳素结构钢（或合金结构钢）的轧制圆钢或多角型钢通过数控车床切削加工而成，套筒内壁通过切削加工设有防止钢筋从套筒内拔出及伸入的防退和止进斜坡，其外形及内腔构造如图 1-19 所示。

图 1-19 JM 灌浆套筒

7. GDPS 灌浆套筒

GDPS 灌浆套筒是由东南大学郑永峰博士研发的一种新型灌浆套筒，套筒的制作是通过冷加工工艺滚压处理无缝钢管，工艺简单，便于大规模加工生产，相较于传统灌浆套筒成本低。GDPS 新型灌浆套筒的创新之处在于通过滚压处理无缝钢管产生环肋，充当剪力键的作用。GDPS 灌浆套筒结构形式为全灌浆套筒，套筒内壁环肋呈对称等间距分布，与传统套筒相比，粘结性能更佳。该套筒已成功申请国家发明专利，并且被中建系统装配式加工生产厂所认可采用，工艺成熟。目前 GDPS 灌浆套筒已在我国各种装配式结构工程中大量使用，其内部构造如图 1-20 所示。

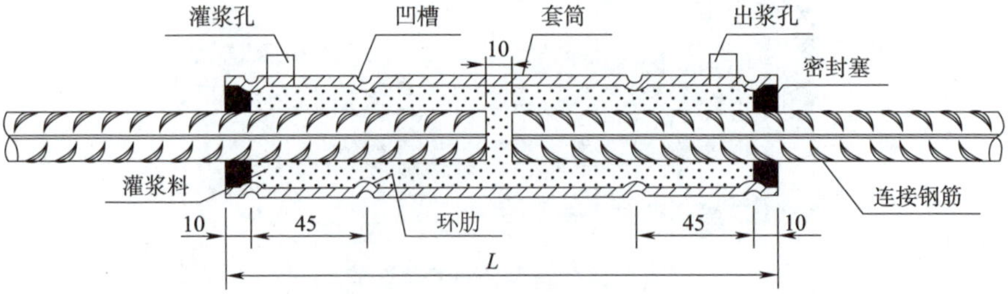

图 1-20 GDPS 灌浆套筒(单位:mm)

1.3.2 等同现浇体系抗震研究现状

1. 基于灌浆套筒连接预制装配式桥墩抗震研究现状

钢筋套筒灌浆连接技术广泛应用于混凝土装配式建筑的梁、柱之间的连接，套筒灌浆连接的可靠性是保证结构整体安全性的关键。装配式桥墩采用灌浆套筒连接技术较为成熟，目前在低震区应用较为广泛，具有施工快速、钢筋定位精度要求高等特点。

Tazarv 等针对灌浆套筒连接的性能特点，提出灌浆套筒连接的预制装配式桥墩塑性铰高度修正公式，为其塑性铰理论分析奠定了基础。M. J. Ameli 等分别对灌浆套筒埋设在墩柱和承台中的两个预制装配式桥墩试件进行拟静力试验，试验结果表明相较于套筒埋设在承台中的桥墩，套筒埋设在墩柱中的桥墩具有更好的位移延性和耗能能力。

王振宇等研究发现，对采用灌浆套筒连接的装配式桥墩施加预应力，可减小墩身残余变形，增强桥墩耗能能力。刘海涛等对大尺寸钢筋灌浆套筒进行了单向拉伸试验，分别对试件的承载力、破坏模式、破坏分布以及约束机理进行了研究，结果表明，当锚固长度超过 8 倍钢筋直径时，钢筋灌浆套筒连接试件的承载力等于钢筋的抗拉承载力，灌浆套筒破坏深度约为套筒长度的 8%，灌浆套筒截面面积越大，破坏深度越大。

王瑞等通过 ABAQUS 软件对钢筋灌浆套筒连接试件进行模拟，分析结果表明，满足钢筋锚固长度要求的钢筋灌浆套筒连接试件的破坏过程分为弹性、屈服、强化及颈缩四个阶段，试件的承载力与钢筋的尺寸及强度具有显著相关性。郭子鹏等对采用灌浆套筒连接装配式桥墩进行了振动台试验，并与整体现浇桥墩进行对比，试验结果表明预制装配式桥墩试件主要在墩底接缝和套筒顶部发生破坏。徐文靖等通过对采用灌浆套筒连接的预制装配式桥墩进行拟静力试验来分析墩底接缝受力机理及塑性铰区受力性能，研究结果表明墩身预埋套筒使得墩身曲率重分布，墩身等效塑性铰高度减小。

魏红一、王志强等对灌浆套筒预埋在墩身和承台的两类装配式桥墩分别进行拟静力试验，研究结果表明不同的套筒预埋位置使得预制装配式桥墩塑性铰区形成及发展位置和桥墩最终的破坏形态有所不同。葛继平等对无粘结预应力筋灌浆套筒连接装配式桥墩及现浇桥墩进行了拟静力试验，试验结果表明无粘结预应力筋和灌浆套筒连接的桥墩试件具有良好的使用性能和抗震性能。

李贤提出了一种基于灌浆套筒连接的预制 RC/ECC 复合柱，以提高其抗震性能。根据试验结果，预制柱表现出与现浇 RC 柱相似的延性和承载能力。预制 RC/ECC 复合柱比预制 RC 柱和现浇柱具有更好的耗能能力和抗损伤能力。

2. 基于灌浆波纹管连接预制装配式桥墩抗震研究现状

灌浆波纹管连接构造较为简单，连接较为可靠，被广泛应用于预制装配式构件连接拼装中。

曲洪雅等研究发现，采用灌浆波纹管和灌浆套筒两种连接方式的装配式框架墩抗震性能相近，墩身损伤均较小。Vaghei 等利用数值模拟研究了拟静力试验下波纹管连接构件的耗能能力和抗震性能，验证了其连接方式的可靠性。

陈俊等对灌浆波纹管连接预制装配式桥墩进行了拟静力试验，并与现浇桥墩进行对比，试验结果表明灌浆波纹管连接预制装配式桥墩表现出良好的抗震性能，整体耗能能力与整体现浇桥墩相近。姜海西等针对采用灌浆金属波纹管新型连接构造的预制拼装立柱进行了抗震性能试验研究，试验研究结果表明采用灌浆金属波纹管连接的预制拼装立柱损伤主要集中在柱底接缝处，该类预制拼装立柱具有与现浇钢筋混凝土桥墩相近的抗震性能。刘汗青等通过拉拔试验研究了钢筋直径、波纹管直径和钢筋锚固长度等因素对钢筋连接件锚固性能的影响，试验结果表明金属波纹管与钢筋直径的孔径比对粘结性能有显著影响，建议孔径比取值在 2～3 之间。

贾俊峰等开展了灌浆金属波纹管预制装配式 RC 墩柱拟静力试验研究，结果表明基于高强砂浆灌浆金属波纹管连接的预制装配式 RC 墩柱的抗侧刚度和现浇墩柱基本一致，但位移延性和耗能能力略低于现浇桥墩；承台内预埋波纹管锚固钢筋均未发生粘结滑移破坏。葛继平等对采用灌浆波纹管进行连接的装配式桥墩进行了拟静力试验，试验结果表明基于灌浆波纹管浆锚的钢筋连接方式可靠，装配式桥墩抗震性能良好。

3. 承插式连接装配式桥墩抗震研究现状

与其他常用的连接方式相比，承插式连接最大的区别在于钢筋完全包裹在预制桥墩中，预制桥墩和承台或者盖梁之间没有裸露的钢筋穿过。相比于其他的连接方式，承插式预制拼装桥墩方案最大的特点在于其运输方便、现场施工简单、施工精度要求低等，因此具有良好的发展应用前景。

张光达等对承插式装配式桥墩进行了拟静力试验和有限元分析，试验结果表明当承插深度设计合理时，装配式桥墩的抗震性能与现浇桥墩相似。Samuel White 等对采用承插式连接和无粘结预应力筋连接试件进行了相关试验研究，试验结果表明承插式连接具有可靠的连接性能，其耗能和延性可以实现与整体现浇试件相同的水平。采用无粘结预应力筋连接的试件制作步骤复杂，且残余位移比承插式连接的试件大。

Saiidi 等先后对预制混凝土单柱墩—基础承插式连接和双柱墩—基础承插式连接进行了振动台试验，预制墩在基础中的埋入长度分别为 $1.0D$ 和 $1.36D$，试验结果表明单柱墩与双柱墩均形成塑性铰破坏，承插式连接具有足够的可靠度。徐艳等以实际工程墩柱为背景，对预制混凝土墩与承台间的承插式连接进行了研究，采用 OpenSees 对 5 个模型进行了抗震分析，主要对比整体现浇模型和不同承插深度的墩柱模型在荷载作用下的结构响应，结果表明承插深度为 $0.7D$ 的模型可以在预制混凝土墩形成塑性铰破坏。

韩强等对承插式装配式桥墩进行了拟静力试验和有限元分析，试验结果表明，当承插深度设计合理时，装配式桥墩的抗震性能与现浇桥墩相似。

4. 装配式钢管混凝土桥墩抗震研究现状

钢管混凝土墩柱具有可靠的竖向和水平承载能力。在构件预制时，钢管可成为混凝土的侧模板，具有很好的经济效益和施工性，粘结预应力的应力集中现象可以通过采取无粘结预应力减少，同时也可以避免由节段间预应力渗透导致的混凝土局部压碎现象。

目前，众多学者对钢管混凝土结构进行了大量研究并取得了丰富的研究成果，这为钢管约束混凝土桥墩的研究奠定了基础。Usami 对半填充钢管混凝土桥墩进行了试验研究，研究表明，在塑性铰区填充混凝土有利于提高钢管试件的抗震性能。Moon 研究了钢管混凝土柱的失效机理，发现嵌入深度是影响钢管混凝土桥墩延性的重要因素。

韩强等对 CFST 柱和节点的静力性能、冲击性能、抗火性能、抗震性能等进行了研究并对其未来研究方向进行了总结和探索，对钢管与混凝土的粘结作用以及混凝土浇筑质量对钢管混凝土的影响进行了相关力学研究。众多学者还研究了钢管混凝土构件在短期、长期持续荷载、循环荷载等作用下的结构性能。张光达研究了高轴压比和循环横向荷载作用下配以不同数量的超高强纵筋的超高强钢筋高强混凝土方钢管柱的抗震性能。

钢管约束混凝土结构的钢管在底部位置断开，钢管仅对核心混凝土产生约束作用，有效避免了柱底钢管由于弯矩产生受压而局部屈服，同时具有较高的抗弯承载力和耗能能力。节点连接形式简洁、受力机理明确、拼装施工方便，使得这一组合结构在预制装配桥梁结构中具有很好的应用前景。Tomii 等最早提出了钢管约束钢筋混凝土柱的概念，而且钢管约束混凝土结构多用于梁柱节点。周静海通过试验发现，相同截面含钢率下，钢管约束混凝土与传统钢筋混凝土中箍筋约束混凝土相比，其墩身强度和延性等抗震指标均更优，且施工更为简易，其研究证明钢管节点断开形式可应用于装配式桥墩。韩强考察了不同轴压比对方钢管混凝土压弯试件滞回性能的影响，随着轴压比增大，方钢管约束混凝土试件的承载力显著提高，但位移延性会下降。

王海翠提出了一种新型双柱实腹式哑铃型钢管约束混凝土桥墩，发现钢腹板和外包钢管作为主要耗能件使得新型钢管约束混凝土桥墩抗震性能优越。刘雪山研究发现，增大钢管约束混凝土桥墩中耗能钢筋配筋率可以延后桥墩的损伤，增大耗能、提高延性、减小墩底破坏。薛文浩对方钢管约束混凝土的装配式桥墩结构进行了滞回性能试验和有限元扩展参数分析，证明灌浆套筒连接的方钢管约束装配式混凝土桥墩具有更高的抗弯承载力。李贤等研究发现，双轴横向循环荷载对钢管混凝土节段拼装圆柱的位移延性、墩身强度、耗能能力和残余位移产生显著的影响。

1.3.3 非等同现浇体系抗震研究现状

“非等同现浇”预制桥墩是指通过采用预应力筋施加后张预应力的连接形式，使得预制桥墩在地震作用下的非线性转动主要集中在摇摆节点，从而保证预制构件部分基本保持弹性。与“等同现浇”预制桥墩相比，“非等同现浇”预制桥墩具有两大优势：一是在地震作用下的非线性转动主要表现为节点接缝的张开与闭合，保证即使在大震下预制构件混凝土的拉应变仍处于很低的水平，从而减小了预制构件本身的受拉损伤；二是后张预应力提供了预制桥墩震后恢复初始位置的自复位能力。

Palermo 等研究表明，后张预应力使桥墩与基础交界面处的抗侧力小于传统现浇桥墩结构，但大于无预应力的摇摆桥墩，并为桥墩的摇摆提供一定的自复位能力。之后其又进行了 5 根预应力节段预制拼装矩形桥墩的拟静力试验，通过试验发现，相比现浇构件，无粘结预应力筋的存在可以减小预制桥墩损伤，减小残余变形，随着无粘结预应力筋数量增加和初始预应力水平的提高，桥墩自复位能力有所增强。欧玉晨等首先进行了 4 根大尺寸预应力节段预制拼装箱形高墩的低周往复试验，发现采用有粘结预应力筋可以提高桥墩横向刚度和耗能能力，但加载后期预应力损失严重，导致较大的残余变形，相比之下，无粘结预应力筋能提供更好的自复位能力。

Motaref 等对 5 根 1/4 比例的预应力节段预制拼装圆形桥墩进行了振动台试验。研究对象包括采用普通混凝土作为底节段的试件、采用 ECC 作为底节段的试件、采用纤维增强复合材料(FRP)包裹混凝土作为底节段的试件和在底节段中添加橡胶垫层的试件，同时对采用普通混凝土作为底节段的试件进行震后 FRP 包裹加固，也作为研究对象之一再次进行振动台试验。试验结果表明，包括采用 FRP 加固试件在内的几种形式桥墩均具有良好的耗能能力。王军文等对 3 根预应力节段预制拼装空心桥墩(1 根整体式和 2 根装配式)和 1 根混凝土空心桥墩进行了拟静力试验，发现布置无粘结后张预应力筋可有效降低残余位移，但会减小耗能能力。卜占宇等对5根1/4比例的圆形截面试件进行了拟静力试验，发现无粘结预应力筋能够在试验过程中始终提供较大的有效预应力，有粘结预应力筋则存在较大的预应力损失。

葛继平等对使用有粘结精轧螺纹钢筋施加后张预应力的连接方式进行了大比例尺拟静力试验研究，发现与现浇桥墩相比，该形式预制桥墩的抗裂和自复位能力更强，但由于使用有粘结预应力会导致精轧螺纹钢筋提前进入屈服而引起预应力损失，因此耗能能力较差，但精轧螺纹钢筋在试验中未发生断裂。贾俊峰等利用后张预应力将圆钢管约束混凝土节段拼装成整体，拟静力试验结果表明，该形式桥墩具有良好的自复位能力，且由于钢管的约束作用，节段震后损伤较小，桥墩弯曲变形主要由下部两个接缝的张开引起，呈现明显的双塑性铰效应。

1.3.4　高强钢筋混凝土结构体系研究现状

苏俊省等将高强钢筋分别用作柱纵筋和箍筋，对矩形柱和方形柱进行了抗震性能研究，其高强钢筋分别选用HRB500E级、HRB600级，普通钢筋选用HRB335级，采用拟静力试验研究了高强钢筋对柱抗震性能指标的影响。丁扬等研究发现，配置高强钢筋混凝土桥墩变形能力和承载力优于配置普通钢筋的混凝土桥墩。

Shin等研究发现，当提高相同的强度比值（约束混凝土强度/非约束混凝土强度）和延性性能时，高强度混凝土柱需要更多的箍筋约束；箍筋配箍形式和配筋率均对墩柱延性性能有一定影响，配筋率是影响墩柱延性的最主要因素，采用配置配箍形式较好的高强度箍筋时可以提高高强混凝土柱的延性性能，一定程度可降低箍筋用量。戎贤等进行了配置HRB500高强钢筋T形柱抗震性能试验及有限元分析研究，采用4根配置HRB500钢筋的混凝土T形柱试件进行了低周往复荷载试验，研究结果表明，HRB500钢筋混凝土T形试件有较好的承载能力和变形能力，且试件的极限承载力随混凝土强度和轴压比的提高而增大。

张建伟等完成了9根配置HRB600级钢筋的高强混凝土柱的拟静力试验，对比分析了钢筋等级、轴压比等不同因素对试件抗震性能的影响，研究结果表明，配置HRB600级钢筋的混凝土柱呈现弯曲破坏特征；高轴压比条件下配置HRB600级钢筋的混凝土柱仍具有较好的延性性能。

Ding和Su等研究发现，配置高强钢筋混凝土桥墩变形能力和承载力优于配置普通钢筋的混凝土桥墩。王君杰等对配置高强钢筋混凝土柱进行了拟静力试验，试验结果表明，往复荷载作用下，配置高强钢筋的混凝土柱水平抗弯承载能力提高明显，整体抗震性能良好。

第2章 预制装配式桥墩结构体系

近几年快速兴起的桥墩预制拼装技术极大地推动了国内预制装配式桥墩体系的发展，目前桥墩预制拼装方法主要分为：灌浆套筒连接、灌浆波纹管连接、承插式连接、插槽式连接、预应力钢筋连接、现浇湿接缝连接、机械连接。

2.1 灌浆套筒连接

灌浆套筒连接的力学机理：将高强无收缩水泥灌浆料填充在钢筋与连接套筒的间隙，硬化后形成接头，将一根钢筋中的力传递至另一根钢筋。灌浆套筒连接最早由美国 Yee A A 博士于 1970 年提出，其连接形式如图 2-1 所示，一端构件在预制时安装灌浆套筒，另一端构件在预制时预留一定长度的钢筋，现场装配时将预留的钢筋插入对应构件的灌浆套筒内，通过灌入高强砂浆将套筒与钢筋连接在一起。灌浆套筒实物如图 2-2 所示。

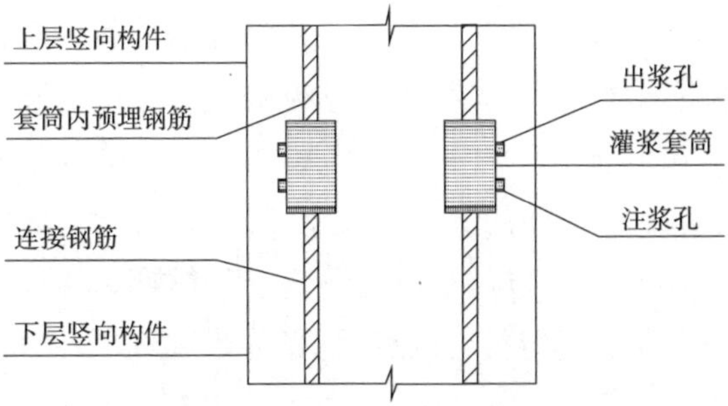

图 2-1 灌浆套筒连接示意图

图 2-2 灌浆套筒

灌浆套筒连接方式的性能与对焊钢筋连接相似，允许承受由一根钢筋传递至另一根钢筋的轴力，同样也可以承受剪力和弯矩，但在大多数情况下，承受拉力是灌浆套筒连接方式更需要关注的性能。灌浆套筒连接预制拼装桥墩的性能可靠但施工精度要求较高,现场施工所需时间短,约 1 h 或更少时间即可进行后续施工,现场工作量显著减小;正常使用条件下的力学性能与传统现浇混凝土桥墩类似,因此具有一定的经济优越性。灌浆套筒连接可用于墩柱节段之间的连接、墩柱与承台之间的连接、墩柱与盖梁之间的连接。

山东省济宁市快速路项目七标段西起任城大道新华路,东至任城大道建设路,长度约 3.4 km,其高架桥墩柱与承台之间采用灌浆套筒连接的结构形式,如图 2-3 所示,而墩柱与盖梁采用灌浆波纹管连接的结构形式,如图 2-4 所示。

图 2-3　墩柱与承台之间的连接

图 2-4　盖梁与墩柱之间的连接

2.2　灌浆波纹管连接

灌浆波纹管的连接原理与灌浆套筒类似,一端构件在预制时安装波纹管,另一端构件在预制时预留一定长度的钢筋,如图 2-5 所示。现场装配时将预留的钢筋插入对应构件的灌浆波纹管内,通过灌入高强砂浆将波纹管与钢筋连接在一起。不同的是,这种连接方式的性能与锚固钢筋类似,钢筋通过硬化浆体将力传给金属波纹管后,波纹管通过其与混凝土的咬合粘结作用将力扩散至外围混凝土,由于增大了剪切破坏面,其锚固长度较短。灌浆波纹管实物如图 2-6 所示,灌浆波纹管的这种特性决定了其特别适用于对锚固长度有要求的区域,如墩柱与盖梁的连接。另外,较低的造价也是其应用的优势之一。

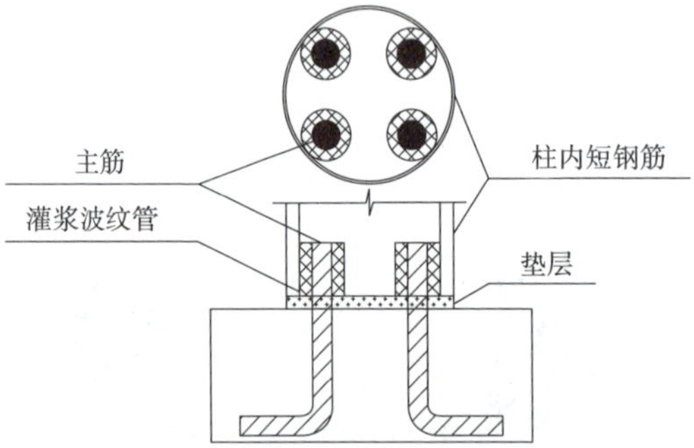

图 2-5　灌浆金属波纹管连接示意图

图 2-6　灌浆金属波纹管

2002 年,得克萨斯州 SH66 Lake Ray Hubbard 桥,如图 2-7 所示,预制盖梁与现浇墩身之间采用了大直径粗钢筋和金属波纹管的连接构造技术。其后,美国一些桥梁的预制盖梁与墩身也采用了这种连接构造进行施工,如图 2-8 所示的美国华盛顿州 5 号州际公路桥。

图 2-7　美国得克萨斯州 Lake Ray Hubbard 桥

图 2-8　美国华盛顿州 5 号州际公路桥

上海中环路内圈国定东路下匝道新建工程全长约 1.1 km,其中出口匝道约 520 m,改建地面道路约 1.1 km。匝道出口位于五角场环岛“彩蛋”以东约 120 m 处,距现有国定路出口约 2.4 km。匝道在国定东路向南落地,可驶往关山路和黄兴路等。该工程在盖梁与现浇墩身之间也采用了大直径粗钢筋和金属灌浆波纹管的连接构造技术,如图 2-9 所示。此工程仅

图 2-9　上海中环线匝道工程

用 26 d 即完成了立柱、盖梁、混凝土小箱梁、钢箱梁的现场安装工作，实现贯通。

2.3　承插式连接

承插式连接是以构件为单元的拼接构造，其原理是将预制墩柱插入另一预留孔洞的构件中，两构件之间没有钢筋连接，通过灌浆或者现浇混凝土填补接触部位的空隙，其连接形式如图 2-10 所示。承插式连接构造的优点：相对于灌浆套筒和灌浆波纹管等以钢筋为对接单元的拼接构造，其施工精度要求较低，且施工工序简单，现场作业量少。承插式连接适用于墩柱与承台之间的连接、墩柱与盖梁之间的连接、桩基与承台之间的连接。

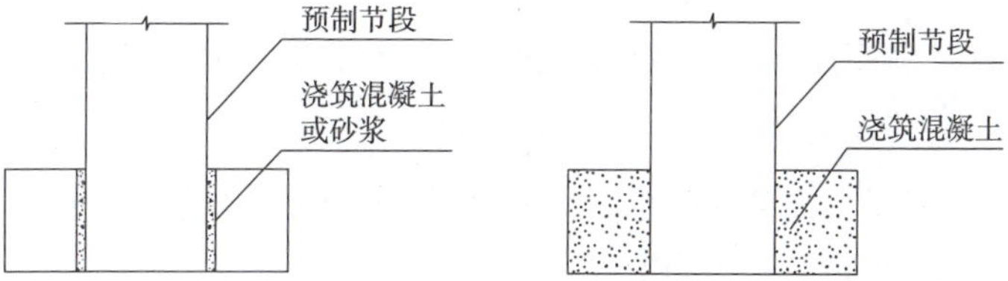

图 2-10　承插式连接示意图

对于承台预留孔洞的施工方式，立柱上需设置剪力键。剪力键的形式可以是波浪形的齿口，如图 2-11 所示；对于承台钢筋后绑扎的方式，可以在立柱柱身上预留钢筋后穿所需的孔洞。

图 2-11　剪力键形式

2.4 插槽式连接

插槽式连接原理：将预制墩柱伸出的预埋钢筋全部插入另一构件预埋的大直径金属波纹套筒内，再通过现浇混凝土将两者固结在一起，相连两节段之间的受力通过钢筋传递给现浇混凝土、大直径金属波纹管，最后由大直径金属波纹管的周边传递至另一构件，其连接形式如图 2-12 所示。

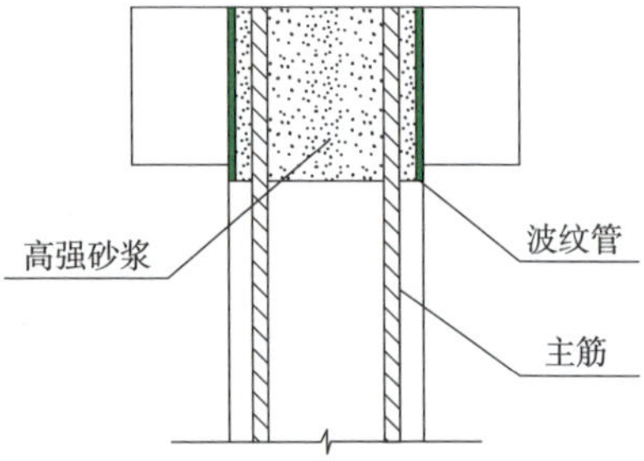

图 2-12　插槽式连接示意图

其优点是构造简单，现场安装操作方便，且造价较低，与灌浆套筒连接、灌浆波纹管连接等相比，施工精度要求不高，施工时间较短。

美国得克萨斯州于 1994 年完工的 Redfish Bay 桥中采用了插槽式连接构造进行施工，如图 2-13 所示。

图 2-13　美国得克萨斯州 Redfish Bay 桥

2.5 预应力筋连接

预应力钢筋连接原理：各个预制构件在相同的位置预留孔道，拼装后用贯通墩柱的通长预应力钢筋压紧连接，或者用节段张拉接长的预应力钢筋压紧连接，构件结合界面可采用高强砂浆填充压密或者环氧树脂填充，墩柱节段之间也可增设剪力键或者采用普通钢筋连接，其连接构造如图 2-14 所示。

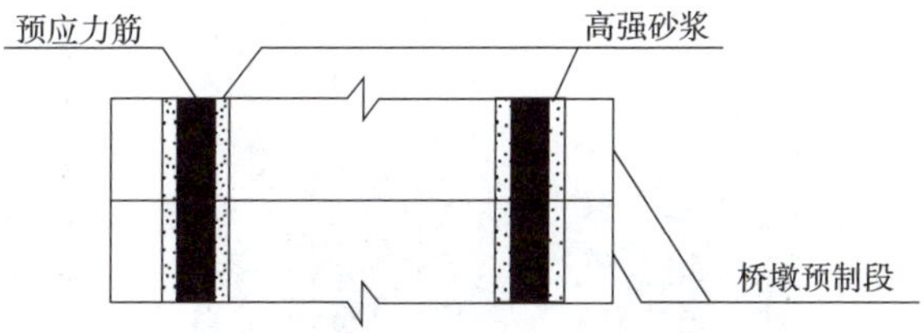

图 2-14　预应力筋连接示意图

预应力钢筋连接的优点是不仅能够快速安装，而且拥有良好的抗震性能以及较好的自复位能力；缺点是其施工精度要求较高，对于无粘结预应力耐久性问题值得注意，试件耗能部件少导致滞回耗能能力较差，试件耗能能力弱于粗钢筋连接。预制墩柱的预应力连接通过与其他连接方式相连接或增设耗能装置，可以实现良好的抗震性能，如图 2-15～图 2-18 所示。

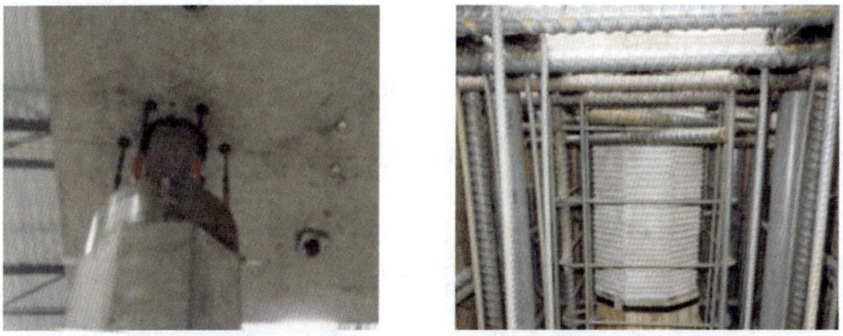

图 2-15　预应力钢筋—承插式—波纹管灌浆混合连接

图 2-16　预应力钢筋—灌浆套筒混合连接

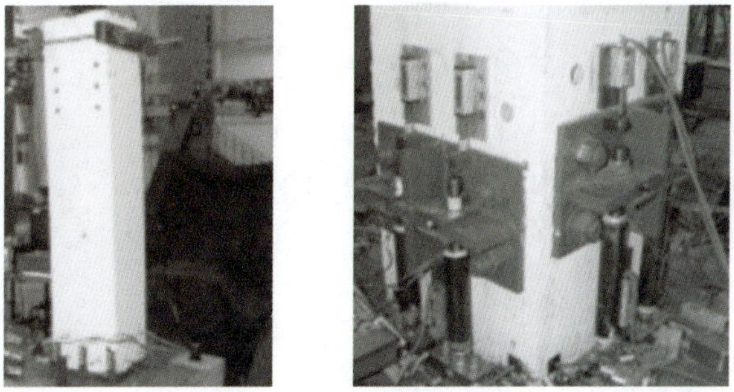

图 2-17　外置耗能钢棒

图 2-18 增加钢筋机械连接

1978 年,美国建造的第一座采用预制装配式桥墩的桥梁 Linn Cove 高架桥,如图 2-19 所示,桥梁下部桥墩节段之间采用了有粘结后张预应力筋连接,环氧接缝构造;佛罗里达州的 Sunshine Skyway 桥,如图 2-20 所示,预制桥墩节段之间采用了 U 形无粘结预应力筋连接,并在墩帽处进行锚固。

图 2-19 美国北卡罗来纳州 Linn Cove 高架桥

图 2-20 美国佛罗里达州 Sunshine Skyway 桥

2.6 现浇湿接缝连接

现浇湿接缝连接原理:在预制墩柱节段的端部预留外伸钢筋,等预制墩柱的节段安装就位后,绑扎、搭接或焊接两个构件端部预留的钢筋,架设模板,灌入混凝土,待达到一定强度后拆除模板和临时支撑,完成预制节段的连接,其连接形式如图 2-21 所示。

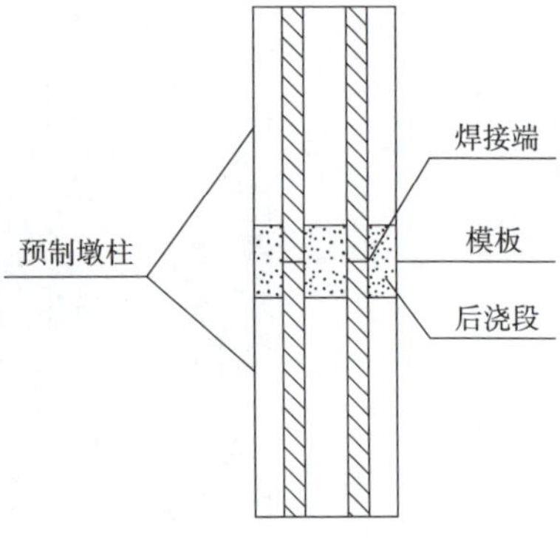

图 2-21 现浇湿接缝连接示意图

现浇湿接缝连接的优点是施工方便,精度

要求最低，试件抗震性能与现浇试件相近，传力可靠，且比整体现浇更加便利；其缺点是大体积混凝土浇筑水化热较大，且需要临时支撑，施工周期较长，拼接处易出现微裂缝。

上海长江大桥跨江段桥墩(图 2-22)采用预制装配式技术，桥墩空心薄壁构造，连接部位采用现浇湿接缝。

图 2-22　上海长江大桥

东海大桥第Ⅲ标段附近岛墩(图 2-23)全部采用现场浇筑的施工方法，海上部分桥墩采用墩身和底节预制等吊装工艺，非通航道深海区高度小于 13 m 的部分桥墩采用整体预制，空心薄壁构造，连接部位采用现浇湿接缝。

图 2-23　东海大桥

杭州湾跨海大桥南引桥和中引桥(个别高墩除外)均采用预制装配式桥墩，如图 2-24 所示。由于需建造的墩身数量较多和海上的施工环境条件差，因此南引桥

图 2-24　杭州湾跨海大桥

和中引桥水中区域的墩身采用工厂化生产的节段进行拼装预制，墩身截面为矩形空心构造，上部结构为 70 m 连续箱梁。部分桥墩采用整体预制，空心薄壁构造，连接部位采用现浇湿接缝。

上海市内嘉闵高架桥梁(图 2-25)也采用了预制装配式桥墩构造体系，连接部位也采用了现浇湿接缝的连接形式。

图 2-25　上海嘉闵高架桥

2.7　机械连接

机械连接的连接原理是在预制墩柱节段施工完成后，在连接部位采用螺栓、连接钢管、法兰盘等连接方式将预制墩柱节段连接起来，其连接形式如图 2-26 所示。机械连接的优点是预制节段拼装桥墩所有材料均可提前预制，大幅缩短了施工时间。

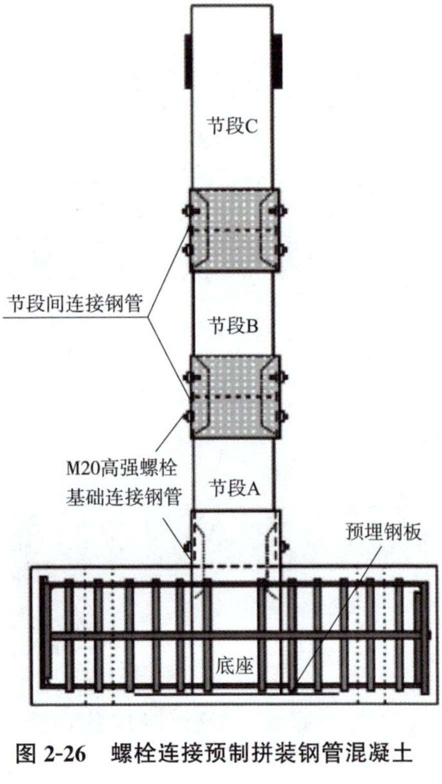

图 2-26　螺栓连接预制拼装钢管混凝土

第3章 超高性能套筒灌浆料研发与性能试验

灌浆料的力学性能是影响灌浆套筒与钢筋粘结性能的主要因素，目前市面常见的灌浆料主要为有机高分子灌浆料、无机水泥基灌浆料以及有机无机复合灌浆料。

超高性能灌浆料不含粗骨料，由多种细集料、水泥、水、钢纤维及多种添加剂配制而成，其具有超高的抗压强度，较高的抗拉强度和高弹性模量，韧性优良，耐久性和致密性好。

超高性能灌浆料与钢筋之间的粘结性能优异，选用其作为预制装配式桥墩连接节点的灌浆料，可以明显减少钢筋锚固长度，防止钢筋与灌浆料之间产生粘结滑移，显著提高预制装配式桥墩整体受力性能，使得装配式桥墩等同现浇桥墩结构。

以水胶比、钢纤维掺量、减水剂掺量等为试验参数进行超高性能灌浆料配制，根据材料性能试验要求制作相应试件，通过测试不同配合比下超高性能灌浆料的流动度、抗折强度、抗压强度、粘结性能、耐久性能及微观结构分析，从多方面、多维度对不同配合比下超高性能灌浆料性能进行综合评价，确保其作为灌浆料时具有优异的力学性能。

3.1 钢筋灌浆套筒相关规范要求

3.1.1 灌浆料的规范要求

灌浆料须具有较高的抗压强度、流动性和膨胀性，以保证实际工作中灌浆料与钢筋之间有较好的粘结，使两者之间不发生粘结滑移破坏。由于灌浆套筒内部空间相对比较狭小，因此灌浆料的工作性能是影响灌浆套筒连接性能的重要因素。根据《钢筋连接用套筒灌浆料》(JG/T 408—2019)，套筒灌浆料须满足表3-1中的相关要求。

表 3-1 套筒灌浆料技术性能指标

项目		性能指标
流动度/mm	初始	≥300
	30 min	≥260
抗压强度/MPa	1 d	≥35
	3 d	≥60
	28 d	≥85
竖向膨胀率/%	3 h值	0.02～2
	24 h与3 h差值	0.02～0.40
28 d自干燥收缩/%		≤0.045
氯离子含量/%		≤0.03
泌水率/%		0

注:氯离子含量以灌浆量总量为基准。

3.1.2 套筒的规范要求

根据《钢筋连接用灌浆套筒》(JG/T 398—2019),套筒的材料性能要求如下:

(1)采用球墨铸铁制造的灌浆套筒,材料需符合GB/T 1348—2019的规定,还应符合表3-2的规定。

表 3-2 球墨铸铁套筒的材料性能

项目	性能指标
抗拉强度 σ_b/MPa	>550
断后伸长率 δ_s/%	>5
球化率/%	>85
硬度/HBW	180～250

(2)采用优质碳素结构钢、低合金高强度结构钢、合金结构钢加工的灌浆套筒,其材料性能应符合《优质碳素结构钢》(GB/T 699—2015)、《合金结构钢》(GB/T 3077—2015)和《结构用无缝钢管》(GB/T 8162—2008)的规定,同时应符合表3-3的规定。

表 3-3 钢套筒材料性能

项目	性能指标
屈服强度 σ_s/MPa	>355
抗拉强度 σ_b/MPa	>600
断后伸长率 δ_s/%	>16

3.2 超高性能套筒灌浆料原材料

目前,灌浆料的配合比设计方法有最紧密堆积密度法、最小需水量法和强度试验法。

最紧密堆积密度法的基本设计思路是在低水胶比下,利用超细集料填充在水泥颗粒之间,降低超高性能灌浆料的孔隙率。比较常见的颗粒堆积模型包括 Aim 模型、Dinger-Funk 模型及 Goff 模型等。

在相同水胶比、砂胶比等前提下,抗压强度是胶凝材料密实性的最直观表现,在利用"最小需水量法"的基础之上,进一步使用"强度法"求解四元胶凝材料的最佳比例,进行对比验证,从而得出最优配合比。"强度法"基本思路是一定量的摸索性试验选定一个基准砂胶比与水胶比,并依次分析各胶凝材料对抗压强度的影响规律,以对水胶比、砂胶比进行优化,最终确定钢纤维掺量。

在超高性能灌浆料研究过程中,大多数学者均采用两种研究方法结合的措施来确定最佳配合比。本章试验采用强度试验法来确定超高性能灌浆料的配合比,根据前期调研初步确定水胶比为 0.14～0.2、砂胶比为 1.0～1.2,减水剂掺量一般不超过胶凝材料的 3%,钢纤维掺量为 1%～3%。所制备的超高性能套筒灌浆料所用原材料主要包括水泥、石英砂、硅灰、粉煤灰、减水剂、钢纤维和水,以水胶比、钢纤维、减水剂掺量等为试验参数进行超高性能灌浆料配制,试验制备了两种不同配合比的超高性能灌浆料,编号分别为 GA 与 GB,水胶比分别为 0.17 和 0.19。以 1 dm^3 超高性能混凝土灌浆料为例来说明 GA 与 GB 的配合比,见表 3-4。

表 3-4　1 dm^3 超高性能灌浆料配合比

种类	水泥/kg	硅灰/kg	石英砂/kg	减水剂/kg	水/kg	粉煤灰/kg	钢纤维/kg
GA	1.086	0.081	1.511	0.045	0.198	0.206	0
GB	1.086	0.081	1.511	0.045	0.218	0.206	0.236

3.2.1 水　泥

水泥是超高性能灌浆料硬化强度的主要来源,在配制时一般采用较高等级的普通硅酸盐水泥。综合考虑其成本及性能,试验选用山东山水水泥集团有限公司生产的 P·O42.5 普通硅酸盐水泥,其性能符合国家标准《通用硅酸盐水泥》(GB 175—2007)的规定。水泥的物理力学性能指标见表 3-5。

表 3-5 水泥的物理性能指标

物理性能指标	凝结时间/min		抗压强度/MPa		抗折强度/MPa	
	初凝	终凝	3 d	28 d	3 d	28 d
标准值	≥45	≤600	≥17.0	≥42.5	≥3.5	≥6.5

3.2.2 硅　灰

硅灰是一种具有超高活性的超细颗粒，其平均粒径在 0.1～0.3 μm 之间，比表面积为水泥的 80～100 倍，掺入超高性能灌浆料中可以起到填充空隙的作用，从而提高超高性能灌浆料的密实度。硅灰中含有的活性物质还会与水泥水化产物发生二次水化反应，得到致密的 C-S-H 凝胶层，进一步提高超高性能灌浆料的强度及耐久性。试验使用的硅灰为北京江汉科技有限公司生产的硅灰，外表为灰色粉末，其性能指标见表 3-6。

表 3-6 硅灰的性能指标

品类	表观密度/$(g \cdot cm^{-3})$	紧密堆积密度/$(g \cdot cm^{-3})$	比表面积/$(m^2 \cdot g^{-1})$	SiO_2 含量/%	含水率/%	活性指数/%
硅灰	2.20	0.62	16.97	92.43	0.16	119

3.2.3 石英砂

石英砂作为超高性能灌浆料最主要的骨料之一，其坚硬耐磨，化学性能稳定，具有耐高温、耐腐蚀的优异性能，且粒径较小，更易使超高性能灌浆料达到最紧密堆积状态，以提高灌浆料的强度和耐久性。试验采用的是山东某公司生产的石英砂。石英砂的物理力学性能指标见表 3-7。

表 3-7 石英砂的物理性能指标

品　类	密度/$(g \cdot cm^{-3})$	紧密堆积密度/$(g \cdot cm^{-3})$	粒径范围/mm	莫氏硬度
石英砂	2.65	1.5	0.18～0.425	7

3.2.4 粉煤灰

粉煤灰是一种高活性球状玻璃体，平均粒径约 1.2 μm，可以填充水泥颗粒间间隙，增大超高性能灌浆料的流动性和密实性；粉煤灰同硅灰亦具有极强的火山灰效应，同时具有较高的抗氯盐侵蚀和抗硫酸盐侵蚀能力，从而提高超高性能灌浆料的强度及耐久性。试验采用北京江汉科技有限公司生产的粉煤灰，其物理性能指标见表 3-8,化学组分见表 3-9。

表 3-8　粉煤灰的物理性能指标

品　类	密度 /(g·cm^{-3})	紧密堆积密度 /(g·cm^{-3})	需水量比 /%	烧失量 /%	含水率 /%	安定性 /mm
粉煤灰	2.7	0.89	87	0.74	0.02	0.5

表 3-9　粉煤灰的化学组分

化学组分	碱含量	f-CaO	SO_3	Ti_2O_3	CaO	K_2O	Na_2O
含量/%	4.11	0.03	0.008 3	0.72	12.06	2.12	2.72

3.2.5　钢 纤 维

钢纤维在超高性能灌浆料中呈三维乱象分布,可以限制基体中裂缝的发展,使其抗拉压强度及韧性得到较大提升。试验采用山东亿恒工程材料有限公司生产的镀铜平直钢纤维,其物理性能指标见表 3-10。

表 3-10　钢纤维的物理性能指标

品　类	长度/mm	直径/mm	长径比	抗拉强度/MPa
钢纤维	6	2	3	2 850

3.2.6　减 水 剂

制备超高性能套筒灌浆料时掺入高效减水剂能显著降低其用水量,大大提高拌和料的流动性及坍落度。试验选用国内某公司生产的液态聚羧酸高效减水剂,其性能稳定、绿色环保、减水效率高,应用于超高性能套筒灌浆料中可以起到减缩、早强的效果。

3.3　超高性能灌浆料及试件制备

采用水泥砂浆搅拌机进行材料拌和。水泥砂浆搅拌机具有搅拌效率高、拌和均匀等优点,从而提高超高性能灌浆料的密实性及强度。

超高性能灌浆料在拌和之前,应首先将水泥砂浆搅拌机润湿,并擦至无明水状态,再将预先称量好的胶凝材料以及细集料倒入拌料桶内干拌 3 min 至干料均匀,随后加入称取的减水剂和大部分水,用剩余水将盛有减水剂的烧杯冲洗并倒入拌料桶内,搅拌 5 min,最后将称量好的钢纤维分 2～3 次缓慢加入拌料桶中,搅拌 3 min 直到钢纤维均匀分散在基体中并直至材料流质化。超高性能灌浆料制备拌制过程如图 3-1 所示。

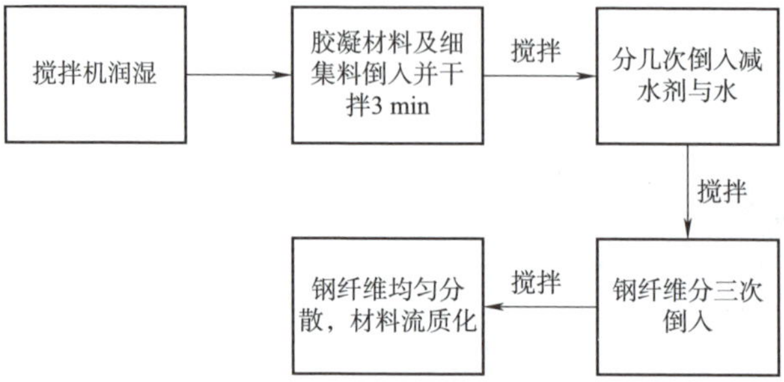

图 3-1　灌浆料制备流程

待超高性能灌浆料流动度测试完成后进行浇模,平整表面后进行编号并覆以塑料薄膜,将试件置于室内养护。24 h 后进行脱模,然后将试件移入养护室继续养护 28 d。超高性能灌浆料试件制备过程如图 3-2、图 3-3 所示。

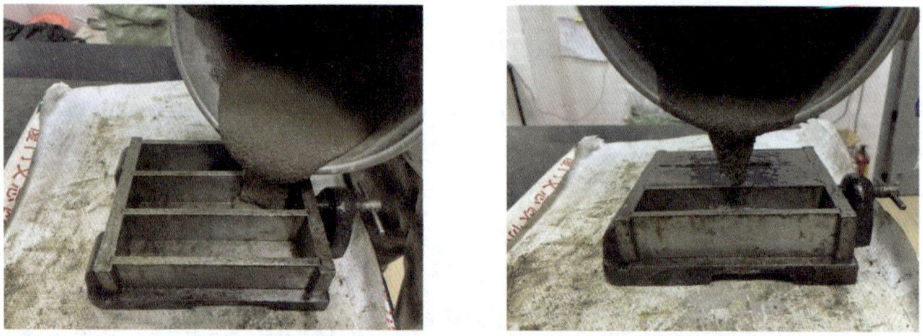

图 3-2　超高性能灌浆料试件制备

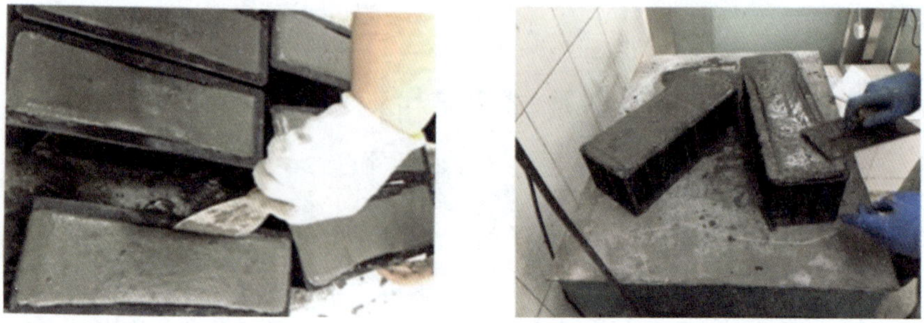

图 3-3　超高性能灌浆料试件成型

3.4 超高性能灌浆料性能试验

3.4.1 灌浆料流动度试验

采用流动度来表征超高性能灌浆料的流动性能。用潮湿的布擦拭玻璃板和截锥圆模内壁，将截锥圆模平放在玻璃板中心，将已搅拌均匀的灌浆料迅速倒进截锥圆模内，使浆体与截锥圆模上口平齐，将截锥圆模缓慢提起，使灌浆料在玻璃板上自由流动直至停止，用直尺测量浆体流动面积上两个垂直方向最大扩散直径并取平均值作为灌浆料的流动度初始值。测量完毕后，将剩余浆体静置 30 min，重新倒入搅拌机，重新进行搅拌，按照以上方法再次测量其流动度，以其作为流动度 30 min 保留值。流动度测试试验过程如图 3-4 所示。GA 与 GB 灌浆料流动度测试结果见表 3-11。

图 3-4　灌浆料流动度测试

表 3-11　灌浆料流动度测试结果

编　号	初始值/mm	30 min 保留值/mm
GA	307	282
GB	280	264

GA 灌浆料的流动度初始值与 30 min 保留值均满足规范要求，GB 灌浆料初始流动度稍低，但其 30 min 流动度满足规范要求。掺入钢纤维后，高性能灌浆料的流动度初始值和 30 min 保留值分别降低 8.1%和 5.7%。钢纤维的掺入限制了浆体的自由流动，降低了高性能灌浆料的流动性能，实际工程中会增大灌浆难度，延缓施工进度。

3.4.2 灌浆料抗折强度试验

抗折强度试验设备采用抗折强度试验机。灌浆料抗折强度测试依据《水泥胶砂强度检验方法(ISO 法)》(GB/T 17671—2021)中的规定,制作尺寸为 40 mm×40 mm×160 mm 的棱柱体试件。试件制作时采用振动台成型,成型方法如下:在搅拌胶砂的同时将试模和下料漏斗紧在振动台的中心,将搅拌好的全部胶砂均匀地装入下料漏斗中,开动振动台,胶砂通过漏斗流入试模。振动 125 s 后停止振动,振动完毕后取下试模,按规范刮平方法刮去其高出试模的胶砂。抗折强度试验过程如图 3-5 所示,试验结果见表 3-12。

图 3-5 抗折强度测试

表 3-12 高性能灌浆料抗折强度试验结果

灌浆料种类	抗折强度/MPa
GA 灌浆料	9.4
GB 灌浆料	17.6

从结果可以看出,掺入钢纤维后,灌浆料的抗折强度提高了 87%,这是因为钢纤维在基体内部呈三维乱象分布,当灌浆料出现非线性行为时,内部钢纤维的增强效应具有止裂作用,使得裂纹发展缓慢;同时,钢纤维的增韧效应释放变形能可防止纤维脱粘,一定程度上可延缓灌浆料的劈裂,起到增韧的效果。

3.4.3　灌浆料抗压强度试验

抗折强度试验完成后，取出两个半截试件进行抗压强度测试，试验过程如图 3-6 所示，试验结果见表 3-13。超高性能灌浆料抗压强度试验方法符合《水泥胶砂强度检验方法(ISO 法)》(GB/T 17671—2021)的规定，试验过程如下：将半截试件置于试验机，使半截棱柱体中心与压力机压板的受压中心对齐，误差不超过 0.5 mm，整个加载过程中以 2 500 N/s 的速率加载直至试件破坏。试验设备采用抗压强度试验机，试验机要求符合现行建材行业标准《水泥胶砂强度自动压力试验机》(JC/T 960)中的有关规定。

图 3-6　抗压强度测试

表 3-13　不同种类灌浆料 28 d 龄期抗压强度

灌浆料种类	f_{28}/MPa
GA 灌浆料	119.6
GB 灌浆料	128.4

注：f_{28} 表示超高性能灌浆料养护 28 d 立方体抗压强度。

3.4.4　灌浆料粘结性能试验

为测试超高性能灌浆料与普通混凝土之间的粘结强度，根据《混凝土物理力学性能试验方法标准》(GB/T 50081—2019)进行了超高性能灌浆料与 C30 混凝土的粘结强度试验。粘结强度应按下式计算：

$$f_b = \frac{2F}{\pi A} \tag{3-1}$$

式中 f_b——粘结强度，MPa；

F——破坏荷载，N；

A——粘结面面积，mm^2。

试验测得 C30 混凝土的劈裂抗拉强度为 2 MPa，而超高性能灌浆料与 C30 混凝土之间的粘结强度为 2.9 MPa，相对于 C30 混凝土提升了 45%，且超高性能灌浆料试块的劈裂面上粘有大量 C30 混凝土层，如图 3-7 所示，故超高性能灌浆料与普通混凝土之间具有良好的粘结性能。

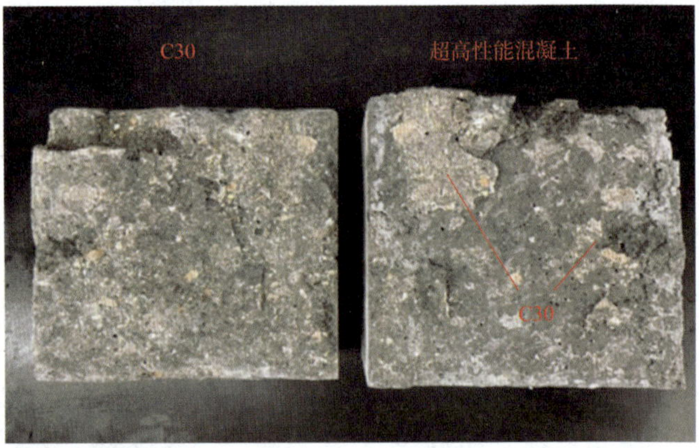

图 3-7 超高性能灌浆料粘结强度试验破坏面

3.4.5 不同养护条件下超高性能灌浆料的收缩性能试验

超高性能灌浆料具有良好的力学性能、耐久性能，但存在一个不可忽视的缺点，极低的水胶比使得超高性能灌浆料的自收缩远超普通灌浆料。灌浆料自收缩是指灌浆料在与外界环境无水分交换的条件下，胶凝材料水化反应消耗大量水分，内部湿度下降，大量毛细孔中的水由饱和变为不饱和状态，孔的弯月面所产生的毛细负压作用于水泥石，从而导致灌浆料自身收缩变小。由于外部水分不易渗透到灌浆料内部，即使养护过程中进行补充，也不能避免自收缩。

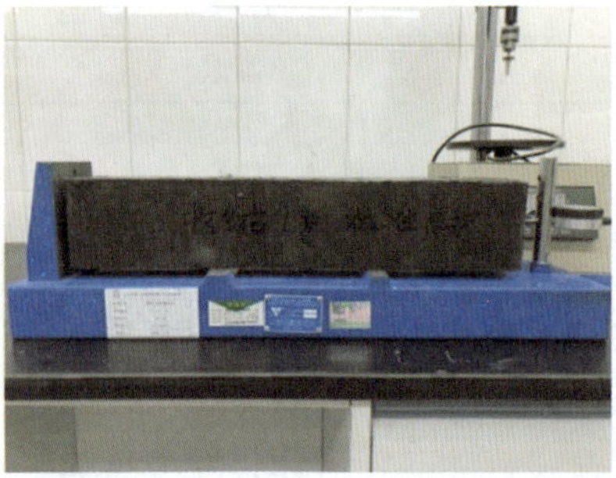

图 3-8 接触法测定收缩率

试验采用接触法测定超高性能灌浆料的收缩性能，如图 3-8 所示。将两组共 6 个超高性能灌浆料收缩试件分别置于标准养护室与高温蒸养箱下进行养护，编号分别为 BS1、

BS2、BS3 和 ZS1、ZS2、ZS3。

试验共采用两种养护方式，分别为标准养护及高温蒸养。

(1)标准养护：试件脱模后移入标准养护室内(温度 20 ℃±2 ℃，湿度大于 95%)。

(2)高温蒸养：试件脱模后移入高温蒸养箱内(温度 90 ℃，湿度 100%)，养护 48 h，再把试件移入标准养护室内养护。在养护过程中，为避免温度骤变对超高性能灌浆料造成损伤，采取较慢的升温速率及降温速率。

按照《普通混凝土长期性能和耐久性能试验方法标准》(GB/T 50082—2009)所规定龄期测量其初始长度及变形读数，得到在不同养护环境下超高性能灌浆料的收缩率，如图 3-9 所示。

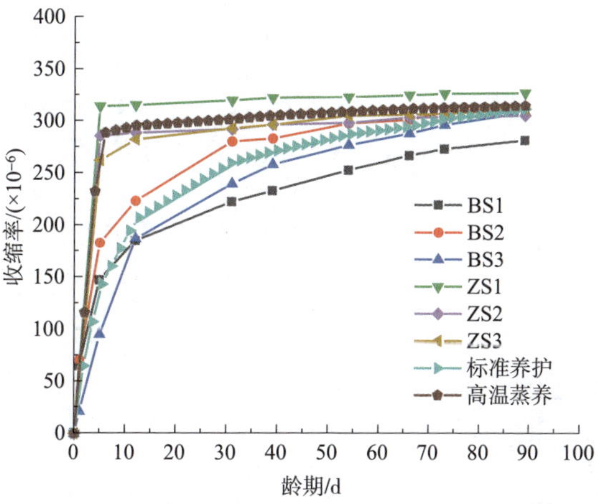

图 3-9　超高性能灌浆料收缩率—龄期曲线

由图 3-9 可以看出，超高性能灌浆料的收缩主要发生在早龄期，与标准养护相比，高温蒸养环境下的超高性能混凝土早期自收缩更大，高温蒸养结束后收缩率较标准养护增长了 94%，而长期干燥收缩更小，测得 90 d 长期收缩率较 3 d 只增长了 9%；标准养护早期自收缩较小，但长期收缩率较大，测得 90 d 长期收缩率较3 d 增长了 114%。由此可见，高温蒸养可以使超高性能灌浆料的收缩提前到达，减小后期收缩。这是因为在高温度、高湿度养护环境下，超高性能灌浆料中胶凝材料活性增大，水化反应更加剧烈，硅灰与粉煤灰与水泥水化产物二次水化反应增强，使得超高性能灌浆料内部结构更加紧密，阻止内部水分向外迁移，故高温蒸养后超高性能灌浆料的干燥收缩要远小于标准养护条件下的干燥收缩。

3.4.6 不同养护条件下超高性能灌浆料的耐久性能

1. 抗冻性能

采用快冻法测试超高性能灌浆料在标准养护和高温蒸养下的抗冻性能，标准养护、高温蒸养环境下超高性能灌浆料试件编号分别为 BD1、BD2、BD3 和 ZD1、ZD2、ZD3。测试设备为 NELD-FC810 混凝土快速冻融试验机及 NELD-DTV 型动弹模量测定仪，按照规范测定超高性能灌浆料的初始质量和初始弹性模量，并每隔 25 次冻融循环测定其相对动弹性模量及质量损失率。超高性能灌浆料的抗冻等级以相对动弹性模量下降至不低于 60%或者质量损失率不超过 5%时的最大冻融循环次数为标准。试验结果如图 3-10、图 3-11 所示。

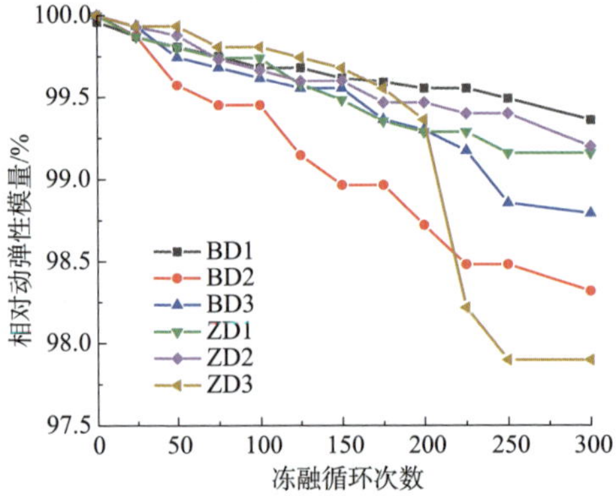

图 3-10 超高性能灌浆料的相对动弹性模量

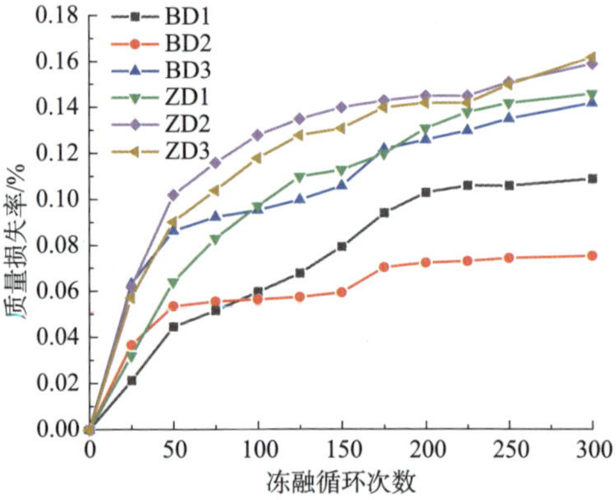

图 3-11 超高性能灌浆料的质量损失率

由结果可知，冻融循环试验结束后，超高性能灌浆料试件依旧有很好的残余性能，相对动弹性模量最低达到 97.9%，质量损失率最高达到 0.16%，具有较好的抗冻性能，而养护方式对超高性能灌浆料的抗冻性能并无太大的影响。

2. 抗水渗性能

采用逐级加压法测试超高性能灌浆料在标准养护和高温蒸养下的抗水渗性能，如图 3-12 所示。试验开始时，设置水压力为 0.1 MPa，并保持每 8 h 提高 0.1 MPa 水压力，随时观察试件表面渗水情况；当压力达到 2.5 MPa 时不再上升并保持稳定，试件表面未发生出水现象，此时超高性能灌浆料抗水渗等级已达到最大等级“>P12”，表明超高性能灌浆料具有较好的抗水渗性能。根据脱模后的抗渗试件渗水高度可以看出，高温蒸养下的超高性能灌浆料渗水高度低于标准养护，说明高温蒸养可以一定程度提高超高性能灌浆料的抗水渗性能。

图 3-12　超高性能灌浆料抗渗试验

3.4.7　灌浆料微观结构分析

利用 SEM 电镜扫描仪，观察高温蒸养及标准养护下超高性能灌浆料中钢纤维与基体粘结界面处的微观结构。养护 28 d 超高性能灌浆料样品 SEM 电镜扫描图像如图 3-13 所示。从图 3-13 中可以看出，在标准养护环境下，钢纤维与基体间粘结较为紧密，相同放大倍数下，粘结界面之间可见缝隙较小，且钢纤维上附着大量的 C-S-H 凝胶，说明钢纤维与基体间有较强的机械互锁作用，可有效抑制裂缝的发展，提高超高性能灌浆料的抗拉强度与延性。反观高温蒸养下灌浆料的微观结构图像，钢纤维与基体粘结面缝隙较大，且钢纤维表面仅有极少量粘结附着的 C-S-H 凝胶，表明高温蒸养环境下超高性能灌浆料中钢纤维与基体间的粘结程度会有所降低，导致其抗折强度与韧性有所降低。

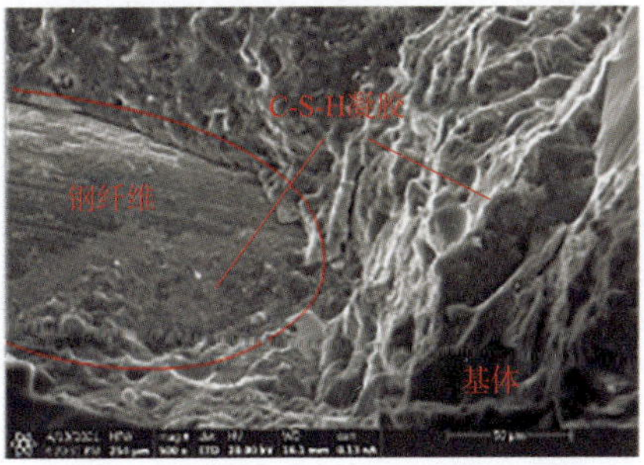

(a)标准养护下超高性能灌浆料的微观结构

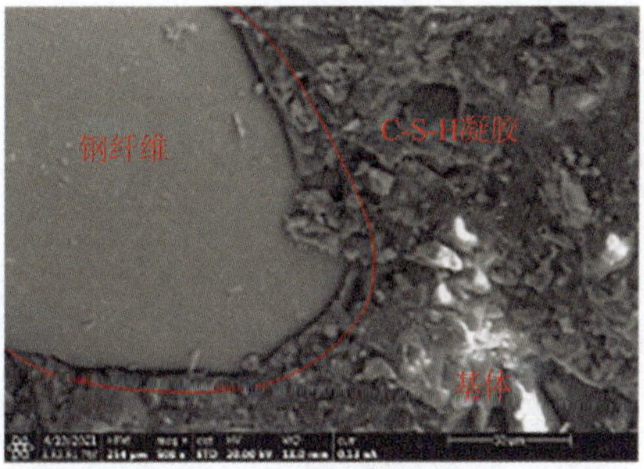

(b)高温蒸养下超高性能灌浆料的微观结构

图 3-13　不同养护条件下超高性能灌浆料的微观结构

小　　结

本章介绍了超高性能灌浆料的材料组成及其配合比，对试验方法和试验过程进行了详细介绍。探讨了不同水胶比和掺入钢纤维对超高性能灌浆料的抗压强度、抗折强度、流动度、粘结性能、收缩性能、耐久性能及微观结构性能的影响；研究了不同养护条件对超高性能灌浆料力学性能、耐久性能及收缩性能的影响。具体研究结果如下：

(1)配置了两种不同配合比的超高性能灌浆料 GA 和 GB，由于钢纤维的掺入致使 GB 灌浆料初始流动度和 30 min 流动度保留值相较于 GA 分别降低 8.1%和 5.7%，GB 灌浆料 28 d 龄期抗压强度相较于 GA 灌浆料提高 7%，抗折强度提高 87%。说明钢纤维的掺入较大程度上提高了超高性能灌浆料的致密性，提高超高性能灌浆料各种基体材料之间的粘结强度，从而提高了超高性能灌浆料的抗压强度和抗折强度，但使其流动度有小幅度降低。

(2)超高性能灌浆料与普通混凝土之间具有良好的粘结性能，超高性能灌浆料与 C30 混凝土之间的粘结强度为 2.9 MPa，相对于 C30 混凝土劈裂强度提升了 45%。

(3)超高性能灌浆料具有较好的抗冻性能，经 300 次冻融循环后，超高性能灌浆料试件相对动弹性模量最低达到 97.9%，质量损失率最高达到 0.16%，养护方式对超高性能灌浆料的抗冻性能并无太大的影响。

(4)超高性能灌浆料具有较好的抗水渗性能，抗水渗等级为“>P12”，养护方式对超高性能灌浆料的抗水渗性能无太大影响。

第4章 基于超高性能灌浆料的钢筋灌浆套筒连接力学性能试验

4.1 钢筋灌浆套筒连接性能要求

《混凝土结构通用规范》(GB 55008—2021)和《钢筋机械连接技术规程》(JGJ 107—2016)对钢筋套筒连接接头作了如下规定：

(1)钢筋套筒灌浆连接接头的屈服强度不应小于连接钢筋屈服强度标准值。

(2)套筒灌浆连接接头单向拉伸、高应力反复拉压、大变形反复拉压试验加载过程中，当接头拉力达到连接钢筋抗拉荷载标准值的1.15倍而未发生破坏时，抗拉强度合格。

钢筋灌浆套筒连接接头应同时满足强度及变形性能的要求。《混凝土结构通用规范》(GB 55008—2021)中对接头的实测极限抗拉强度规定见表4-1，《钢筋机械连接技术规程》(JGJ 107—2016)中对接头的变形性能规定见表4-2。

表4-1 接头的实测抗拉强度

接头等级	Ⅰ级	Ⅱ级	Ⅲ级
接头的实测极限抗拉强度 f_{mst}^{0}	$f_{mst}^{0} \geqslant f_{stk}$ 钢筋拉断；或 $f_{mst}^{0} \geqslant 1.10 f_{stk}$ 连接件破坏	$f_{mst}^{0} \geqslant f_{stk}$	$f_{mst}^{0} \geqslant 1.25 f_{yk}$

注：1. 连接件破坏指断于套筒、套筒纵向开裂或钢筋从套筒中拔出以及其他形式的连接组件破坏。

2. f_{stk}为钢筋极限抗拉强度标准值；f_{yk}为钢筋屈服强度标准值。

表4-2 接头变形性能

接头等级		Ⅰ级	Ⅱ级	Ⅲ级
单向拉伸	残余变形/mm	$u_0 \leqslant 0.10(d \leqslant 32)$ $u_0 \leqslant 0.14(d > 32)$	$u_0 \leqslant 0.14(d \leqslant 32)$ $u_0 \leqslant 0.16(d > 32)$	$u_0 \leqslant 0.14(d \leqslant 32)$ $u_0 \leqslant 0.16(d > 32)$
	最大力下总伸长率/%	$A_{sgt} \geqslant 6.0$	$A_{sgt} \geqslant 6.0$	$A_{sgt} \geqslant 3.0$
高应力反复拉压	残余变形/mm	$u_{20} \leqslant 0.3$	$u_{20} \leqslant 0.3$	$u_{20} \leqslant 0.3$

续上表

接头等级		Ⅰ级	Ⅱ级	Ⅲ级
大变形反复拉压	残余变形/mm	$u_4 \leqslant 0.3$ 且 $u_8 \leqslant 0.6$	$u_4 \leqslant 0.3$ 且 $u_8 \leqslant 0.6$	$u_4 \leqslant 0.6$

注：1. u_0 为接头试件加载至 $0.6f_{yk}$ 并卸载后在规定标距内的残余变形。
2. A_{sgt} 为接头试件的最大力下总伸长率。
3. u_{20} 为接头试件按规定加载制度经高应力反复拉压 20 次后的残余变形。
4. u_4 为接头试件按规定加载制度经大变形反复拉压 4 次后的残余变形。
5. u_8 为接头试件按规定加载制度经大变形反复拉压 8 次后的残余变形。

4.2 钢筋灌浆套筒连接单向拉伸性能试验

4.2.1 试验概况

1. 试件设计

单向拉伸试验设计 16 个钢筋灌浆套筒连接接头试件，试验参数包括钢筋强度等级、灌浆料种类、钢筋锚固长度。钢筋采用 HRB400E 级钢筋和 HTRB600E 级钢筋，直径均为 32 mm；灌浆料采用两种配合比（配合比见第 3 章）；钢筋锚固长度包括：$4d$、$5d$、$6d$、$8d$，d 表示钢筋直径。钢筋灌浆套筒连接接头试件具体构造如图 4-1 所示，试件详细尺寸见表 4-3。以试件“S400-GA-8d”为例说明编号中各字母及数字含义：“S”表示试件，“400”表示钢筋等级为 HRB400E 级，“GA”表示无钢纤维超高性能灌浆料，“8d”表示锚固长度为 8 倍钢筋直径。

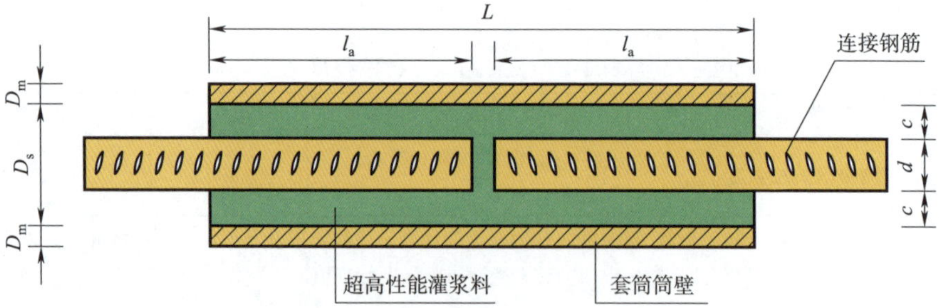

图 4-1 试件具体构造示意图

表 4-3 试件详细尺寸

试件编号	灌浆料种类	d/mm	D_s/mm	c/mm	D_m/mm	L/mm	l_a/mm
S400-GA-4d	GA	32	60	28	4	320	$4d$
S400-GA-5d						390	$5d$
S400-GA-6d						450	$6d$
S400-GA-8d						580	$8d$

续上表

试件编号	灌浆料种类	d/mm	D_s/mm	c/mm	D_m/mm	L/mm	l_a/mm
S400-GB-4d	GB	32	60	28	4	320	4d
S400-GB-5d						390	5d
S400-GB-6d						450	6d
S400-GB-8d						580	8d
S600-GA-4d	GA	32	60	28	4	320	4d
S600-GA-5d						390	5d
S600-GA-6d						450	6d
S600-GA-8d						580	8d
S600-GB-4d	GB	32	60	28	4	320	4d
S600-GB-5d						390	5d
S600-GB-6d						450	6d
S600-GB-8d						580	8d

2. 材料性能

1)套筒材料性能

灌浆套筒采用 JM 全灌浆套筒,如图 4-2 所示。JM 全灌浆套筒经优质碳素结构钢轧制加工而成,套筒外壁压入内部 4 mm,在内壁形成螺距为 40 mm 的梯形凸肋,以增大套筒与灌浆料的粘结面积,提高界面粘结强度。

图 4-2 JM 全灌浆套筒

2)钢筋材料性能

选用直径为 32 mm 的 HRB400E 级钢筋和 HTRB600E 级钢筋进行材料性能试验,采用万能试验机进行单轴拉伸试验。连接钢筋实测力学性能见表 4-4。

表 4-4 钢筋材料性能

钢筋等级	钢筋直径/mm	屈服强度/MPa	抗拉强度/MPa	断后伸长率/%
HRB400E 级	32	427.9	608	18.5
HTRB600E 级	32	663.2	833	18.1

3. 试件制作

试件组装前,预先将应变片粘贴位置打磨光滑,随后固定套筒与钢筋的相对位置,组装完成后塞入橡胶塞准备灌浆。灌浆时,将配置好的灌浆料装入灌浆枪内进行人工压力注浆,灌浆过程中发现 GB 灌浆料流动度较低且灌注困难,而 GA 灌浆料流动性能较好,易于灌注。灌浆完成后,将试件置于自然环境中养护 28 d,养护完成后在测点位置粘贴应变片,试件即制作完成。试件制作过程如图 4-3 所示。

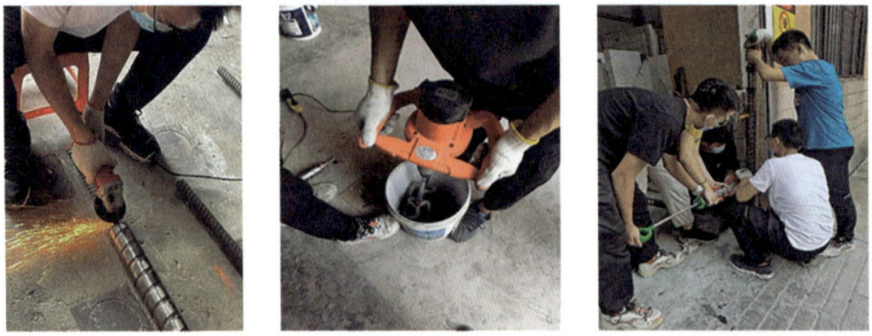

(a)测点打磨　　(b)制备灌浆料　　(c)人工压力注浆

图 4-3　试件制作

4. 加载装置及测点布置

图 4-4　拉伸试验加载装置

试验测量内容包括夹具间位移及荷载、残余变形、套筒表面应变和钢筋应变。单向拉伸试验采用 2 000 kN 电液压伺服万能试验机进行加载，试验装置如图 4-4 所示。试验过程中试验机自动记录夹具间位移、荷载以及试件残余变形。套筒表面应变与钢筋应变由预先粘贴的应变片连接应变数据采集箱进行读取，考虑套筒对称性，仅在套筒与钢筋的加载端粘贴应变片，应变片位置如图 4-5 所示。

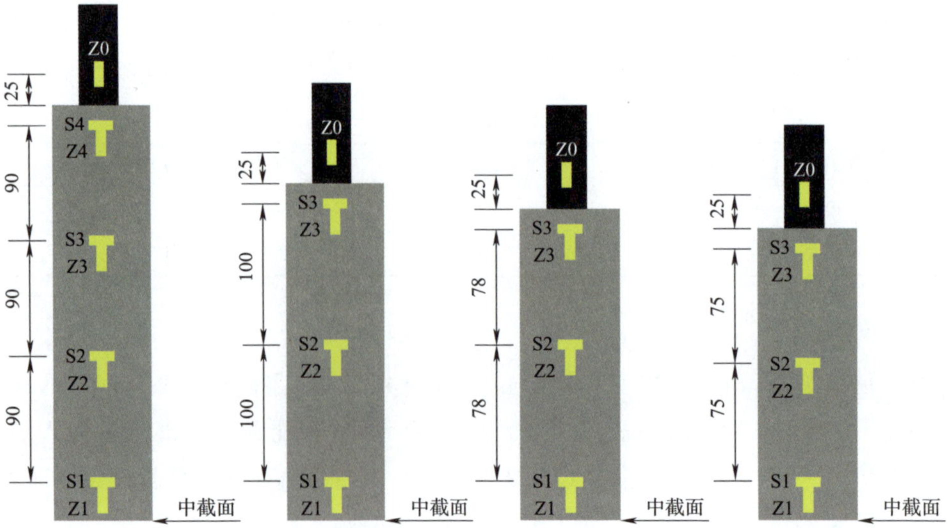

(a)$l_a=8d$　　(b)$l_a=6d$　　(c)$l_a=5d$　　(d)$l_a=4d$

图 4-5　应变片布置图(单位：mm)

4.2.2　HRB400E 级钢筋灌浆套筒连接拉伸性能试验

1. 破坏模式

单向拉伸试验过程中，试件发生滑移破坏和拉断破坏两种破坏形态，试件破坏形态如图 4-6 所示。

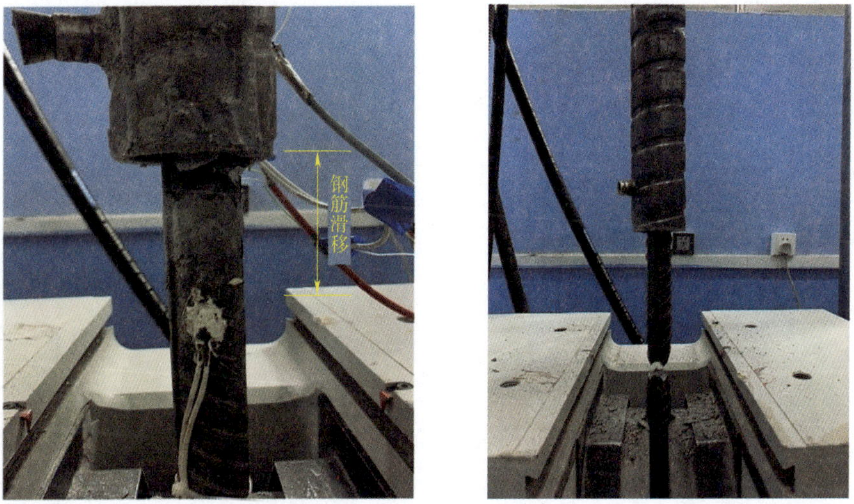

(a)滑移破坏试件　　(b)拉断破坏试件

图 4-6　试件破坏形态(一)

试验过程中，所有试件均经历弹性—屈服—强化后发生破坏，其中 S400-GA-8d 与 S400-GB-8d 发生拉断破坏，其余试件发生滑移破坏。当荷载达到极限抗拉强度时，钢筋发生颈缩，钢筋直径明显减小，随着荷载继续增大，下端连接钢筋伴随剧烈响声而被拉断。对于发生滑移破坏的试件，当荷载达到一定程度时，套筒端部的灌浆料逐渐剥落分离，钢筋产生明显滑动；随着荷载持续增加，钢筋滑移区明显扩大，锚固区钢筋露出，观察其表面附着有部分灌浆料。

连接接头受拉时，随着荷载不断增大，灌浆料发生劈裂现象，裂缝不断开展，端部混凝土所受约束作用较弱，劈裂裂缝开展迅速，致使端部灌浆料部分失效。灌浆料失效或钢筋变形过大将导致试件局部滑移，滑移区钢筋与灌浆料界面化学粘结力消失，此时钢筋与灌浆料之间的粘结力主要由两部分组成：灌浆料与钢筋之间的摩阻力和灌浆料与钢筋横肋之间的机械咬合力，荷载持续增大时，若钢筋极限承载力高于灌浆料粘结应力合力，试件发生滑移破坏；反之，试件发生拉断破坏。

2. 荷载—位移曲线

采用 2 000 kN 电液压伺服万能试验机对 8 个试件进行单调轴向拉伸试验，得到的荷载—位移曲线如图 4-7 所示。

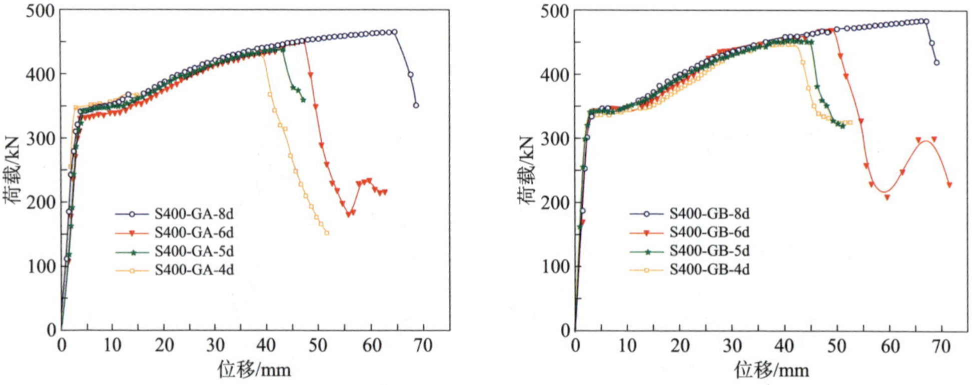

(a)GA 灌浆料试件荷载—位移曲线　　(b)GB 灌浆料试件荷载—位移曲线

图 4-7　普通钢筋试件荷载—位移曲线

由钢筋灌浆套筒连接试件单调轴向拉伸试验可以发现：

(1)各试件从初始加载至破坏所经历阶段大致相同，加载初始阶段试件处于弹性状态，荷载与位移呈线性变化。

(2)荷载增大至 344 kN 左右时试件进入屈服阶段，各试件屈服荷载基本一致。屈服阶段锚固钢筋承受拉力发生变形，钢筋横肋挤压套筒内部灌浆料引起微裂缝开展，套筒对灌浆料裂缝的抑制作用自套筒中部向端部逐渐削弱。

(3)荷载持续增大使试件进入强化阶段，钢筋屈服区域向内部延伸，钢筋变形明显增大，钢筋横肋充分挤压内部灌浆料，灌浆料劈裂区域从端口向套筒中部扩大。

(4)对于发生滑移破坏的试件，钢筋横肋与灌浆料的咬合键错位失效，钢筋携带其肋间灌浆料被缓缓拔出而发生滑移破坏；对于发生拉断破坏的试件，钢筋发生颈缩，伴随剧烈响声，下端连接钢筋在套筒外发生拉断破坏。

(5)钢筋锚固长度为 $6d$ 时，其荷载—位移曲线在荷载高位呈波浪形，试件仍保持一定的残余强度，展现出良好的延性。这是由于内部密实灌浆料劈裂后未产生空隙，同时，灌浆料凝结硬化时积蓄在套筒内部的环向应力及时补充了环向裂缝造成的应力损失。套筒内壁螺旋凸肋在钢筋滑移时提供反推力，这也是保证残余强度的关键。

3. 钢筋连接接头应力分析

《钢筋机械连接技术规程》(JGJ 107—2016)中关于单向拉伸工况下的 Ⅰ 级接

头规定如下：对于钢筋连接件抗拉强度应大于钢筋抗拉强度；对于连接件破坏（套筒断裂、套筒纵向开裂、钢筋拔出）情况，试件抗拉强度应大于 1.10 倍钢筋抗拉强度标准值；当钢筋直径小于或等于 32 mm 时，试件残余变形应小于或等于 0.1 mm。由表 4-5 可见，各试件残余变形均小于 0.1 mm，钢筋锚固长度为 8*d* 的连接件抗拉强度均大于钢筋抗拉强度标准值，符合Ⅰ级接头标准；锚固长度为 4*d* 和 6*d* 的连接件抗拉强度大于或等于钢筋抗拉强度标准值，小于 1.10 倍钢筋抗拉强度标准值，其 f_u/f_y 值均大于 1.25，符合Ⅱ级接头标准。

表 4-5　试验结果（一）

试件编号	f_u/MPa	P_u/kN	f_u/f_y	f_u/f_{stk}	τ_u/MPa	u_0/mm	破坏形态
S400-GA-4d	537.64	432.18	1.34	1.00	33.60	0.06	滑移破坏
S400-GA-5d	571.36	459.28	1.43	1.06	28.57	0.06	滑移破坏
S400-GA-6d	578.23	464.80	1.45	1.07	24.09	0.09	滑移破坏
S400-GA-8d	585.43	470.59	1.46	1.08	18.29	0.06	拉断破坏
S400-GB-4d	556.69	447.49	1.39	1.03	34.79	0.05	滑移破坏
S400-GB-5d	575.44	462.56	1.44	1.07	28.77	0.05	滑移破坏
S400-GB-6d	585.02	470.26	1.46	1.08	24.38	0.07	滑移破坏
S400-GB-8d	600.96	483.08	1.50	1.11	18.78	0.08	拉断破坏

注：f_u 表示钢筋连接件抗拉强度；P_u 表示钢筋连接件极限荷载；f_y 表示钢筋屈服强度标准值；f_{stk} 表示钢筋抗拉强度标准值；τ_u 表示平均粘结强度；u_0 表示残余变形。

钢筋锚固长度相同时，采用 GB 灌浆料的试件相较于采用 GA 灌浆料的试件其极限抗拉强度均有不同程度的提高，说明钢纤维与基体之间良好的粘结有利于抑制内部裂缝开展，钢纤维的桥接作用可提高灌浆料的抗劈裂性能从而提高试件的整体受力性能。

4. 试件粘结强度分析

1）粘结强度

发生粘结滑移破坏的试件经历弹性、屈服阶段后在强化阶段破坏，承载力急剧下降，其中 S400-GB-6d、S400-GA-6d 仍保持一定的残余粘结强度。对于发生滑移破坏的试件，其平均粘结强度与残余粘结强度可按式（4-1）和式（4-2）确定。各试件平均粘结强度见表 4-5。

$$\tau_u=\frac{P_u}{\pi d l_a}=\frac{P_u}{n\pi d^2} \tag{4-1}$$

$$\tau_t=\frac{P_t}{\pi d l_a}=\frac{P_t}{n\pi d^2} \tag{4-2}$$

式中 τ_u——平均粘结强度,MPa;

τ_t——残余粘结强度,MPa;

d——钢筋直径,mm;

n——连接钢筋锚固长度倍数;

P_u——试件极限荷载,kN;

P_t——试件滑移阶段荷载,kN。

S400-GB-6d、S400-GA-6d 发生滑移破坏后荷载急剧下降,当荷载分别下降至 182 kN 和 211 kN 时,荷载重新抬高,由式(4-2)计算得到的 S400-GB-6d、S400-GA-6d 残余粘结强度约为破坏前的 40%和 45%,表明发生滑移破坏的试件仍保留一定的残余强度。

2)锚固长度对粘结强度的影响

单向拉伸试验中发生滑移破坏的 6 个试件钢筋与灌浆料的平均粘结强度如图 4-8 所示,图中横坐标为钢筋锚固长度倍数的倒数,纵坐标为钢筋与灌浆料平均粘结强度与 $f_{cu}^{0.25}$ 的比值。对于 S400-GA-4d、S400-GA-5d、S400-GB-4d、S400-GB-5d 试件,当钢筋锚固长度增大 1d 时,钢筋与灌浆料的平均粘结强度分别下降 15.0%和 17.3%,试件极限承载力提高 6.0%和 3.3%,钢筋锚固长度增加使钢筋—灌浆料粘结界面总面积增大,二者机械咬合作用进一步加强,极限荷载显著提高。钢筋锚固长度由 5d 增大至 6d 时,承载力变化不大,采用 GA 灌浆料和 GB 灌浆料试件的钢筋与灌浆料平均粘结强度分别下降 15.6%和 15.2%,这是由于钢筋锚固长度为 6d 时,连接件承载力已接近钢筋极限抗拉承载力,故可认为要保证连接件发生拉断破坏,钢筋锚固长度应稍大于 6d。

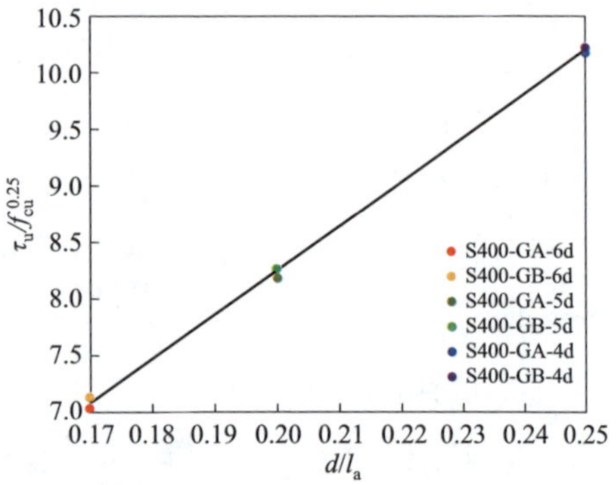

图 4-8 不同锚固长度试件粘结强度计算值拟合曲线(一)

3)灌浆料种类对粘结应力的影响

通过图 4-8 可以看出,钢筋锚固长度相同时,含有钢纤维的 GB 灌浆料粘结强度稍高于 GA 灌浆料。这是由于灌浆料的粘结应力受灌浆料的抗劈裂强度影响较大。GB 灌浆料中掺入的钢纤维可显著提高其抗劈裂强度和初裂强度,限制初裂缝的产生和发展,从而提高界面粘结强度,减小钢筋锚固长度。连接件 S400-GB-6d、S400-GA-6d 承载力基本一致,但掺入钢纤维后,其残余承载力提高约 16%,说明在灌浆料中掺入钢纤维可提高连接件的残余粘结强度。

5. 套筒及钢筋应变

在套筒及钢筋表面粘贴应变片以观测试件受力过程中的应变变化，应变片布置如图 4-5 所示，部分试件应变如图 4-9 所示。

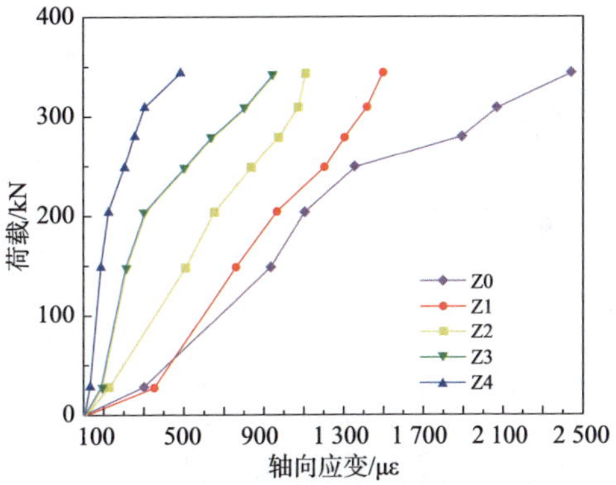

(a)S400-GB-8d 轴向应变

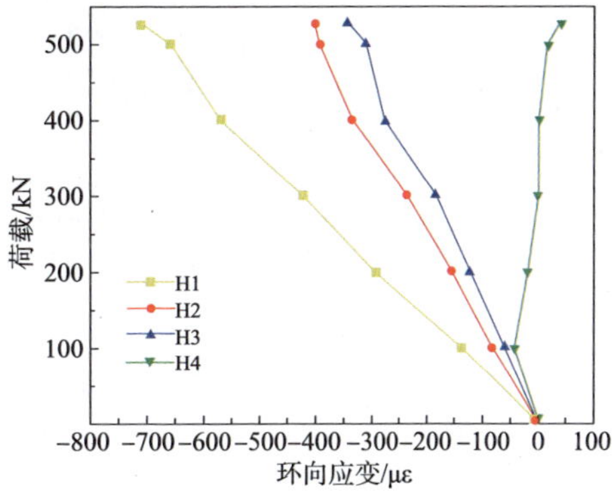

(b)S400-GB-8d 环向应变

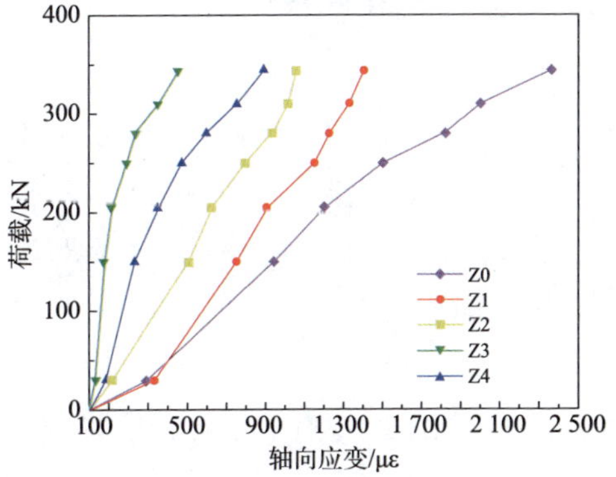

(c)S400-GA-8d 轴向应变

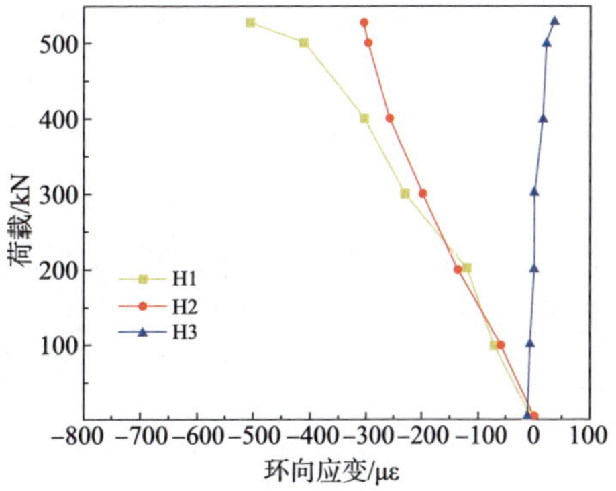

(d)S400-GA-8d 环向应变

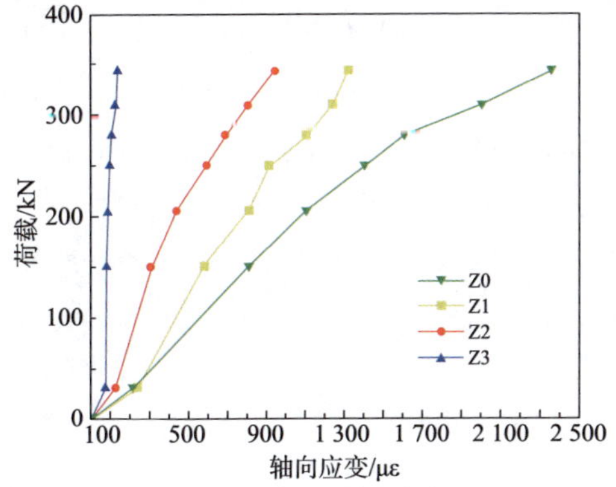

(e)S400-GB-6d 轴向应变

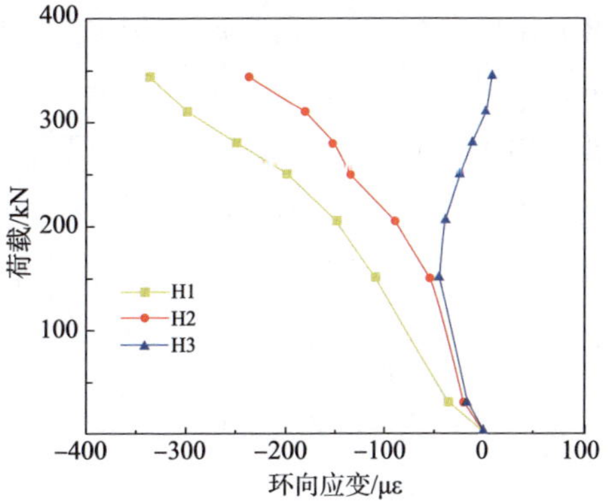

(f)S400-GB-6d 环向应变

图　4-9

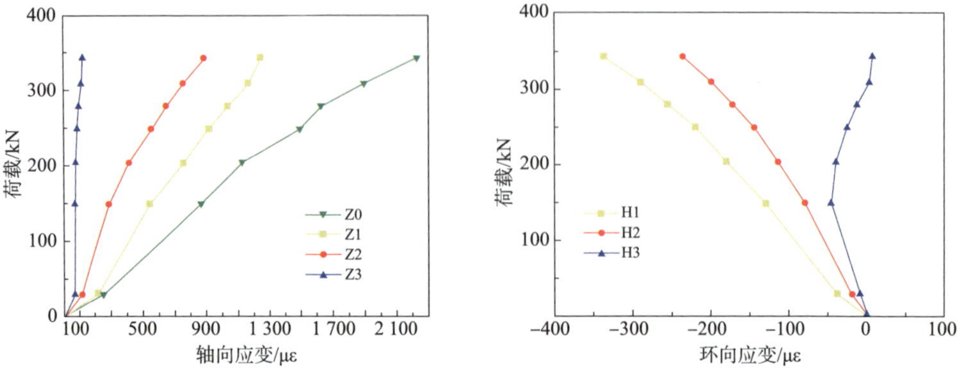

(g)S400-GA-6d 轴向应变　　(h)S400-GA-6d 环向应变

图 4-9　套筒应变—荷载曲线(一)

由图 4-9 可知:钢筋应变为拉应变,应变随荷载呈线性增长;试件屈服前,套筒应变基本呈线性增长,呈现出中间大、两端小的分布规律。荷载相同时,套筒表面的轴向应变与环向应变绝对值由套筒中部向两端减小,即越靠近套筒中部截面,其应变变化范围越大。

套筒环向应变片所测数据主要由两部分构成:第一部分为钢筋横肋剪切内部灌浆料导致其受压膨胀对套筒产生的拉应变,荷载越大剪切作用越强,拉应变随之增大;第二部分为受泊松效应影响的套筒因受拉而产生的压应变。由于中部灌浆料劈裂程度较小,灌浆料可将钢筋拉力充分传递至套筒共同受力,此时套筒应变表现为泊松效应主导产生的压应变;而端部灌浆料因劈裂裂缝开展使其传力性能削弱,导致钢筋传力过程受阻进而套筒端部承受拉力随之减小,泊松效应减弱,此时灌浆料挤压筒壁产生的拉应变略大于压应变,总体表现为拉应变。

钢筋锚固长度较大的试件套筒中部应变和端部应变稍高于锚固长度较小的试件。试件 S400-GA-8d 套筒端部和中部轴向应变最大值分别为 1 402 με 和 112 με,而试件 S400-GA-6d 同一位置的轴向应变最大值分别为 1 353 με 和 103 με。采用 GB 灌浆料的试件各位置应变大于采用 GA 灌浆料的试件,这是由于 GB 灌浆料内部钢纤维可在裂缝出现时代替灌浆料传递拉应力,提高套筒承受的轴向荷载;同时,内部钢纤维可抑制裂缝的产生与发展,使内部灌浆料对套筒内壁的挤压作用更为显著,导致套筒环向应变提高。

4.2.3　HTRB600E 级钢筋灌浆套筒连接拉伸性能试验

1. 破坏模式

HTRB600E 级钢筋灌浆套筒连接试件出现滑移和拉断两种破坏形态,试件破坏形态如图 4-10 所示。

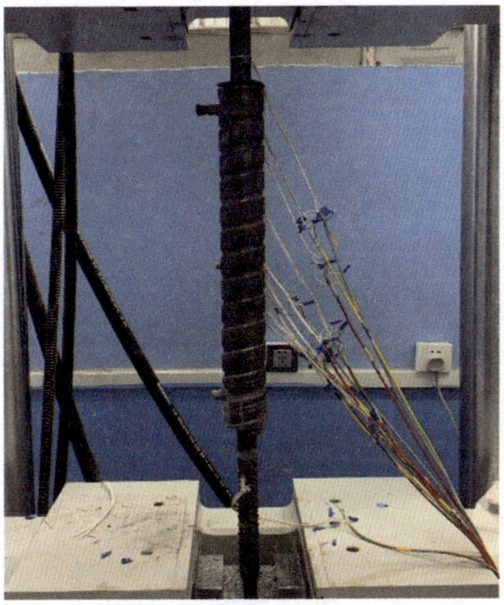

(a)滑移破坏试件

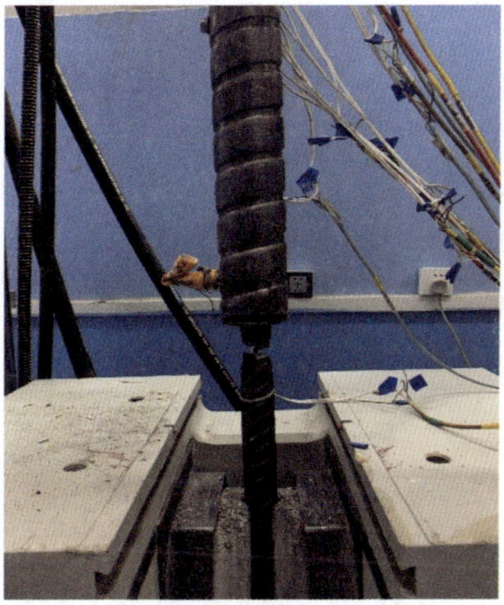

(b)拉断破坏试件

图 4-10　试件破坏形态(二)

试验过程中，试件 S600-GA-8d 和 S600-GB-8d 发生拉断破坏，其余试件发生滑移破坏。S600-GA-8d 和 S600-GB-8d 经历弹性、屈服、强化三个阶段后，连接接头试件达到极限抗拉强度，发生钢筋拉断破坏，破坏位置均为下端钢筋与套筒连接处，如图 4-10(b)所示。S600-GA-4d 与 S600-GB-4d 试验过程处于弹性阶段，试件未达到屈服强度即发生滑移破坏，其端部灌浆料剥落程度较轻，钢筋拔出表面附着有少量灌浆料。当加载至钢筋屈服强度时，S600-GA-5d 与 S600-GB-5d 发生滑移破坏，其灌浆料剥落程度与钢筋锚固长度为 $4d$ 的试件相近。试件 S600-GA-6d 与 S600-GB-6d 在强化阶段由于粘结强度不足而发生滑移破坏，其端部灌浆料剥落破碎，钢筋拔出后其表面附着有少量灌浆料。

2. 荷载—位移曲线

采用 2 000 kN 电液压伺服万能试验机对 8 个试件进行单调轴向拉伸试验，得到的荷载—位移曲线如图 4-11 所示。

由单向拉伸试验可以发现 HTRB600E 级高强钢筋试件因钢筋锚固长度不同导致其破坏时所处的阶段差异较大，具体如下：

(1)试件 S600-GA-4d 与 S600-GB-4d 在弹性阶段发生滑移破坏，试件破坏后承载力急剧下降，钢筋被缓慢拔出。试件发生破坏的原因主要与粘结强度有关，钢筋锚固长度较短时，钢筋与灌浆料粘结面积较小，粘结强度较低进而导致试件发生滑移破坏。

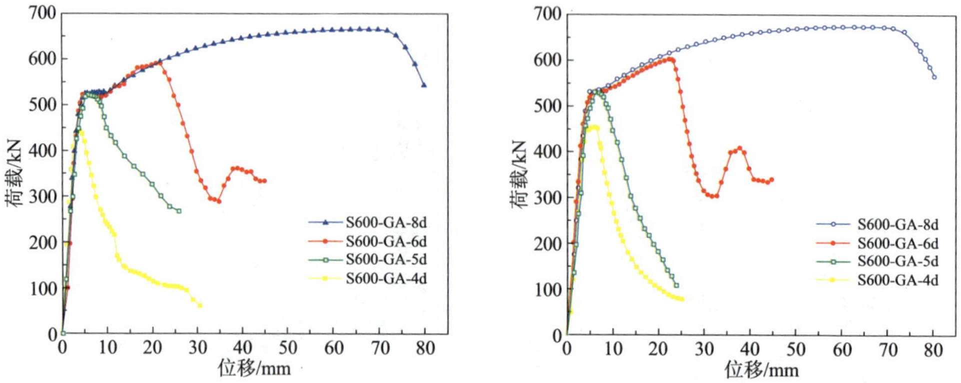

(a)采用 GA 灌浆料试件荷载—位移曲线　　(b)采用 GB 灌浆料试件荷载—位移曲线

图 4-11　HTRB600E 高强钢筋试件荷载—位移曲线

(2)试件 S600-GA-5d 与 S600-GB-5d 经历屈服阶段后发生滑移破坏，极限荷载分别为 523.54 kN 和 533.93 kN；试件 S600-GA-6d 与 S600-GB-6d 在强化阶段发生滑移破坏，试件破坏时荷载先下降，后又重新抬高，表明试件仍保留一定的残余强度。

(3)试件 S600-GA-8d 与 S600-GB-8d 发生拉断破坏，当荷载接近极限抗拉强度时，钢筋发生颈缩，试件发生拉断破坏。

3. 钢筋连接接头应力分析

由表 4-6 可见，各试件残余变形均小于 0.1 mm，锚固长度为 8*d* 的连接件抗拉强度均大于钢筋抗拉强度标准值，符合Ⅰ级接头标准；锚固长度为 4*d* 和 6*d* 的连接件抗拉强度大于或等于钢筋抗拉强度标准值，小于 1.10 倍钢筋抗拉强度标准值，且 f_u/f_y 值均大于 1.25，符合Ⅱ级接头标准。其中试件 S600-GA-4d、S600-GA-5d、S600-GB-5d 残余变形为 0，表明试件未发生塑性变形。

钢筋锚固长度相同时，采用 GB 灌浆料的试件相较于采用 GA 灌浆料的试件其极限抗拉强度均有不同程度提高，说明钢纤维与基体之间良好的粘结有利于抑制内部裂缝开展，钢纤维的桥接作用可提高灌浆料的抗劈裂性能从而提高试件的整体受力性能。

与 HRB400E 钢筋连接接头试件相比，HTRB600E 高强钢筋连接接头试件承载力明显提高，其中钢筋锚固长度为 8*d* 的试件提升幅度约 40%，以此高性能灌浆料作为粘结介质的钢筋灌浆套筒连接试件可以充分发挥出高强钢筋的抗拉性能。

表 4-6　试验结果(二)

试件编号	f_u/MPa	P_u/kN	f_u/f_y	f_u/f_{stk}	τ_u/MPa	u_0/mm	破坏形态
S600-GA-4d	558.71	449.11	0.93	0.77	34.92	0	滑移破坏
S600-GA-5d	651.30	523.54	1.63	0.89	32.57	0	滑移破坏
S600-GA-6d	737.39	592.74	1.23	1.01	30.72	0.09	滑移破坏
S600-GA-8d	838.65	674.14	1.40	1.15	26.21	0.06	拉断破坏
S600-GB-4d	567.55	456.22	0.95	0.78	35.47	0	滑移破坏
S600-GB-5d	664.23	533.93	1.66	0.91	33.21	0.01	滑移破坏
S600-GB-6d	750.86	603.57	1.25	1.03	31.29	0.07	滑移破坏
S600-GB-8d	839.41	674.75	1.40	1.15	26.23	0.08	拉断破坏

注：f_u 表示钢筋连接件抗拉强度；P_u 表示钢筋连接件极限荷载；f_y 表示钢筋屈服强度标准值；f_{stk} 表示钢筋抗拉强度标准值；τ_u 表示平均粘结强度；u_0 表示残余变形。

4. 试件粘结强度分析

1)粘结强度

对于高强钢筋试件，其发生粘结滑移破坏时所经历的阶段各不相同，试件 S600-GA-6d 与 S600-GB-6d 破坏时仍具有一定的残余粘结强度。按式(4-1)和式(4-2)计算试件的粘结强度，各试件平均粘结强度见表 4-6。试件 S400-GB-6d、S400-GA-6d 发生滑移破坏后荷载急剧下降，当荷载分别下降至 291 kN 和 300 kN 时，荷载重新抬高，由式(4-2)计算得到的试件 S600-GA-6d、S600-GB-6d 残余粘结强度约为破坏前的 49%和 50%，其残余强度接近普通钢筋试件的屈服强度，相较于普通钢筋试件，高强钢筋试件的安全储备更高。

2)锚固长度对粘结强度的影响

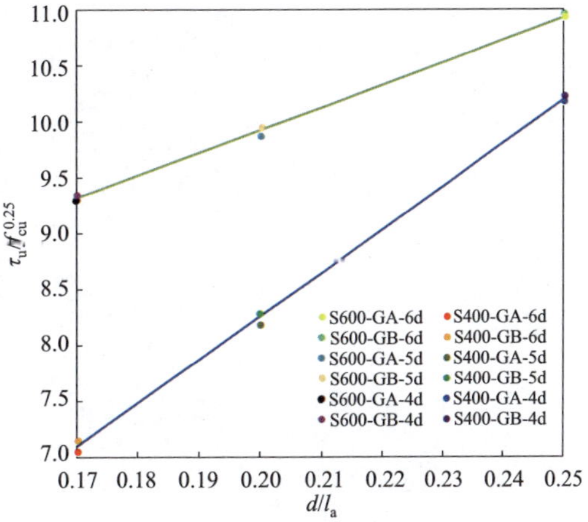

图 4-12　不同锚固长度试件粘结强度计算值拟合曲线(二)

发生粘结滑移破坏的试件其粘结强度如图 4-12 所示，图中横坐标为钢筋锚固长度倍数的倒数，纵坐标为平均粘结强度与 $f_{cu}^{0.25}$ 的比值。对于试件 S600-GA-4d、S600-GA-5d、S600-GB-4d 和 S600-GB-5d，当钢筋锚固长度增大 1d 时，平均粘结强度均下降约 6%，试件极限承载力提高 16%和 17%，钢筋锚固长度增加使钢筋—灌浆料粘结界面总面积增大，二者机械咬合作用进一步增强，极限荷载显著提高。钢筋锚固

长度由 $5d$ 增大至 $6d$ 时，承载力均提高约 13%，粘结强度分别下降 5%和 6%。

3)灌浆料种类对粘结应力的影响

通过图 4-12 可以看出，锚固长度相同时，含有钢纤维的 GB 灌浆料粘结强度稍高于 GA 灌浆料。这是由于灌浆料的粘结应力受灌浆料的抗劈裂强度影响较大。GB 灌浆料中掺入的钢纤维可显著提高其抗劈裂强度和初裂强度，限制初裂缝的产生和发展，从而提高界面粘结强度，减小钢筋锚固长度。同时，当试件发生滑移破坏时，钢纤维可提高破坏试件的残余粘结强度。由图 4-11 可知，S600-GB-6d、S600-GA-6d 承载力基本一致，但掺入钢纤维后，其残余承载力提高约 3%，说明破坏试件的钢纤维仍保持一定的工作性能。

5. 套筒及钢筋应变

在套筒及钢筋表面粘贴应变片以观测试件受力过程中的应变变化，应变片布置如图 4-5 所示，部分试件应变如图 4-13 所示。

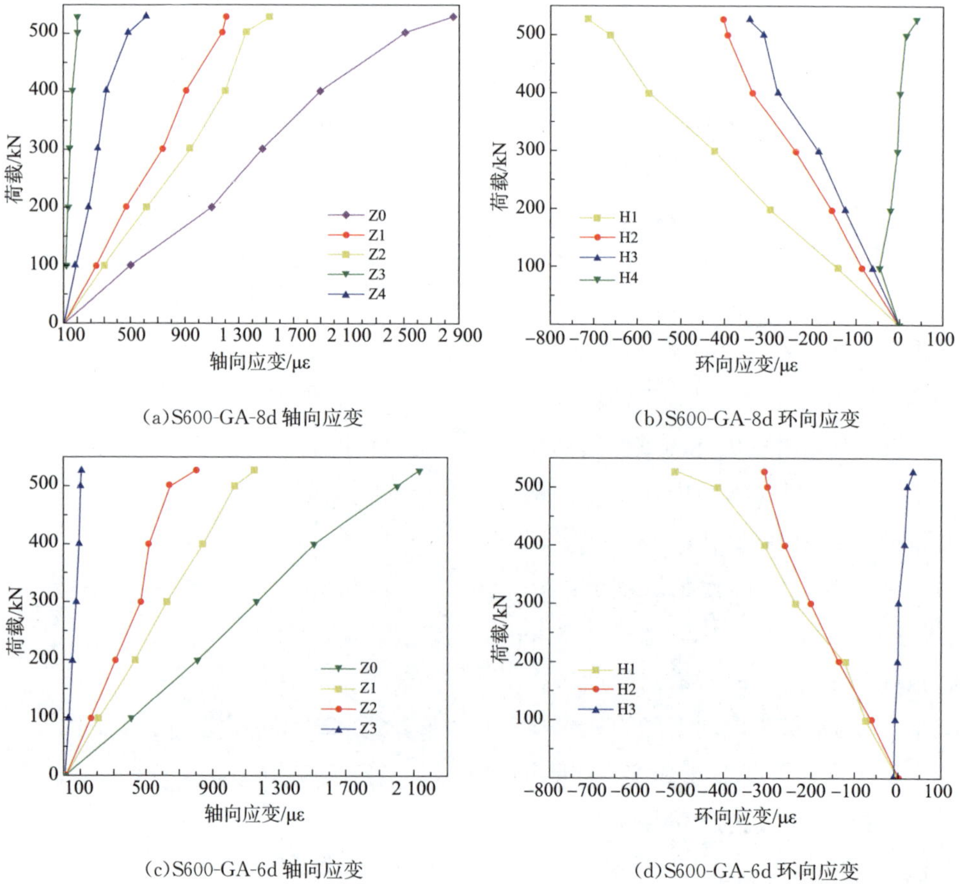

(a)S600-GA-8d 轴向应变

(b)S600-GA-8d 环向应变

(c)S600-GA-6d 轴向应变

(d)S600-GA-6d 环向应变

图 4-13

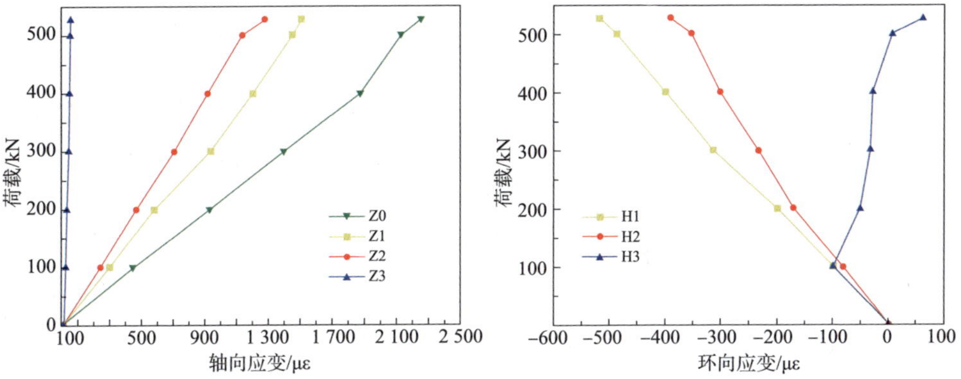

(e)S600-GB-6d 轴向应变　　　　(f)S600-GB-6d 环向应变

图 4-13　套筒应变—荷载曲线(二)

由图 4-13 可知:钢筋应变为拉应变,应变随荷载呈线性增长;试件屈服前,套筒应变基本呈线性增长,呈现出中间大、两端小的分布规律。相同荷载时,套筒表面的轴向应变与环向应变绝对值由套筒中部向两端减小,即越靠近套筒中截面,其应变变化范围越大。

4.2.4　平均粘结强度与临界锚固长度

1. 平均粘结强度计算公式

采用最小二乘法拟合出 HRB400E 级普通钢筋试件与 HTRB600E 级高强钢筋试件发生滑移破坏时的平均粘结强度计算公式,如式(4-3)和式(4-4)所示。

$$\tau_{c1}=\left(37.70\frac{d}{l_a}+0.8439\right)f_{cu}^{0.25} \tag{4-3}$$

$$\tau_{c2}=\left(15.6837\frac{d}{l_a}+6.6720\right)f_{cu}^{0.25} \tag{4-4}$$

式中　τ_{c1}——HRB400E 级钢筋试件界面平均粘结强度,MPa;

τ_{c2}——HTRB600E 级钢筋试件界面平均粘结强度,MPa;

d——钢筋直径,mm;

l_a——钢筋锚固长度,mm;

f_{cu}——灌浆料实测抗压强度,MPa。

将发生滑移破坏试件的平均粘结强度按照式(4-3)和式(4-4)计算,计算结果见表 4-7。

表 4-7　平均粘结强度的试验值与计算值对比

试件编号	τ_u/MPa	τ_c/MPa	τ_u/τ_c
S400-GA-4d	33.60	33.89	0.99
S400-GA-5d	28.57	27.67	0.98
S400-GA-6d	24.09	23.93	1.01
S400-GB-4d	34.79	34.40	1.01
S400-GB-5d	28.77	28.09	1.01
S400-GB-6d	24.38	24.30	1.00
S600-GA-4d	34.92	34.96	1.00
S600-GA-5d	32.57	32.37	1.01
S600-GA-6d	30.72	30.82	1.00
S600-GB-4d	35.47	35.49	1.00
S600-GB-5d	33.21	32.86	1.01
S600-GB-6d	31.29	31.28	1.00

注：τ_u 表示平均粘结强度试验值；τ_c 表示平均粘结强度计算值。

经过计算，表 4-7 中 τ_u/τ_c 的平均值为 1.002，说明灌浆套筒中钢筋与灌浆料界面粘结强度的实测值与计算值吻合程度较高，其适于作为以此灌浆料灌注的钢筋套筒灌浆连接构件的设计依据。

2. 钢筋临界锚固长度

临界锚固长度 L_{cu} 即连接钢筋同时发生拉断破坏和滑移破坏时的钢筋锚固长度，由破坏时的平衡条件可得式(4-5)。

$$\tau_u \pi d L_{cu} = A f_b \tag{4-5}$$

式中　A——钢筋截面面积，mm^2；

f_b——钢筋实测抗拉强度，MPa；

L_{cu}——钢筋临界锚固长度，mm；

τ_u——界面平均粘结强度，MPa；

d——钢筋直径，mm。

由式(4-5)可推导出式(4-6)，各类试件的钢筋临界锚固长度见表 4-8。

$$L_{cu} = \frac{f_b}{4\tau_u} \tag{4-6}$$

表 4-8　钢筋临界锚固长度

钢筋等级	灌浆料种类	钢筋直径/mm	L_{cu}
HRB400E	GA	32	5.50d
HRB400E	GB		5.42d
HTRB600E	GA		6.46d
HTRB600E	GB		6.36d

为安全起见，且考虑安装误差等因素后，建议 HRB400E 级钢筋的锚固长度不小于 $6d$，HTRB600E 级高强钢筋的锚固长度不小于 $7d$。

小　结

本章以两种不同配合比的超高性能灌浆料作为粘结介质制作了锚固长度为 $4d$、$5d$、$6d$、$8d$ 的共 16 个 HRB400E 级普通钢筋和 HTRB600E 级高强钢筋灌浆套筒连接接头试件，开展了单向拉伸试验研究，研究了钢筋灌浆套筒连接试件构造参数对其力学性能的影响，给出了钢筋与灌浆料平均粘结强度计算公式和钢筋的锚固长度建议值。

第5章　基于超高性能灌浆料的钢筋灌浆套筒连接力学性能有限元分析

5.1　基于超高性能灌浆料的钢筋灌浆套筒连接单向拉伸力学性能有限元分析

5.1.1　有限单元法基本理论与求解过程

有限单元法将复杂的连续体分割成有限个单元，给出每个单元的近似解，再将全部单元按照一定方式组合成连续体，将连续的无限自由度问题拆解为离散的有限自由度问题进行求解。有限单元法求解方程式的典型步骤包括：结构离散、单元分析、整体分析和数值求解。结构离散是利用假想的线或者面将连续体分割成有限个单元，每个单元上分布有限个节点，用有限个单元组成的集合体代替原来的连续体。单元分析是指建立单元节点力与单元节点位移之间的刚度方程，确定单元刚度矩阵；单元分析中还需将外部荷载转化为等效节点荷载。整体分析是指建立整体的刚度方程，形成整体刚度矩阵和整体节点荷载向量。数值求解是将整体刚度矩阵通过边界条件加以限制，从而消除刚体位移，进而求解整体刚度矩阵。

5.1.2　钢筋灌浆套筒连接节点有限元模型建立

1. 有限元分析软件ABAQUS简介

ABAQUS是一款功能强大的工程有限元模拟软件，软件功能在工程领域覆盖很广，能高效地解决线性和非线性问题。ABAQUS依赖于全面的单元库，可以模拟各种复杂几何形式，丰富的模型库涵盖了工程中绝大多数工程材料。具体而言，ABAQUS能够进行静态分析和准静态分析、瞬态分析、模态分析、屈曲分析、碰撞冲击和爆炸、断裂疲劳和耐久性分析、弹塑性分析等，还能进行声、热、电、磁等各种物理场所分析。

2. ABAQUS分析模块选择

ABAQUS/CAE提供了交互式图形界面，提供了完整的工作环境，能够进行完整的工程有限元模拟。ABAQUS包含三个分析模块：ABAQUS/Explicit、ABAQUS/CFD和ABAQUS/Standard。

ABAQUS/Explicit是显示动力学分析模块，用来高效及精确地模拟广泛的动力学问题和准静态问题。ABAQUS/Explicit尤其适用于模拟短暂、瞬时冲击问题，同时也是求解非线性准静态问题的有效工具。

ABAQUS/CFD是流体动力分析模块，用来解决工程中广泛的不可压缩流体问题，能够配合ABAQUS/Standard和ABAQUS/Explicit解决复杂的流固耦合等多物理场问题。

ABAQUS/Standard是通用分析模块，为大多数线性问题及非线性问题提供建模支持，包括静态、动态、热、电、磁、声以及非线性耦合物理场等。

ABAQUS/Standard分析模块的开发经过了严格完整测试，保证了分析的准确性及合理性，为了确保有限元模拟的精度，本章数值模拟采用ABAQUS/Standard分析模块。

3. 材料本构模型

1)灌浆料本构模型

由于混凝土材料的离散性较大，工作行为复杂，各类混凝土试验中获得的材料数据十分有限，混凝土材料性能的表达式多基于试验结果的对比，分析其中差异进行修正，计算式较为繁复。Mander等对箍筋约束混凝土进行深入研究，建立了箍筋约束混凝土的本构关系，该本构模型表达式简洁，力学概念清晰，函数表达完整，能较大限度反映混凝土的工作行为。超高性能灌浆料的本构模型采用Mander箍筋约束混凝土本构模型，混凝土本构关系表达式如下：

$$f_c=\frac{f_{cc}xr}{r-1+x^r} \tag{5-1}$$

$$x=\frac{\varepsilon_c}{\varepsilon_{cc}} \tag{5-2}$$

$$r=\frac{E_c}{E_c-f_{cc}/\varepsilon_{cc}} \tag{5-3}$$

$$\varepsilon_{cc}=\varepsilon_{c0}\left[1+\eta(f_{cc}/f_{c0}-1)\right] \tag{5-4}$$

式中　f_c，ε_c——约束混凝土的纵向应力和应变；

f_{cc}，ε_{cc}——约束混凝土的轴压强度及峰值应变；

f_{c0}，ε_{c0}——非约束混凝土的轴压强度及峰值应变；

η——峰值应变修正系数；

E_c——非约束混凝土的弹性模量。

灌浆料应力—应变曲线如图 5-1 所示。

采用 ABAQUS 中的混凝土塑性损伤(CDP)模型,模型中包括灌浆料受压行为的应力—应变关系和受拉行为的应力—应变关系。塑性损伤模型的参数取值见表 5-1。

表 5-1 塑性损伤模型参数

膨胀角	偏心率	f_{b0}/f_{c0}	K	黏性参数
30°	0.1	1.16	0.667	0.005

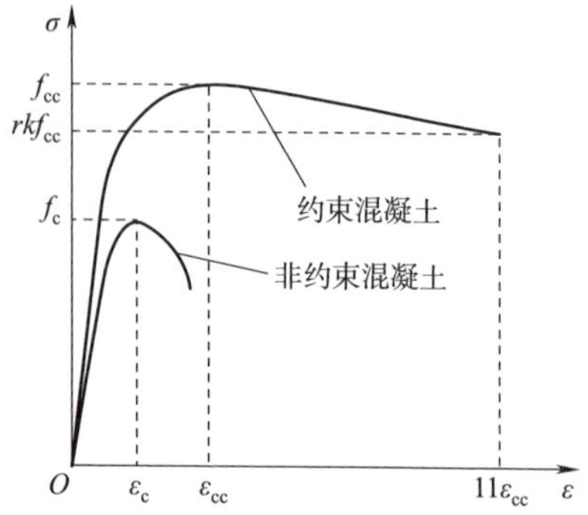

图 5-1 灌浆料应力—应变曲线

2)钢筋及套筒本构模型

钢筋采用直径 32 mm 的带肋钢筋,钢筋等级为 HRB400E 和 HTRB600E。钢筋加载过程中,仅在锚固钢筋两端施加轴向拉力。模拟套筒受力过程时,认为套筒始终处于弹性状态,因此带肋钢筋采用三折线模型,灌浆套筒采用简化的单线模型,如图 5-2 所示。

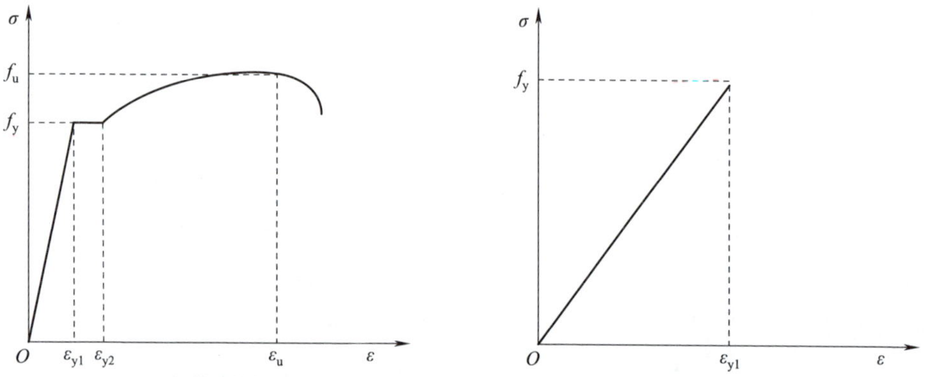

(a)钢筋本构模型　　(b)套筒本构模型

图 5-2 钢筋及套筒本构模型

4. 单元选取及网格划分

1)单元选取

本数值模型包含灌浆料、灌浆套筒、锚固钢筋三个部件,均采用实体单元建模,基于模型规则的几何形状,选用六面体单元中的线性减缩积分单元(C3D8R)进行模拟。C3D8R 对于位移求解更加精确,其中心仅有一个积分点,在单元受弯时不会发生单元剪切自锁现象导致应力过大。实际套筒外壁压有倒梯形螺旋凹肋,螺距 40.8 mm,深度 1 mm,套筒壁厚为 4 mm,由于套筒凹肋深度与角度较小,在有限元模型建模时将螺旋凸肋简化为水平横肋,凸肋深度及螺距与实际构造相同,钢筋与灌浆料之间的粘结力与机械咬合力主要通过接触属性控制。灌浆套筒和钢筋有限元模型如图 5-3 所示。

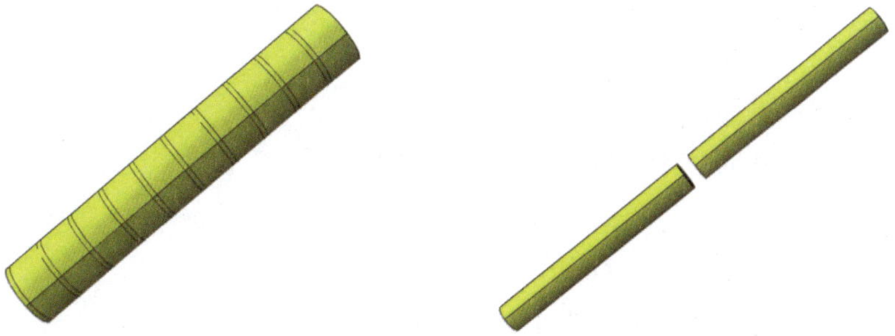

(a)套筒模型　　(b)钢筋模型

图 5-3　灌浆套筒和钢筋有限元模型

2)网格划分

网格划分质量直接影响求解效率与结果的准确性。一般来讲，整体部件直接划分所得到的网格质量较低。因此，在划分网格前，应对整体部件进行分割，将整体部件分割为几何规则的多个区域，再进行区域网格划分，必要时，对局部网格进行加密以获得更为精确的结果。在 ABAQUS 中，共有三种网格划分方式，分别是结构化网格划分、扫掠、自底向上网格划分。本章模拟试验中所有部件均采用质量较高的结构化网格划分。灌浆套筒、灌浆料、钢筋和装配构件的网格划分如图 5 4 所示。

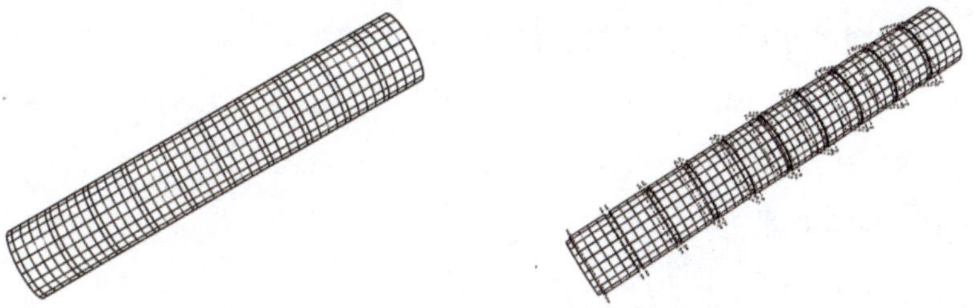

(a)套筒网格划分　　(b)灌浆料网格划分

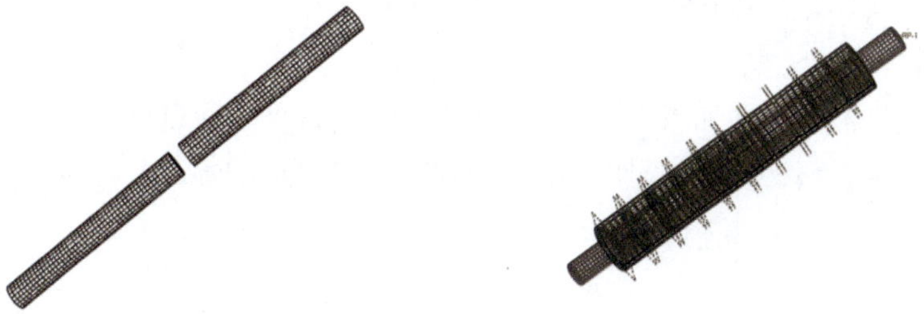

(c)钢筋网格划分　　(d)整体装配网格划分

图 5-4　各部件网格划分图

5. 接触属性

数值模拟过程中存在两类接触，分别为钢筋表面—灌浆料和灌浆套筒内表面—灌浆料。在 ABAQUS 中分别定义两类接触。

1)钢筋表面—灌浆料

在灌浆套筒单向拉伸试验中，钢筋承受轴向拉力，灌浆料受到带肋钢筋挤压产生压应力，在钢筋—灌浆料结合面存在化学粘结力和机械咬合力。在接触属性中，除了利用罚函数给定摩擦系数定义法向"硬"接触外，更关键的是设置界面之间的粘结行为。接触之间的粘结行为主要通过定义刚度系数。刚度系数越大，钢筋在拉拔过程中滑移量就越大；刚度系数越小，灌浆料对于钢筋的粘结作用就越强，滑移就越小。此外，为了模拟钢筋拉拔试验中出现钢筋拉断的情况，需在钢筋接触属性中添加损伤属性。

2)灌浆套筒—灌浆料

ABAQUS 有限元软件中的接触属性，在接触面的法向作用上默认的关系是"硬"接触，即当两个面的间隙为零时，就代表两个面有法向接触应力产生，这种法向行为在计算分析中极大地限制了可能发生的穿透现象。在切向作用上，一般是引入罚函数，通过罚函数来求解切向作用问题。

对于两类接触方式，采用通用接触算法中的"表面与表面接触"，两个接触表面之间采用主表面和从表面接触。在定义主从表面时需要遵循以下原则：从属面的网格更精细，主面尺寸更大；如果两个接触面尺寸相近，应选择材料刚度较大的表面作为主面。根据以上原则，本章试验模拟选取钢筋表面和套筒内表面作为主面，灌浆料内外表面作为从属面。

6. 边界条件与加载

1)边界条件

数值模拟中的边界条件的定义主要依据实际加载工况，边界条件设置在套筒两端，控制套筒端部的轴向位移以保证模型收敛。

2)加载

数值模拟采用位移加载方式进行锚固钢筋单向拉伸，通过耦合点 RP1 与 RP2 分别与钢筋端面耦合，RP1 施加 Y 方向位移荷载，RP2 施加 Y 方向反向位移荷载，RP1 与 RP2 位移荷载数值相同。

5.1.3 试验结果分析

利用 ABAQUS 对 S400-GA-6d、S400-GA-8d、S400-GB-6d、S400-GB-8d、S600-

GA-6d、S600-GA-8d、S600-GB-6d、S600-GB-8d 共 8 个试件进行有限元建模。限于篇幅,下面以试件 S400-GA-8d 与 S600-GA-8d 为例分析各部件力学性能。为能简洁清晰地描述试验结果,作出以下约定:

约定 1:以套筒中心截面为界,中心截面以上为上部,中心截面以下为下部。

约定 2:环肋编号以套筒中心截面为起始向两端依次编号,即距离套筒中截面最近的环肋分别为上部套筒第 1 环肋与下部套筒第 1 环肋。

1. 连接接头各部件应力变化规律分析

1)灌浆料第三主应力

试件 S400-GA-8d 与 S600-GA-8d 灌浆料第三主应力云图如图 5-5 所示。由图 5-5 可知,灌浆料第三主应力主要为压应力,仅有个别单元第三主应力为拉应力。灌浆料端部为第三主应力最大值区域,普通钢筋试件第三主应力最大值约为 123 MPa,高强钢筋试件第三主应力最大值约为 133 MPa。相邻环肋中间的灌浆料应力有明显界限,靠近中心截面一侧其数值明显低于靠近端部一侧,其应力差值约为 60 MPa。灌浆料内壁形成了斜向传力带,作为传力介质的灌浆料即通过此传力带将钢筋内力传递至套筒。

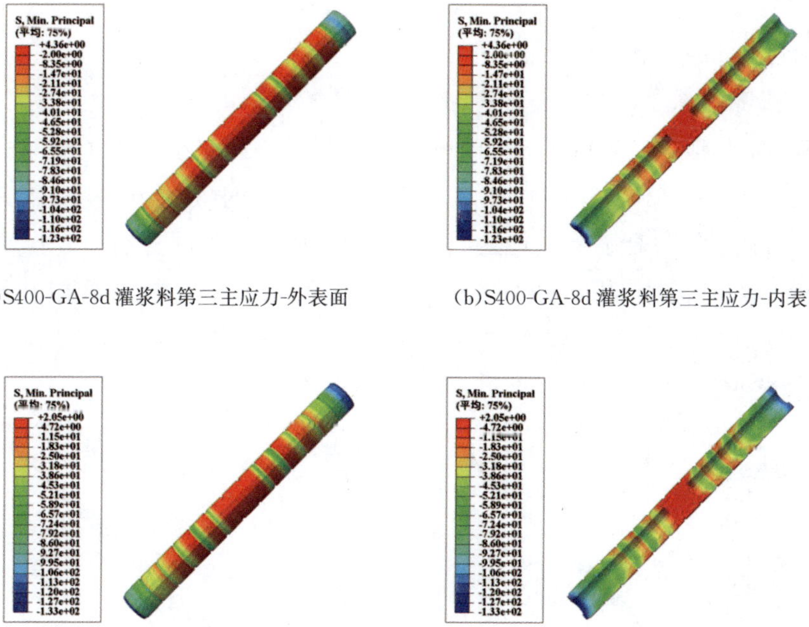

(a)S400-GA-8d 灌浆料第三主应力-外表面　(b)S400-GA-8d 灌浆料第三主应力-内表面

(c)S600-GA-8d 灌浆料第三主应力-外表面　(d)S600-GA-8d 灌浆料第三主应力-内表面

图 5-5　灌浆料第三主应力云图(一)

2)套筒轴向应力

灌浆套筒在加载过程中主要承受钢筋传递而来的拉应力，图5-6所示为灌浆套筒轴向应力云图。由图5-6可见，套筒拉应力呈对称分布，由套筒中部向两端逐渐减小，套筒中部是受力的薄弱环节，拉应力数值较大。普通钢筋试件套筒中部拉应力最大值约为170 MPa，高强钢筋试件套筒中部拉应力最大值约为264 MPa，套筒各区域应力过渡较为均匀，应力分析结果与试验结果较为一致，表明有限元分析能够准确模拟单向拉伸试验过程。

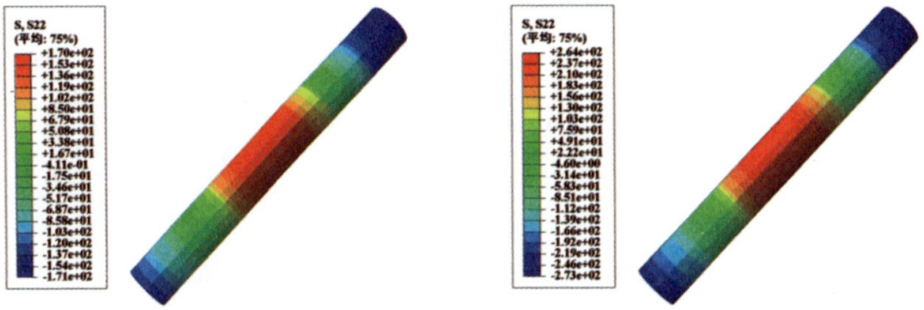

(a)普通钢筋试件套筒　　　　(b)高强钢筋试件套筒

图5-6　套筒轴向应力云图(一)

3)钢筋 Mises 应力

普通钢筋接头与高强钢筋接头的Mises应力云图如图5-7所示。由图5-7可知，钢筋Mises应力呈对称分布，由加载端向锚固端逐渐减小。试件破坏时，加载端面应力下降，钢筋伸长量明显增加，与套筒连接处的钢筋直径明显减小，钢筋发生颈缩，普通钢筋与高强钢筋均达到抗拉强度，其抗拉强度分别为600 MPa和840 MPa，钢筋达到极限强度的区域约占钢筋总长的40%，钢筋屈服区域约占50%，钢筋中部Mises应力较小，普通钢筋Mises应力为276 MPa，高强钢筋Mises应力为445 MPa。

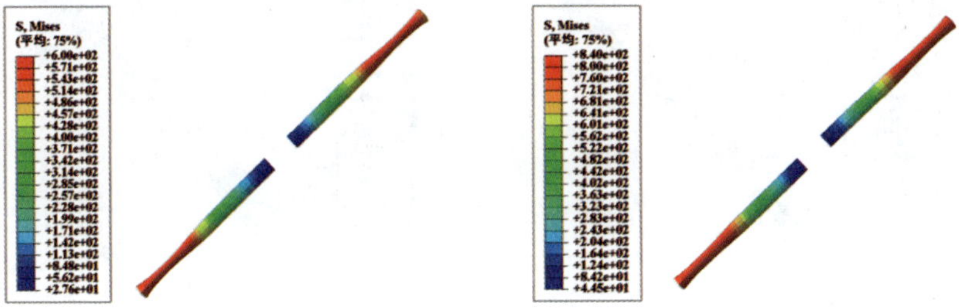

(a)普通钢筋　　　　(b)高强钢筋

图5-7　钢筋接头 Mises 应力云图

4)灌浆料 Mises 应力

灌浆料的 Mises 应力云图如图 5-8 所示。由图 5-8 可知,灌浆料 Mises 应力呈对称分布,由中部向两端逐渐增大。灌浆料端部 Mises 应力最大,普通钢筋试件灌浆料 Mises 应力峰值达到 112 MPa,高强钢筋试件灌浆料 Mises 应力峰值达到 119 MPa。钢筋锚固区域形成了若干条斜向传力带,对比普通钢筋连接试件和高强钢筋连接试件可以发现,灌浆料 Mises 应力分布规律基本一致,两者的主要区别在于相同区域的灌浆料应力数值不同。

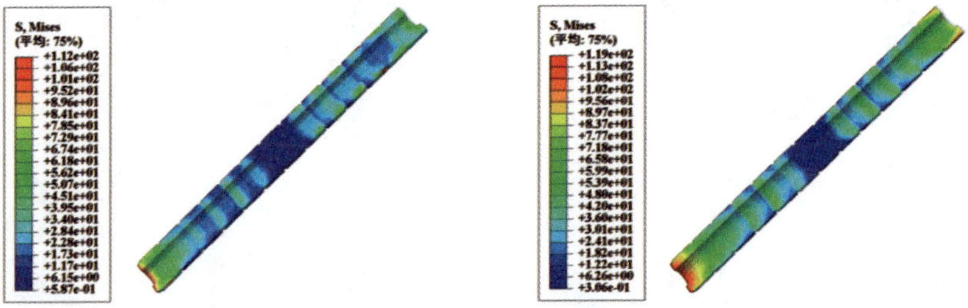

(a)S400-GA-8d 灌浆料　　(b)S600-GA-8d 灌浆料

图 5-8　灌浆料 Mises 应力云图

2. 连接接头各部件第一主应力分析

1)钢筋第一主应力分析

试件 S400-GA-8d 与 S600-GB-8d 钢筋第一主应力云图如图 5-9 所示。由图 5-9 可知,钢筋第一主应力为拉应力,两端钢筋第一主应力呈对称分布,由加载端向锚固端逐渐减小。试件 S400-GA-8d 和 S600-GA-8d 在加载端面第一主应力较高,分别为 600 MPa 和 874 MPa。除加载端面外,其余区域第一主应力均在钢筋抗拉强度范围内。

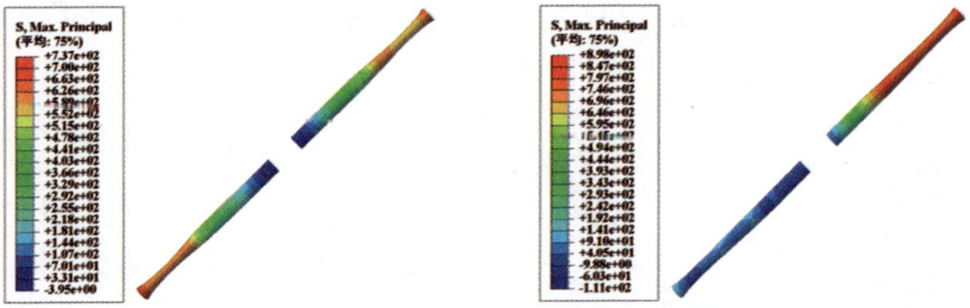

(a)S400-GA-8d 钢筋　　(b)S600-GA-8d 钢筋

图 5-9　钢筋第一主应力云图

2)套筒第一主应力分析

试件 S400-GA-8d 与 S600-GA-8d 灌浆套筒第一主应力云图如图 5-10 所示。

由图 5-10 可知，两个试件的套筒第一主应力均为拉应力，大致呈对称分布，套筒中部截面两侧是第一主应力峰值区域，试件 S400-GA-8d 峰值应力约为 171 MPa，试件 S600-GA-8d 峰值应力约为 334 MPa。此外，S600-GA-8d 下部套筒外表面第 2 道、第 3 道横肋处的第一主应力与峰值应力相近。

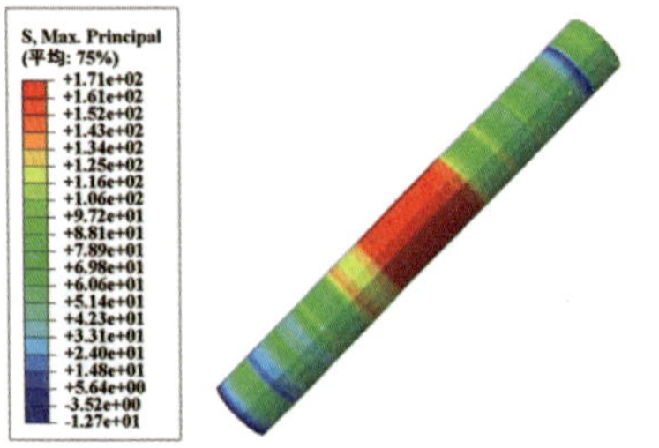

(a)S400-GA-8d 套筒外表面

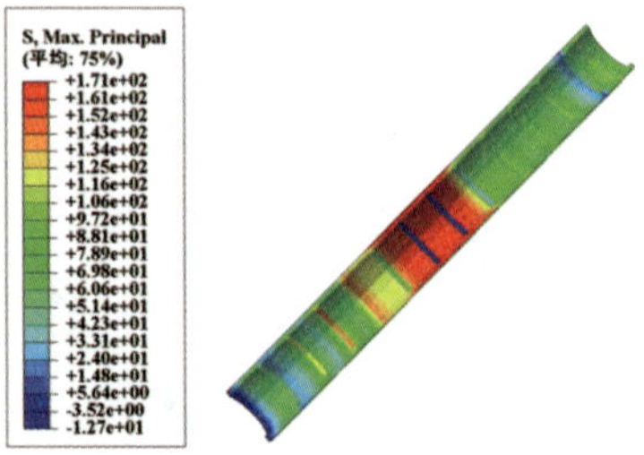

(b)S400-GA-8d 套筒内表面

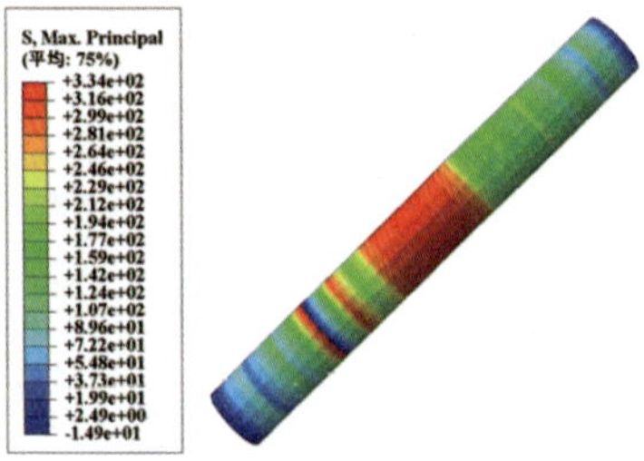

(c)S600-GA-8d 套筒外表面

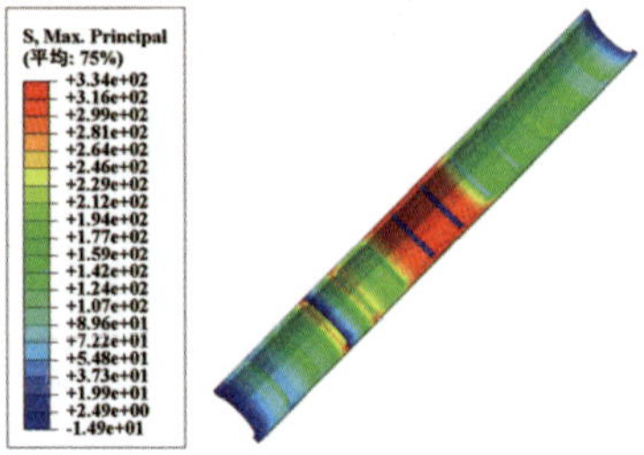

(d)S600-GA-8d 套筒内表面

图 5-10 套筒第一主应力云图(一)

3. 等效塑性应变分析

试件 S400-GA-8d 与 S600-GA-8d 等效塑性应变(PEEQ)云图如图 5-11 所示。由图 5-11 可以发现，试件发生塑性应变的区域主要位于钢筋与套筒连接处，普通钢筋与高强钢筋的最大应变相近，数值稍大于 0.3。

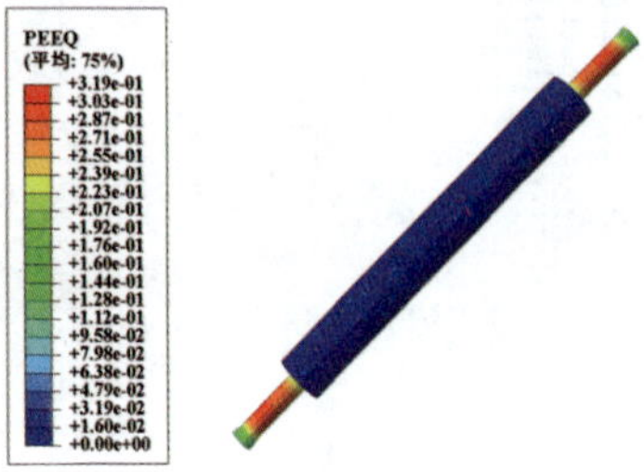

(a)S400-GA-8d 等效塑性应变

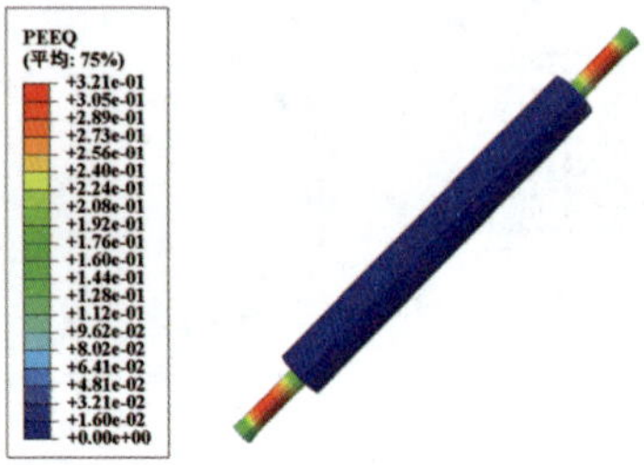

(b)S600-GA-8d 等效塑性应变

图 5-11 塑性应变云图

5.1.4　有限元模拟与实际试验结果对比

利用 ABAQUS 有限元软件建立钢筋锚固长度为 $8d$ 及 $6d$ 的有限元模型，分析得到的各试件在单向拉伸荷载工况下的荷载—位移曲线如图 5-12、图 5-13 所示。

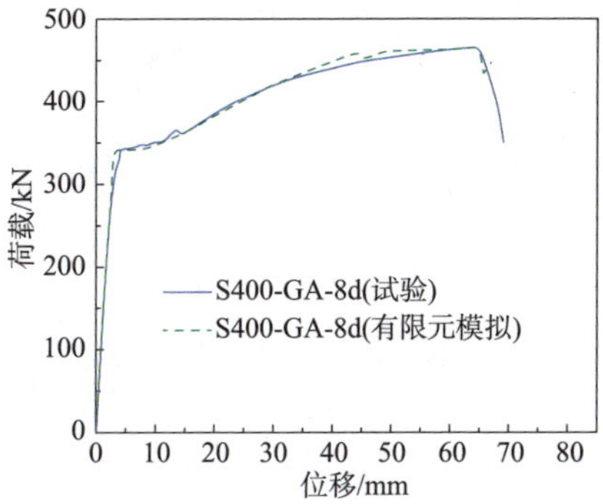

(a) S400-GA-8d

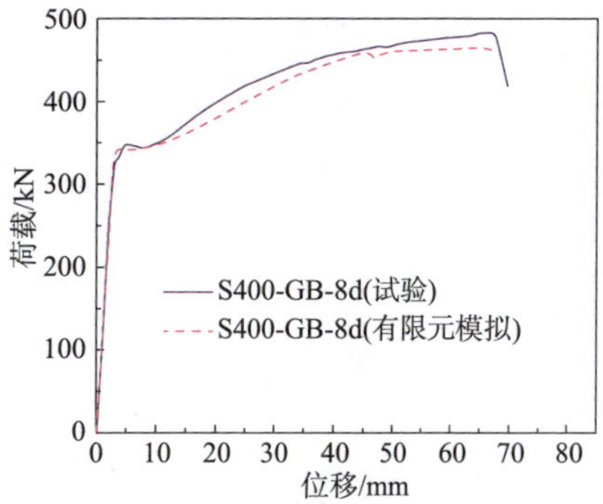

(b) S400-GB-8d

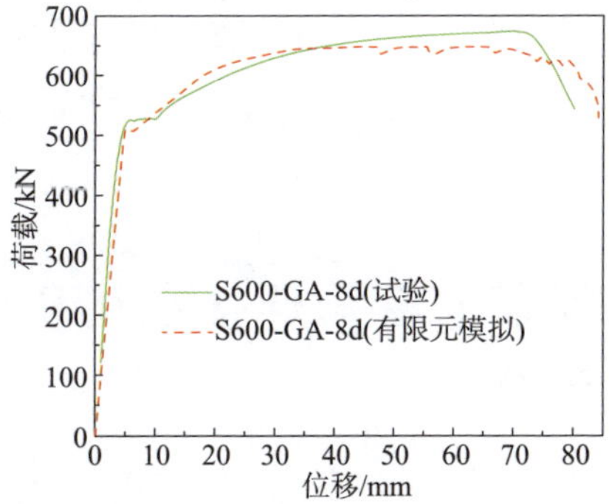

(c) S600-GA-8d

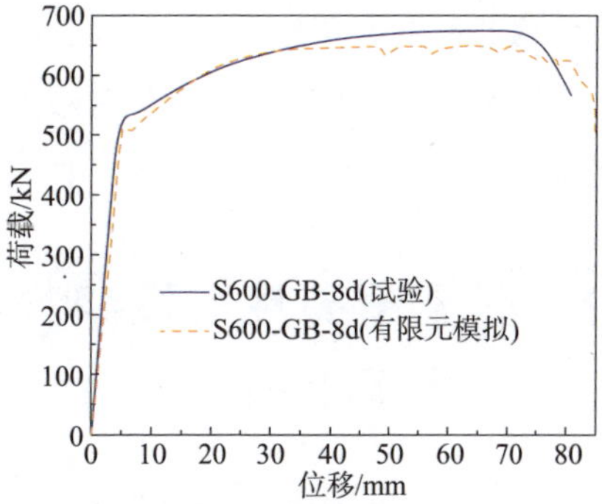

(d) S600-GB-8d

图 5-12　试验与有限元模拟荷载—位移曲线对比图（$8d$）

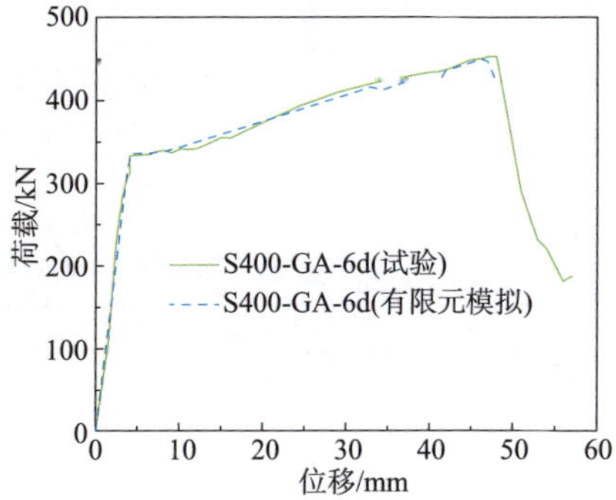

(a) S400-GA-6d

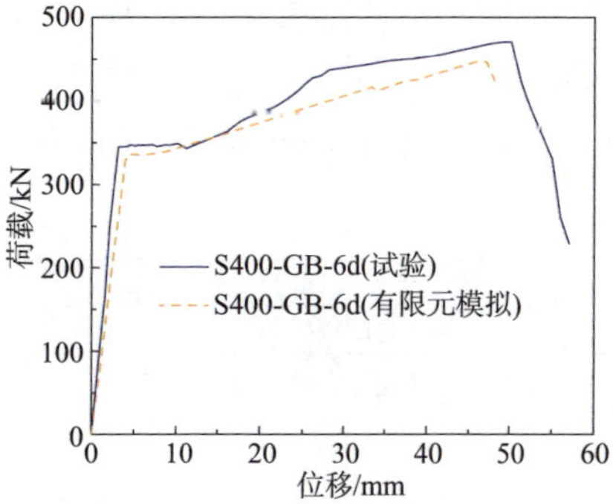

(b) S400-GB-6d

图　5-13

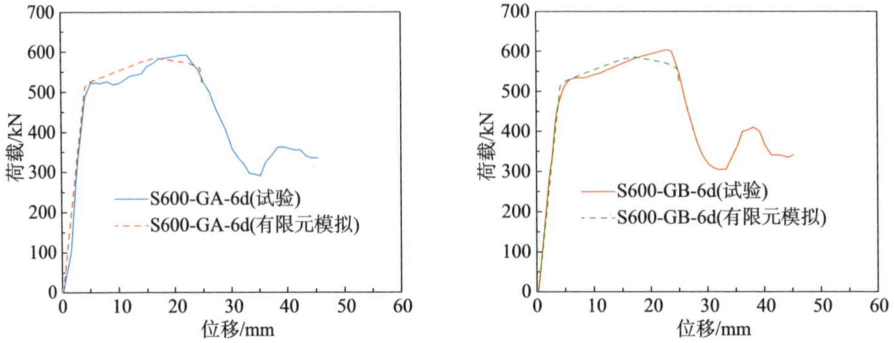

(c)S600-GA-6d　　　　(d)S600-GB-6d

图 5-13　试验与有限元模拟荷载—位移曲线对比图(6*d*)

由图 5-12 和图 5-13 可见,有限元分析与单向拉伸试验得到的荷载—位移曲线吻合情况较好,但由于 GB 灌浆料与 GA 灌浆料本构模型差异较小,导致二者数值模拟结果相近。在弹性阶段,数值模拟得到的荷载—位移曲线与试验得到的荷载—位移曲线基本重合,两者荷载—位移曲线的斜率基本一致;数值模拟与单向拉伸试验结果吻合程度较高,表明有限元分析较大程度地还原了实际试件的受力状态,验证了有限元模型的正确性。

5.2　基于超高性能灌浆料的钢筋灌浆套筒连接在往复荷载作用下的力学性能有限元分析

5.2.1　钢筋接头构件加载制度

本节基于有限元分析软件 ABAQUS,按照《钢筋机械连接技术规程》(JGJ 107—2016)中对钢筋连接接头加载制度的规定,对高应力往复拉压工况进行了数值模拟,研究 HRB400E 和 HTRB600E 钢筋灌浆套筒在上述工况下的应力应变分布规律。高应力反复拉压工况加载方式见表 5-2。

表 5-2　高应力反复拉压工况加载方式

工　况	加载方式
高应力反复拉压	0→(0.9f_{yk}→−0.5f_{yk})→破坏(往复 20 次)

注:f_{yk}代表钢筋屈服强度标准值。

5.2.2　钢筋套筒连接荷载—位移曲线

进行高应力反复拉压工况下数值模拟,研究钢筋灌浆套筒连接在此工况下的力学性能，反复加载 20 次后得到的钢筋灌浆套筒连接的荷载—位移曲线如图 5-14 所示。

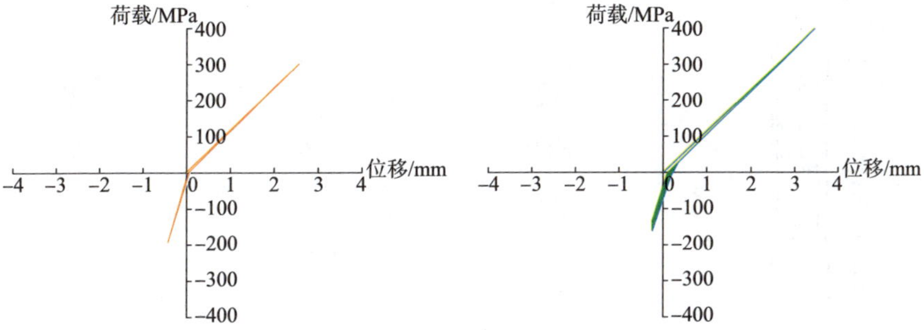

(a)S400-GA-8d　　(b)S600-GB-8d

图 5-14　在高应力反复拉压工况下荷载—位移曲线

由图 5-14 可见，试件 S400-GA-8d 与 S600-GA-8d 在高应力反复拉压工况下加载 20 次后的残余变形分别为 0.08 mm 和 0.20 mm，u_{20} 均小于 0.3 mm，表明两类接头均属于一级接头。HRB400E 级钢筋与 HTRB600E 级高强钢筋在此工况下只发生弹性变形，每次加载周期完成后，荷载与位移仍能保持线性变化，高应力反复拉压工况下的试件变形能力未被削弱。

5.2.3　往复荷载作用下各部件应力分析

1. 灌浆料应力分析

1)拉伸荷载作用下灌浆料第三主应力分析

试件 S400-GA-8d 与 S600-GA-8d 在第 1 次、第 10 次、第 20 次拉伸荷载作用下灌浆料的第三主应力云图如图 5-15 所示。

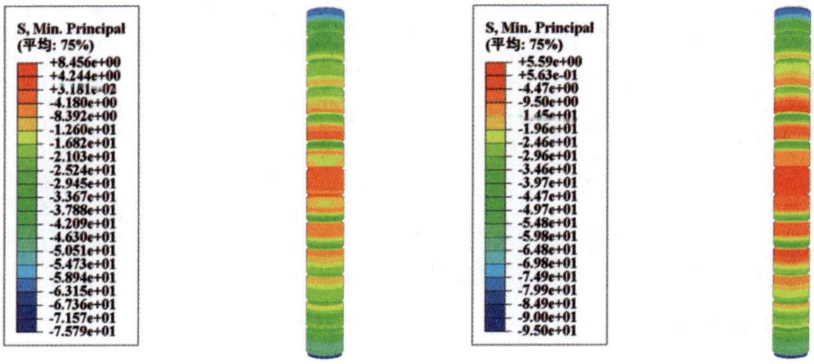

(a)S400-GA-8d 第 1 次拉伸荷载　　(b)S600-GA-8d 第 1 次拉伸荷载

图　5-15

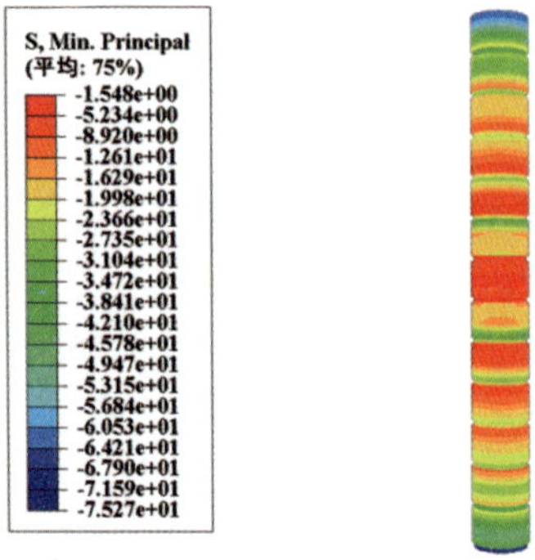

(c)S400-GA-8d 第 10 次拉伸荷载

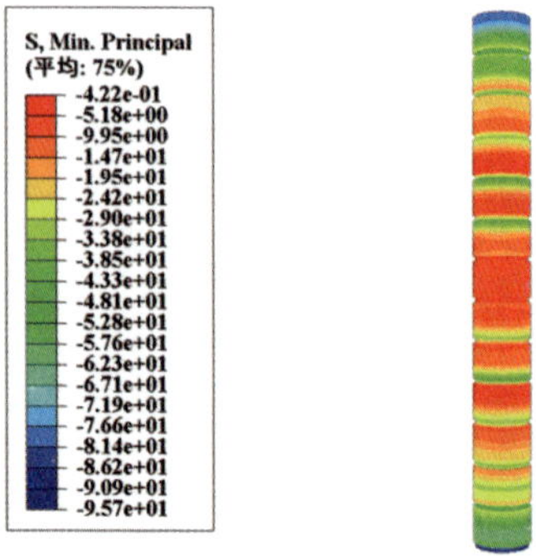

(d)S600-GA-8d 第 10 次拉伸荷载

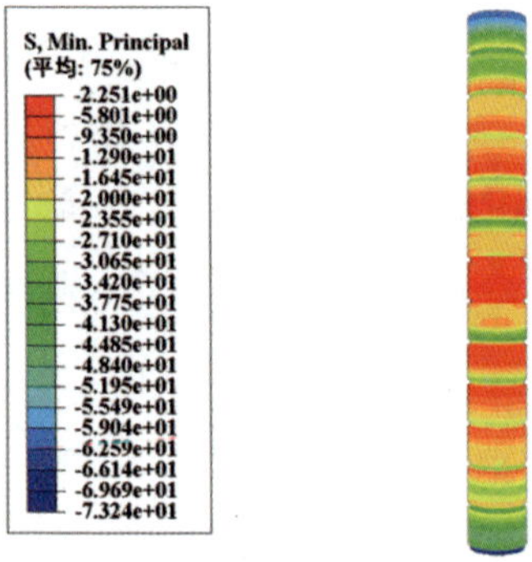

(e)S400-GA-8d 第 20 次拉伸荷载

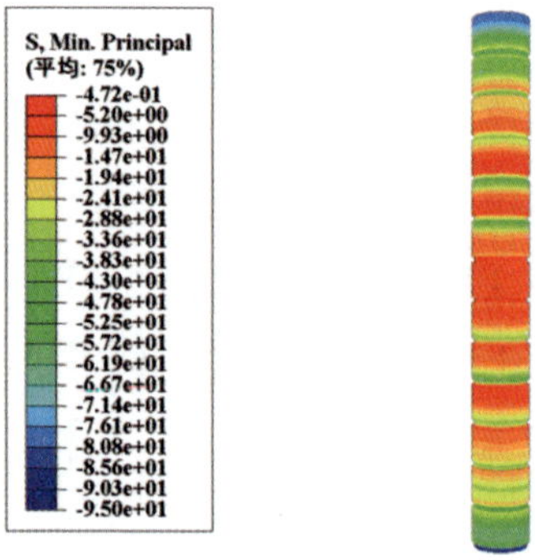

(f)S600-GA-8d 第 20 次拉伸荷载

图 5-15 拉伸荷载作用下灌浆料应力云图

由图 5-15 可知，灌浆料第三主应力分布随着荷载循环次数变化不大，靠近中部的灌浆料压应力数值较小，两端压应力较大。第 1 次循环加载时，灌浆料个别部位承受拉应力；第 20 次循环加载时，灌浆料均承受压应力。总体来看，灌浆料在拉伸荷载工况下损伤较小，工作性能良好。

2)压缩荷载作用下灌浆料第三主应力分析

试件 S400-GA-8d 与 S600-GA-8d 在第 1 次、第 10 次、第 20 次压缩荷载作用下灌浆料的第三主应力云图如图 5-16 所示。

由图 5-16 可见，钢筋在压缩工况下灌浆料第三主应力为压应力且呈对称分布，灌浆料中部压应力明显高于其两端，普通钢筋试件灌浆料中部压应力峰值达到 180 MPa，高强钢筋试件灌浆料中部压应力峰值达到 194 MPa，两类试件中部灌浆料均已被压碎，图 5-17 中红色区域为压碎区域，其余区域仍保持一定的工作性能。综合图 5-16 与图 5-17 可见，灌浆料压碎深度较小，大部分中部灌浆料仍保持工作状态。

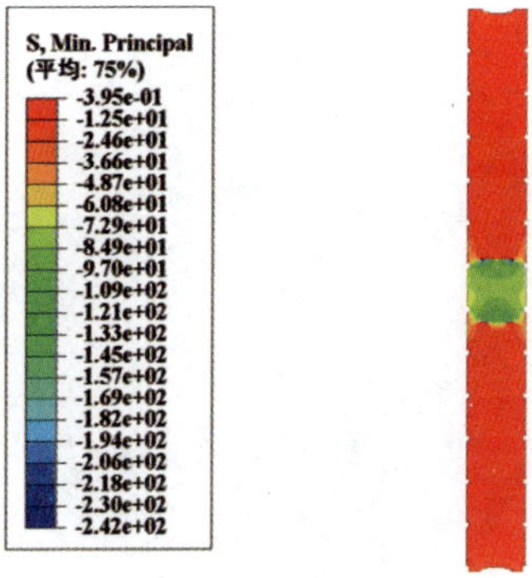

(a)S400-GA-8d 第 1 次压缩荷载

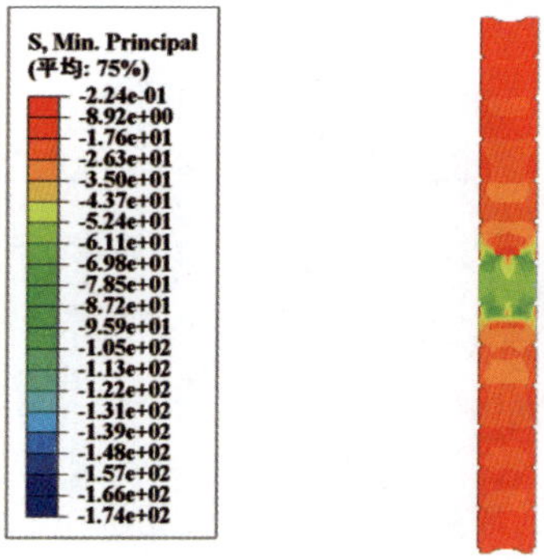

(b)S600-GA-8d 第 1 次压缩荷载

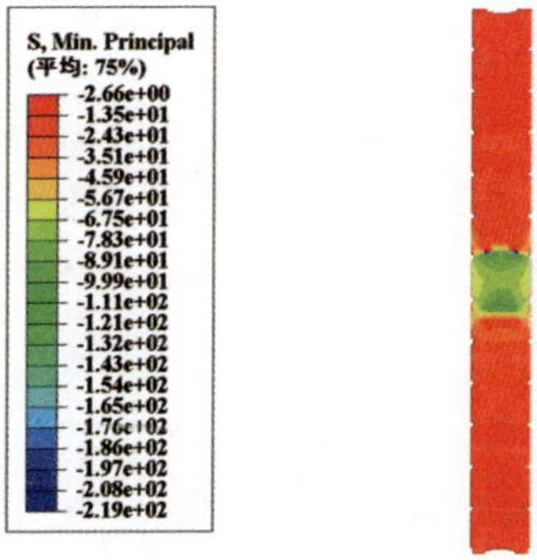

(c)S400-GA-8d 第 10 次压缩荷载

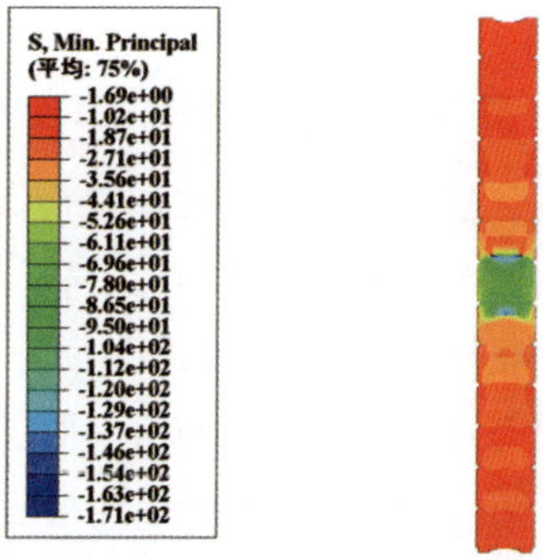

(d)S600-GA-8d 第 10 次压缩荷载

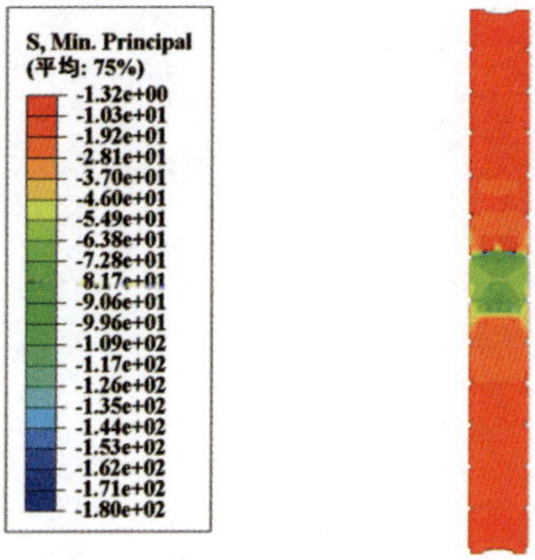

(e)S400-GA-8d 第 20 次压缩荷载

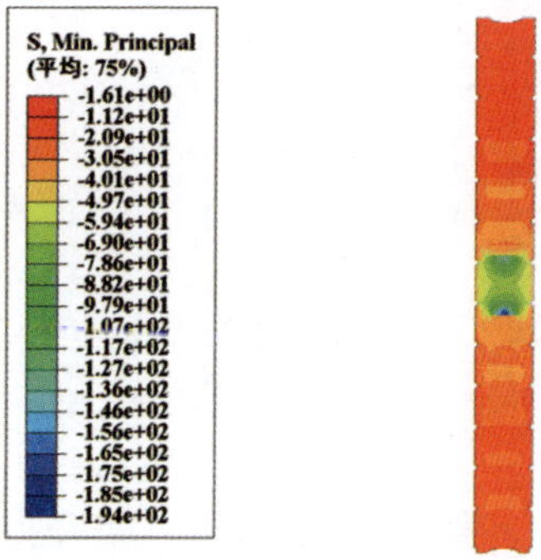

(f)S600-GA-8d 第 20 次压缩荷载

图 **5-16** 压缩荷载作用下灌浆料应力云图

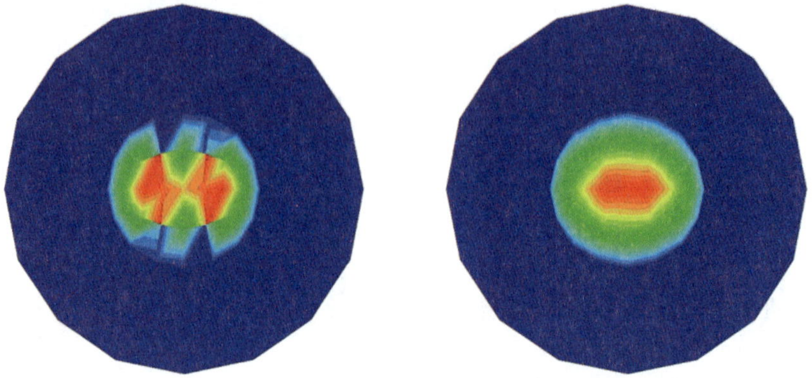

(a)普通钢筋试件　　(b)高强钢筋试件

图 5-17　灌浆料压碎区域

2. 往复荷载作用下灌浆料第三主应力分析

为进一步探究灌浆料在往复荷载作用下的力学性能规律，提取灌浆料分别在拉伸和压缩工况下第三主应力峰值，得到的灌浆料在拉伸和压缩工况下第三主应力峰值变化曲线如图 5-18 所示。

由图 5-18 可见，普通钢筋试件在循环拉伸荷载工况下灌浆料第三主应力最大值介于 75～76 MPa 之间，小于灌浆料的抗压强度，表明灌浆料处于良好工作阶段，灌浆料第三主应力的最大值始终保持在套筒端部区域。在循环压缩荷载工况下，灌浆料第三主应力最大值介于 89～230 MPa 之间，压缩状态下灌浆料的第三主应力最大值出现在钢筋底部与灌浆料接触面处，已超过灌浆料抗压强度，灌浆料被压碎。

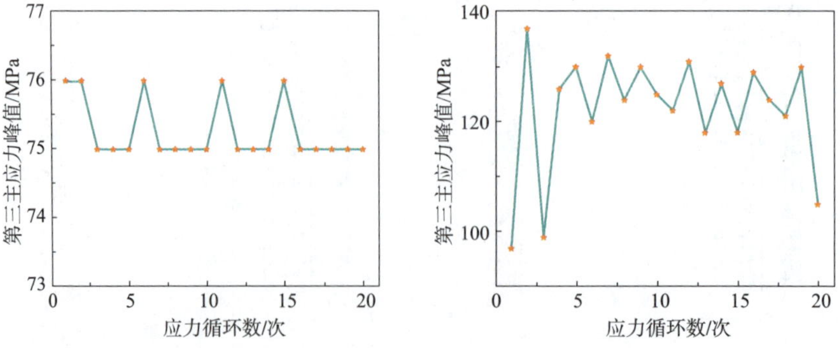

(a)拉伸工况下灌浆料第三主应力最大值（普通钢筋）　　(b)压缩工况下灌浆料第三主应力最大值（普通钢筋）

图　5-18

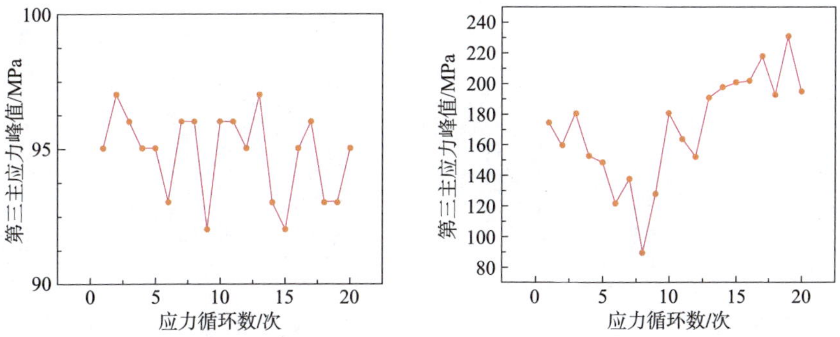

(c)拉伸工况下灌浆料第三主应力最大值(高强钢筋)　(d)压缩工况下灌浆料第三主应力最大值(高强钢筋)

图 5-18　拉压工况下灌浆料第三主应力最大值

高强钢筋试件在循环拉伸荷载工况下灌浆料第三主应力最大值介于 92～97 MPa 之间。在循环压缩荷载工况下灌浆料第三主应力最大值介于 98～132 MPa 之间，套筒中部上下连接钢筋之间的灌浆料承受压应力较大，其余区域压应力较小，远未达到灌浆料抗压强度。

5.3　基于超高性能灌浆料的钢筋灌浆套筒连接力学性能影响参数分析

提高钢筋—灌浆料以及套筒—灌浆料之间的界面粘结强度是提高连接接头试件受力性能的关键，影响粘结强度的因素众多，如灌浆料强度、钢筋直径、套筒构造等。本节对钢筋灌浆套筒连接接头构造参数进行分析，研究其对连接接头力学性能的影响。

5.3.1　套筒壁厚参数分析

以试件 S600-GA-8d 设计参数为基准，通过改变套筒壁厚分析其对连接接头受力性能的影响。套筒壁厚分别取为 4 mm、5 mm 和 6 mm，除壁厚外，其余构造参数均与试件 S600-GA-8d 相同。

1. 套筒轴向应力

套筒壁厚为 4 mm、5 mm、6 mm 的试件其套筒轴向应力云图如图 5-19 所示。

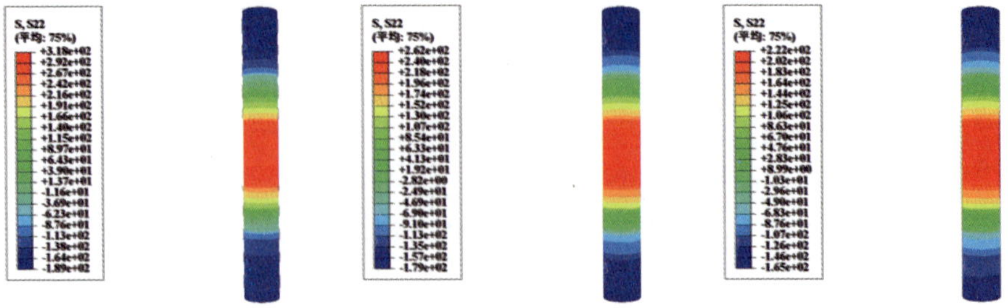

(a)4 mm 壁厚　　(b)5 mm 壁厚　　(c)6 mm 壁厚

图 5-19　套筒轴向应力云图(二)

由图 5-19 可见,套筒轴向应力呈对称分布,改变套筒壁厚并未改变其分布规律,随着套筒壁厚的增大,其相同区域的应力值显著降低。套筒壁厚为 5 mm 与 6 mm 的轴向应力峰值较套筒壁厚为 4 mm 时分别降低 17%和 30%。

2. 套筒第一主应力

套筒壁厚为 4 mm、5 mm、6 mm 的试件其套筒第一主应力云图如图 5-20 所示。

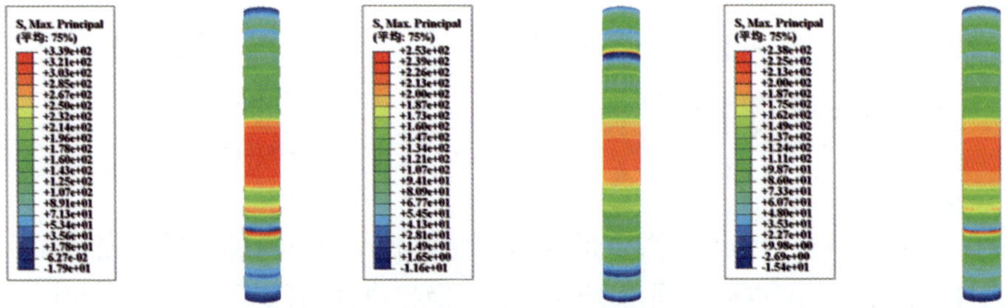

(a)4 mm 壁厚　　(b)5 mm 壁厚　　(c)6 mm 壁厚

图 5-20　套筒第一主应力云图(二)

由图 5-20 可见,套筒第一主应力呈对称分布,随着套筒壁厚的增大,其相同区域的应力值显著降低。套筒壁厚为 5 mm 与 6 mm 的第一主应力峰值较套筒壁厚为 4 mm 时分别降低 25%和 29%,表明增大套筒壁厚有利于套筒应力均匀分布,减小套筒应力峰值,增大其安全储备,提高试件整体的受力性能。

3. 灌浆料第三主应力

套筒壁厚为 4 mm、5 mm、6 mm 的试件其灌浆料第三主应力云图如图 5-21 所示。

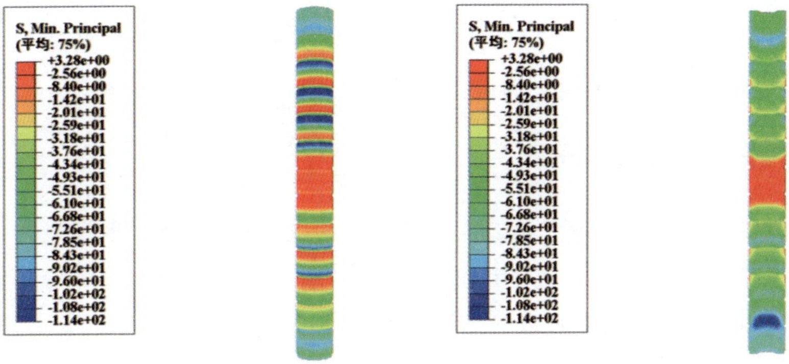

(a)4 mm 壁厚灌浆料内外表面

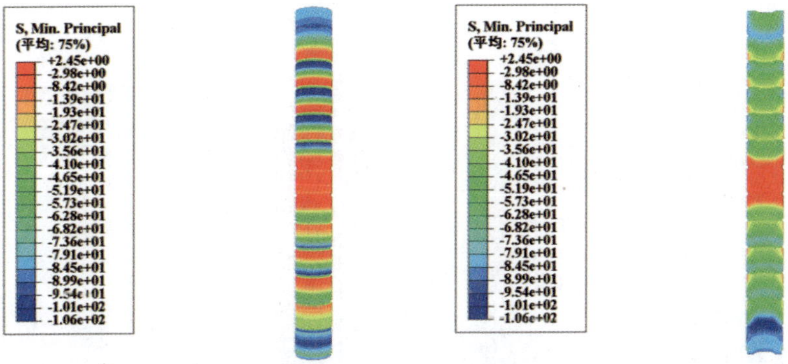

(b)5 mm 壁厚灌浆料内外表面

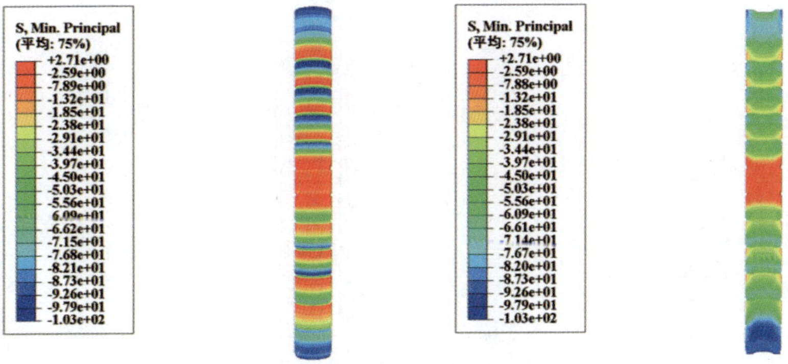

(c)6 mm 壁厚灌浆料内外表面

图 5-21　灌浆料第三主应力云图(二)

图 5-21 所示为灌浆套筒钢筋连接接头达到抗拉强度后灌浆料第三主应力内外表面云图,各类试件第三主应力分布规律基本一致,灌浆料压应力峰值区域多集

中在上部灌浆料环肋下沿，且随套筒壁厚逐渐减小。套筒壁厚的增大导致其对灌浆料的约束作用加强，灌浆料能充分发挥其工作性能，将钢筋内力传递至套筒表面，从而可以提高试件的整体受力性能。

5.3.2 套筒直径参数分析

通过改变套筒直径间接改变灌浆料保护层厚度，以研究保护层厚度对灌浆套筒钢筋连接接头受力性能的影响。灌浆套筒外径分别取为 72 mm、68 mm 和 64 mm，除套筒外径外，其余参数均与试件 S600-GA-8d 相同。

1. 套筒轴向应力

套筒外径为 72 mm、68 mm、64 mm 时的套筒内外表面轴向应力云图如图 5-22 所示。

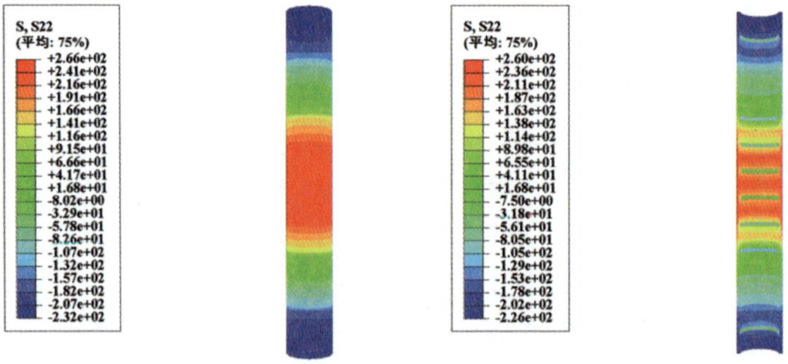

(a)72 mm 直径套筒内外表面

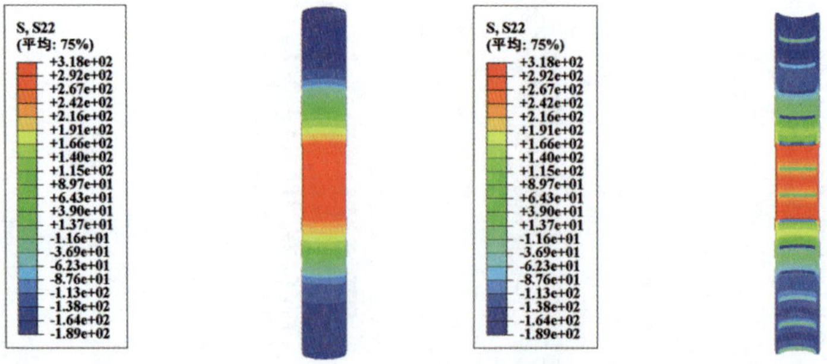

(b)68 mm 直径套筒内外表面

图 5-22

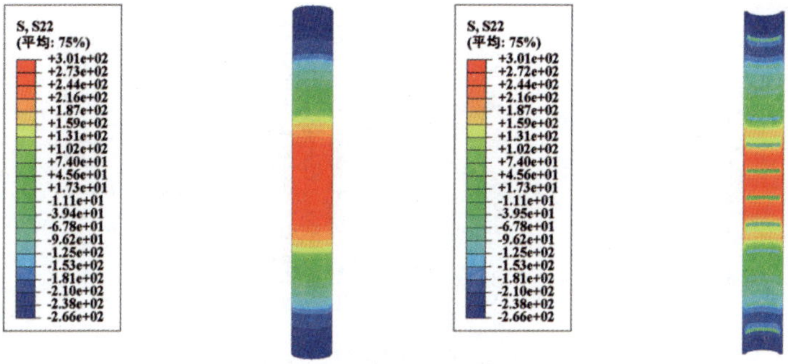

(c)64 mm 直径套筒内外表面

图 5-22　套筒轴向应力云图(三)

由图 5-22 可见，直径为 72 mm 的灌浆套筒轴向应力峰值较 68 mm 套筒降低约 20%，直径为 68 mm 和 64 mm 的灌浆套筒试件轴向应力峰值仅相差 17 MPa，约降低 5%。

2. 套筒第一主应力

套筒外径为 72 mm、68 mm、64 mm 时的套筒内外表面第一主应力云图如图 5-23 所示。

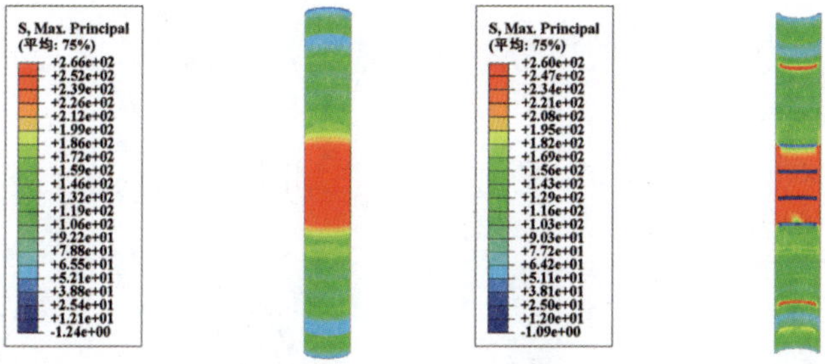

(a)72 mm 直径试件套筒内外表面

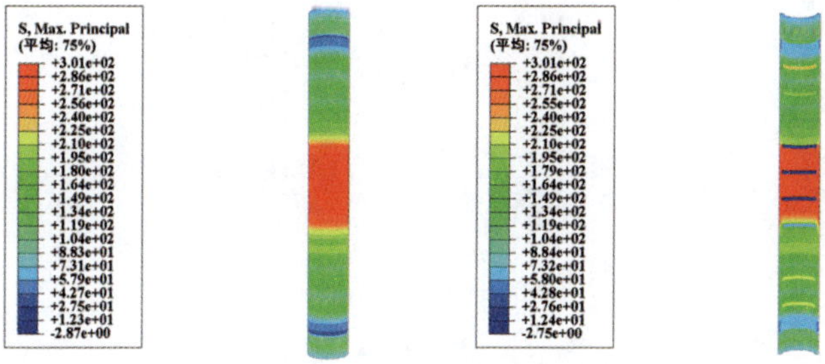

(b)68 mm 直径试件套筒内外表面

图　5-23

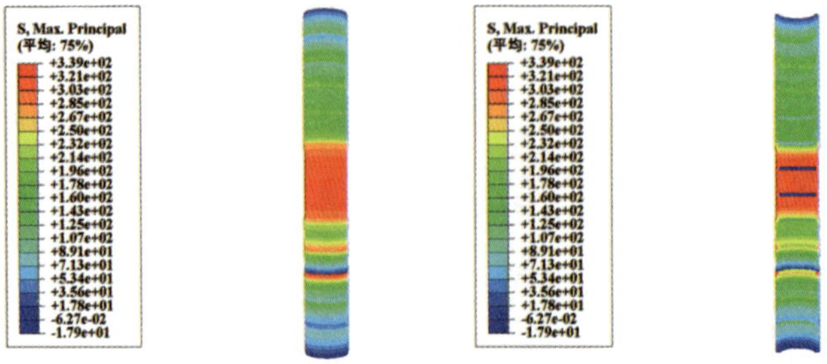

(c)64 mm 直径试件套筒内外表面

图 5-23　套筒第一主应力云图(三)

由图 5-23 可见,套筒第一主应力分布基本一致,从套筒中部向两端减小呈对称分布,随着套筒直径的减小,第一主应力峰值逐渐增大,相较于 68 mm 灌浆套筒,直径为 72 mm 的灌浆套筒第一主应力峰值下降约 20%,而直径为 64 mm 的灌浆套筒第一主应力峰值提高约 9%,表明灌浆料保护层厚度的增加可以提高套筒的安全储备。

5.3.3　套筒横肋参数分析

根据套筒的受力特点,对套筒端部横肋和中部横肋进行加密,即在套筒两端或中部相邻横肋中间截面设置新横肋。

1. 套筒轴向应力

套筒内壁环肋加密后的试件轴向应力云图如图 5-24 所示。

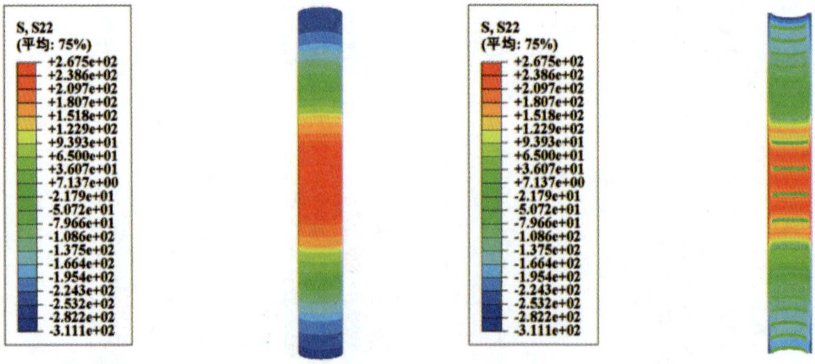

(a)端部横肋加密的套筒内外表面

图　5-24

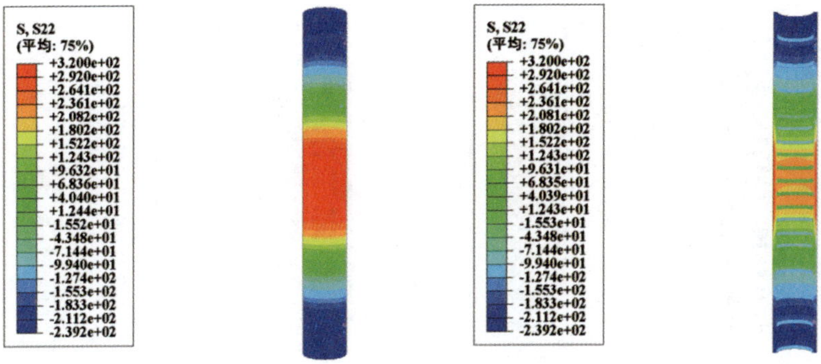

(b)中部横肋加密后的套筒内外表面

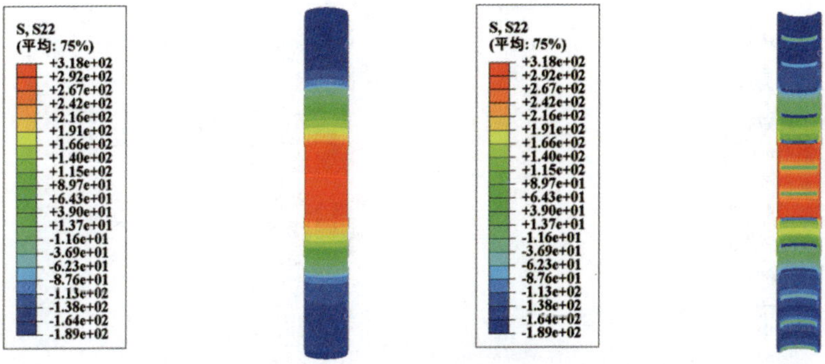

(c)未经加密的套筒内外表面

图 5-24 套筒轴向应力云图(四)

由图 5-24 可见,端部横肋加密后的套筒轴向应力峰值明显降低,套筒端部横肋经过加密后,其轴向应力峰值降低 15%,端部套筒对灌浆料的约束作用得到强化,灌浆料劈裂裂缝的产生和发展被延缓,从而提高了端部灌浆料的工作性能。而套筒中部横肋经过加密后,其受力性能未得到明显改善。

2. 套筒第一主应力

套筒内壁环肋加密后试件第一主应力云图如图 5-25 所示。

由图 5-25 可见,套筒端部横肋加密后套筒第一主应力约为 170 MPa,较加密前降低约 11%,表明对套筒端部横肋加密可显著降低套筒第一主应力,而对套筒中部横肋进行加密对改善套筒受力效果不明显。

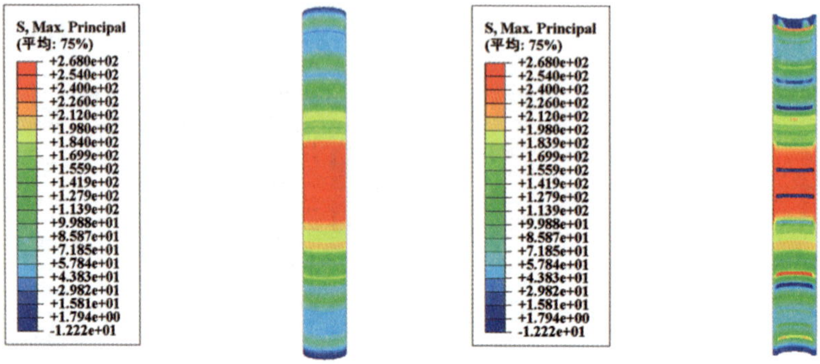

(a)端部横肋加密的套筒内外表面

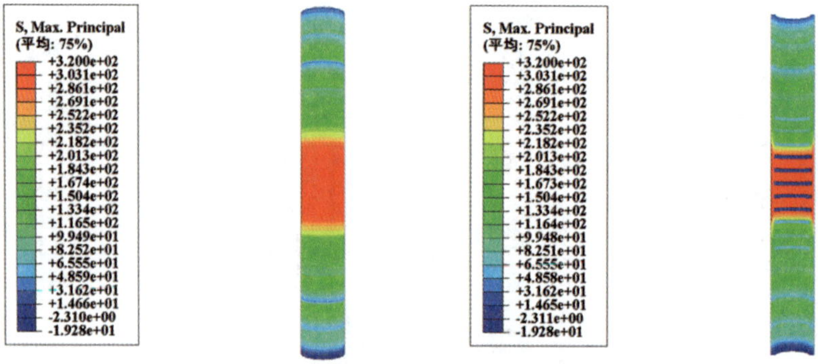

(b)中部横肋加密后的套筒内外表面

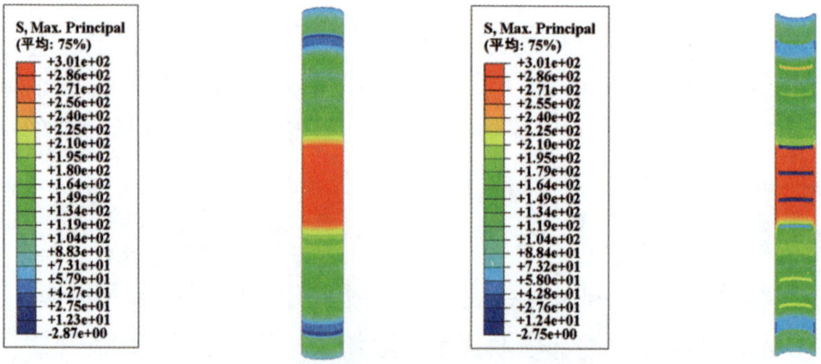

(c)未经加密的套筒内外表面

图 5-25　套筒第一主应力云图(四)

小　结

本章基于 ABAQUS 有限元分析软件建立了钢筋灌浆套筒连接试件有限元模型，对其施加单向拉伸荷载和高应力反复拉压荷载，通过数值模拟分析其力学性能，并研究了套筒壁厚、套筒直径和套筒横肋对其力学性能的影响规律。

第6章 配置 HTRB600E 高强钢筋的预制装配式桥墩构造体系与抗震性能

目前我国桥梁结构材料仍以钢筋混凝土为主，桥梁工程领域的钢筋消耗量巨大。在桥梁结构中使用高强钢筋具有增大构件承载力、优化构件截面尺寸和减少钢材使用量等优势。目前关于桥梁结构中采用高强钢筋的研究主要集中在屈服强度为 500 MPa 及以下的钢筋，600 MPa 级高强钢筋的应用则相对较少，600 MPa 级高强钢筋在预制装配式桥梁结构中的应用与研究更为匮乏，600 MPa 级高强钢筋应用于有抗震要求的预制装配式桥梁结构有待进一步深入研究。本章通过对配置 HRB400E 钢筋预制装配式方形、圆形桥墩试件和配置 HTRB600E 高强钢筋预制装配式方形、圆形桥墩试件开展拟静力试验，分析配置 HTRB600E 高强钢筋对预制装配式桥墩的破坏形态、承载能力、耗能能力、刚度退化和位移延性等抗震性能的影响，在拟静力试验的基础上利用 ABAQUS 有限元分析软件建立上述桥墩试件的有限元模型，将有限元分析结果与试验结果进行对比，验证有限元模型的合理性，并进行有限元拓展参数分析，探究纵筋等强度代换、箍筋等体积代换、箍筋等强度代换和配筋率对基于灌浆套筒连接的配置 HTRB600E 高强钢筋预制装配式桥墩抗震性能的影响。

6.1 配置 HTRB600E 高强钢筋预制装配式桥墩设计构造

预制装配式桥墩通过灌浆套筒将墩身纵筋与承台纵筋连接起来，从而实现墩柱与承台之间的连接。桥墩构造如图 6-1 和图 6-2 所示。

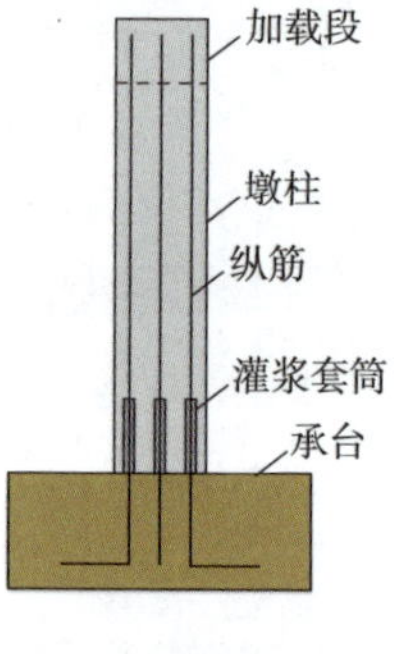

图 6-1 预制装配式桥墩立面构造

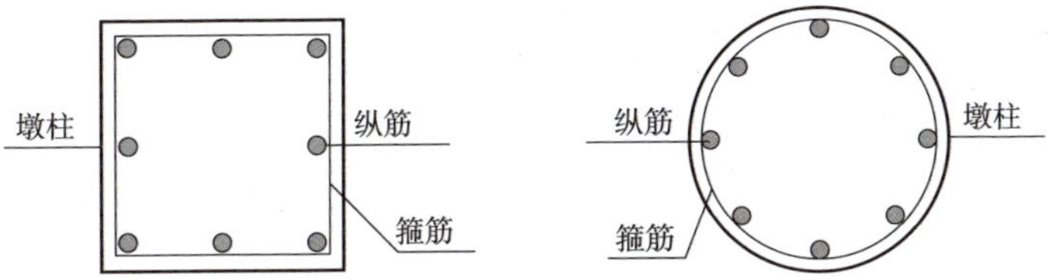

(a)方形桥墩　　(b)圆形桥墩

图 6-2　预制装配式桥墩平面构造

6.2　配置 HTRB600E 高强钢筋预制装配式桥墩拟静力试验

本节对配置不同强度纵筋的预制装配式方形、圆形桥墩进行拟静力加载试验，对比分析采用不同强度钢筋时，装配式桥墩抗弯承载力、变形能力、延性性能、刚度退化和耗能能力等抗震性能指标，研究配置高强钢筋对预制装配式桥墩抗震性能的影响。钢筋采用 HRB400E 和 HTRB600E 两种，混凝土采用 C40 混凝土。配置不同强度纵筋的试件采用等体积代换的方式，即采用 HTRB600E 高强钢筋一对一等量代换 HRB400E 钢筋。

6.2.1　试件设计

1. 现浇式钢筋混凝土桥墩构造

现浇钢筋混凝土方形桥墩外观尺寸为 400 mm ×400 mm×2 300 mm，其中自墩身顶部向下 300 mm 范围为加载段。墩身及承台均采用 C40 混凝土浇筑。现浇钢筋混凝土方形桥墩设计纵筋为 8 根直径 16 mm 的 HRB400E 钢筋，箍筋为 35 根直径 8 mm 的 HRB400E 钢筋，其中墩柱塑性铰区箍筋进行加密，间距为 60 mm，未加密区域箍筋间距为 100 mm。

现浇钢筋混凝土圆形桥墩墩身截面直径为 400 mm，高度为 2 000 mm，其中自墩身顶部向下 300 mm 范围为加载段。墩身及承台均采用 C40 混凝土浇筑。现浇钢筋混凝土圆形桥墩设计纵筋为 8 根直径 16 mm 的 HRB400E 钢筋，箍筋为直径 8 mm 的 HRB400E 螺旋箍筋，其中墩柱塑性铰区箍筋进行加密，间距为 60 mm，未加密区域箍筋间距为 100 mm。

现浇式方形、圆形钢筋混凝土桥墩承台尺寸均为 1 400 mm ×1 400 mm×500 mm。桥墩试件尺寸及截面配筋如图 6-3 和图 6-4 所示。

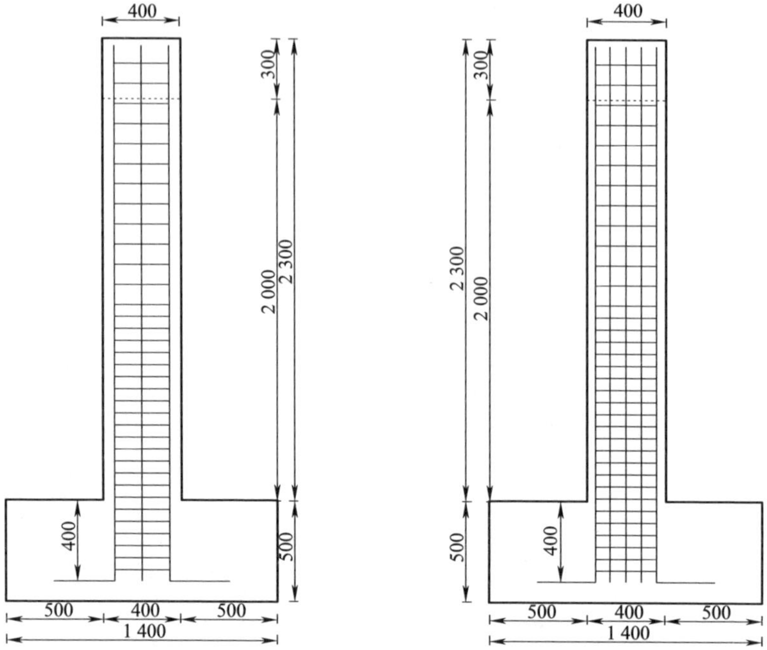

(a)现浇式方形桥墩　　(b)现浇式圆形桥墩

图 6-3　现浇式钢筋混凝土桥墩试件尺寸(单位:mm)

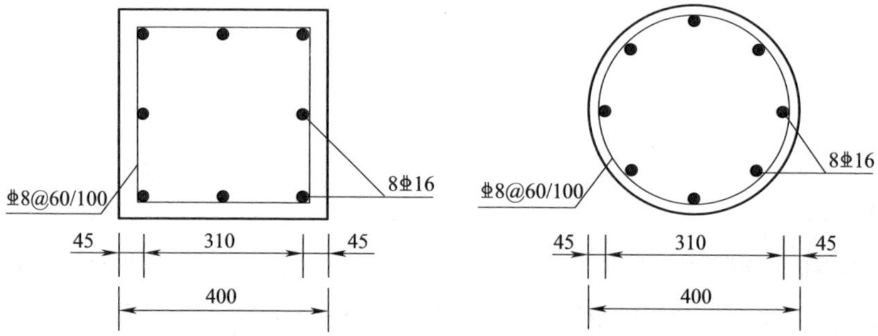

(a)现浇式方形桥墩　　(b)现浇式圆形桥墩

图 6-4　现浇式钢筋混凝土桥墩截面配筋(单位:mm)

2. 预制装配式钢筋混凝土桥墩构造

预制装配式钢筋混凝土桥墩试件包括配置 HRB400E 纵筋的预制装配式钢筋混凝土方形、圆形桥墩和配置 HTRB600E 纵筋的预制装配式钢筋混凝土方形、圆形桥墩共 4 个桥墩试件。所有试件外观尺寸和箍筋配置与现浇式钢筋混凝土方形、圆形桥墩完全相同,仅内部构造和与承台的连接方式不同。

预制装配式钢筋混凝土桥墩自墩底向上 320 mm 高度范围内预埋 8 个等间距

分布的 JM 灌浆套筒。墩柱纵筋和承台顶面预留钢筋从套筒上下两端插入，上下两端钢筋锚固长度均为 150 mm＞$8d$＝128 mm，满足规范要求。

配置 HRB400E 钢筋的预制装配式钢筋混凝土方形、圆形桥墩设计纵筋为 8 根直径 16 mm 的 HRB400E 钢筋，配置 HTRB600E 高强钢筋的预制装配式钢筋混凝土方形桥墩设计纵筋为 8 根直径 16 mm 的 HTRB600E 钢筋。

预制装配式钢筋混凝土桥墩试件尺寸和截面配筋如图 6-5 和图 6-6 所示。所有试件的设计参数见表 6-1。

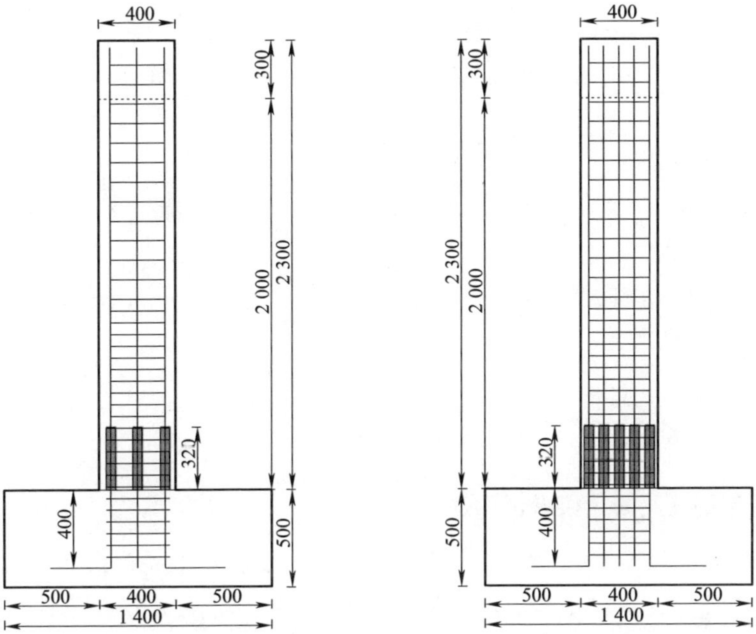

(a)预制装配式方形桥墩　　(b)预制装配式圆形桥墩

图 6-5　预制装配式钢筋混凝土桥墩试件尺寸(单位:mm)

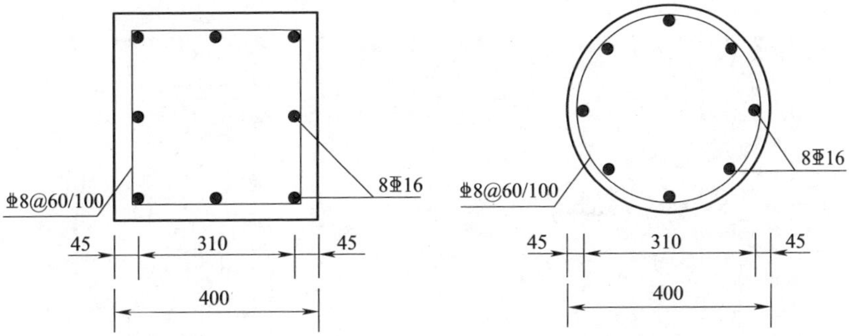

(a)装配式方形桥墩墩身截面配筋　　(b)装配式圆形桥墩墩身截面配筋

图　6-6

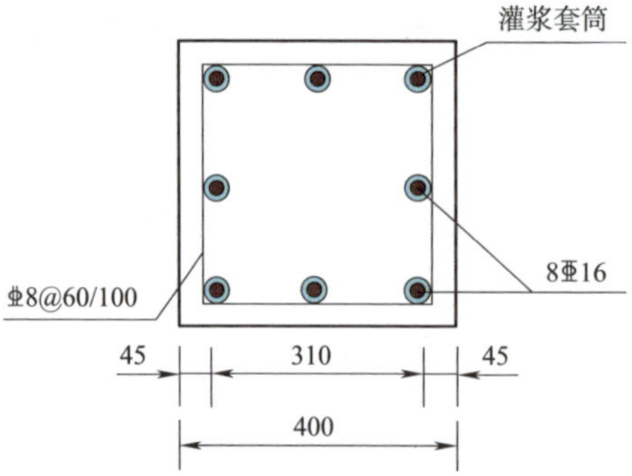

(c)装配式方形桥墩套筒段截面配筋

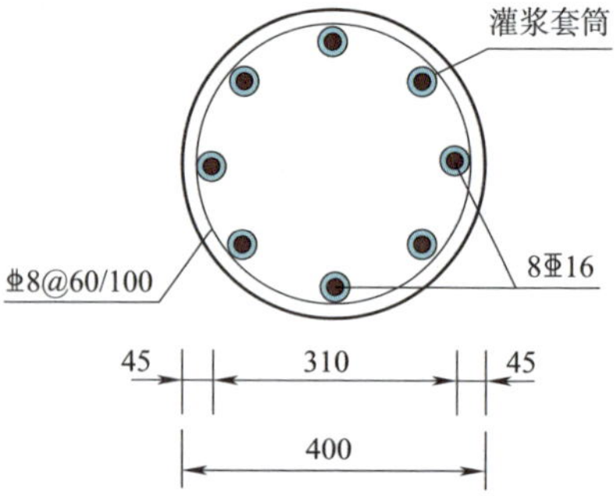

(d)装配式圆形桥墩套筒段截面配筋

图 6-6 预制装配式钢筋混凝土桥墩截面配筋(单位:mm)

表 6-1 试件设计参数汇总

试件类型	纵筋			箍筋			混凝土
	直径/mm	种类	根数	直径/mm	种类	间距/mm	
现浇桥墩	16	HRB400E	8	8	HRB400E	60/100	C40
预制装配式桥墩(HRB400E)	16	HRB400E	8	8	HRB400E	60/100	C40
预制装配式桥墩(HTRB600E)	16	HTRB600E	8	8	HRB400E	60/100	C40

6.2.2 试件加工

1. 现浇钢筋混凝土桥墩试件加工

现浇钢筋混凝土桥墩试件加工过程主要包括钢筋绑扎、模板搭建、混凝土浇筑和试件养护等阶段。试件具体制作流程如图 6-7 所示,制作实景如图 6-8 所示。

钢筋笼绑扎 → 模板搭建 → 混凝土浇筑 → 试件养护

图 6-7 现浇试件制作流程

(a)墩柱及承台钢筋笼绑扎

(b)模板搭建并浇筑混凝土

(c)试件养护

图 6-8 现浇试件制作实景

2. 预制装配式钢筋混凝土桥墩试件加工

预制装配式钢筋混凝土桥墩试件的制作流程主要包括钢筋笼绑扎、钢筋应变片粘贴、模板搭建、混凝土浇筑、试件养护、墩柱与承台装配和套筒灌浆。试件在养护 28 d 后进行装配、套筒灌浆和涂抹封浆料，装配前首先对墩底和承台进行凿毛处理，并在结合面进行 UHPC 坐浆。在灌浆前首先清理套筒内部灰尘及杂物，避免影响套筒灌浆。套筒灌浆时，从灌浆套筒下端的注浆孔注入灌浆料，至灌浆套筒上端的出浆孔均匀持续冒浆后迅速用胶塞对套筒上下两孔进行封堵。试件具体制作流程如图 6-9 所示，制作实景如图 6-10 所示。

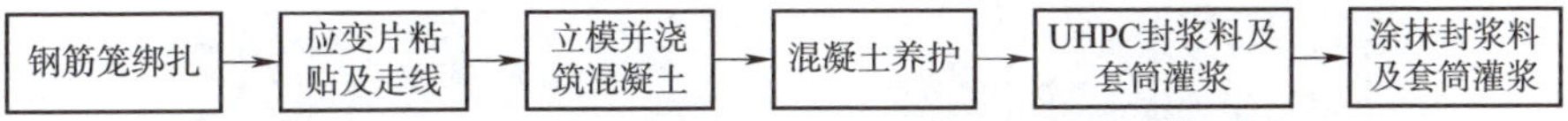

图 6-9　预制装配式试件制作流程

(a)墩柱及承台钢筋笼绑扎

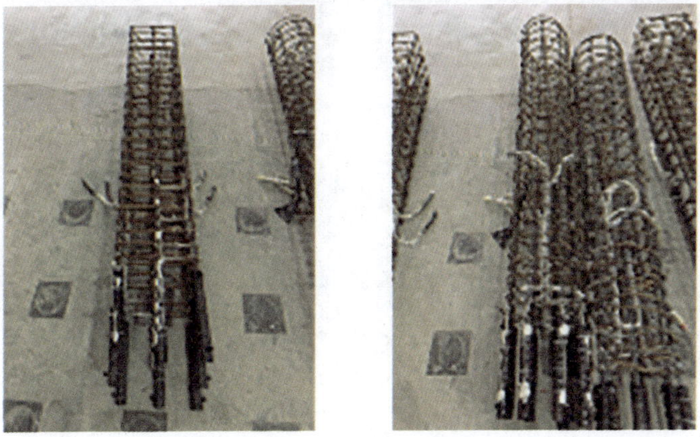

(b)应变片粘贴及走线

图　6-10

(c)立模并浇筑混凝土

(d)混凝土养护

(e)试件装配并涂抹封浆料

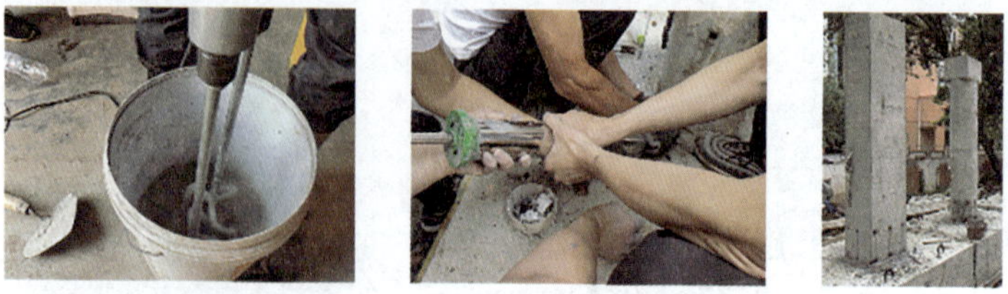

(f)灌注超高性能灌浆料并养护

图 6-10　预制装配式试件制作实景

6.2.3 试件测试工况和测点布置

1. 试件加载制度

拟静力试验采用固定在反力墙上的 MTS 液压伺服作动器提供往复水平荷载，规定作动器向西加载为推，向东加载为拉；采用千斤顶提供柱轴向压力，千斤顶上部连接荷载传感器，保证轴向压力在加载过程中恒定不变，试验设计轴压比取为 0.1，试验加载装置如图 6-11 所示。整个试验过程中水平加载均通过位移控制，0～20 mm 荷载范围内位移增量为 2 mm，20～50 mm 荷载范围内位移增量为5 mm，50 mm 荷载之后位移增量为 10 mm，每一级荷载均循环三次，当试件的水平承载力下降到其最大值的 85%时结束加载，加载制度如图 6-12 所示。

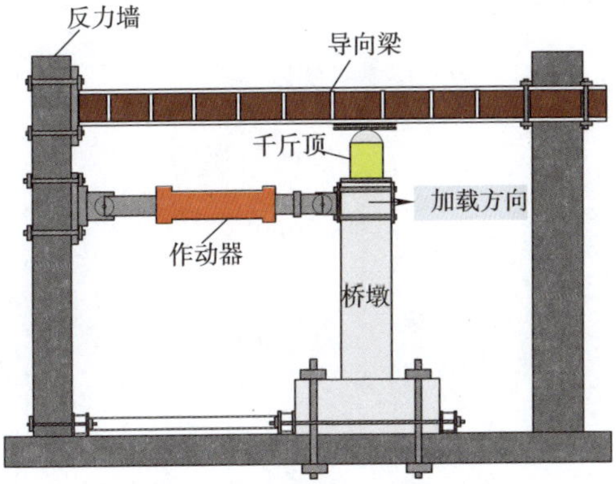

图 6-11 拟静力试验加载装置

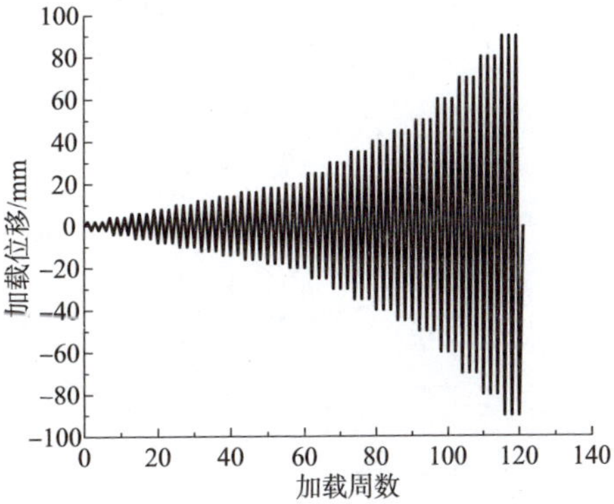

图 6-12 拟静力试验加载制度

2. 试件测点布置

试验测量项目主要包括墩柱主要受力纵筋应变、塑性铰区墩身曲率、墩柱侧向位移和墩身裂缝宽度。通过试件主要受力纵筋 L1 上应变测点的应变值来获得加载过程中墩柱主要受力纵筋的应变变化。在试件西面自墩底向上 5 cm 开始每间隔 10 cm 布置一个位移计，共布置 8 个位移计来测量试验过程中墩身位移，以此来获得实测墩身曲率变化。在试件南面自墩顶向下 45 cm 和 155 cm 处各布置一个位移计来获得两个截面的墩柱侧向位移。试件主要受力纵筋测点布置及位移测点布置如图 6-13 和图 6-14 所示。

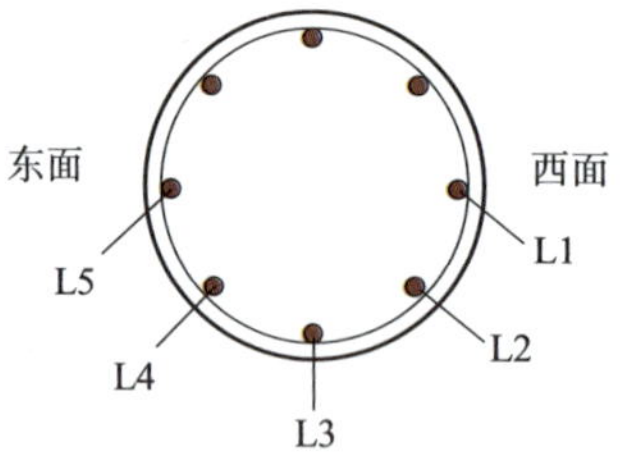

(a)主要受力纵筋编号

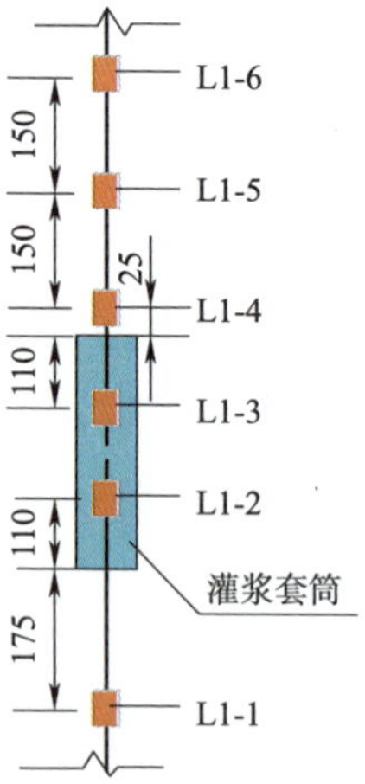

(b)L1 纵筋应变测点布置示意图

图 6-13　试件主要受力纵筋编号和 L1 纵筋应变片布置示意图(单位:mm)

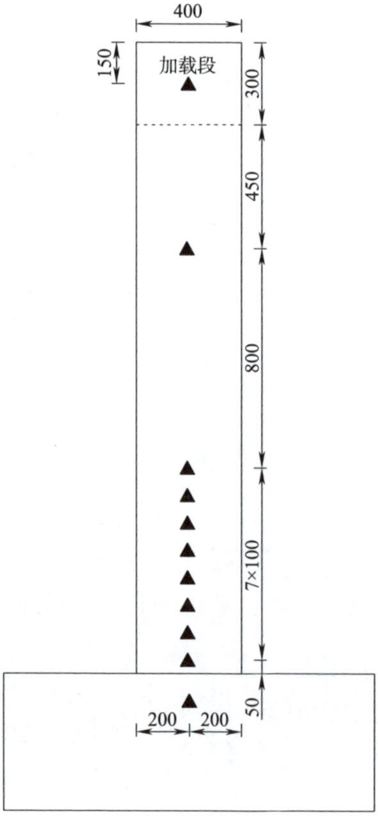

(a)试件西面

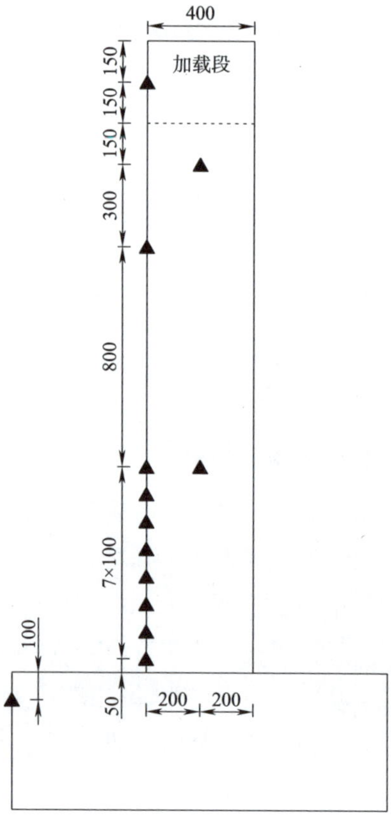

(b)试件南面

图 6-14　墩身位移测点布置示意图(单位:mm)

6.2.4　材料性能试验

1. 钢筋力学性能试验

钢筋材料性能试验按照《金属材料　拉伸试验　第1部分:室温试验方法》(GB/T 228.1—2010)规定的方法进行。

使用如图6-15所示的MTS万能试验机对直径16 mm的HRB400E和HTRB600E钢筋进行材料性能试验。拉断后的钢筋如图6-16、图6-17所示,两种钢筋的屈服强度和抗拉强度等性能参数见表6-2。

图6-15　MTS万能试验机

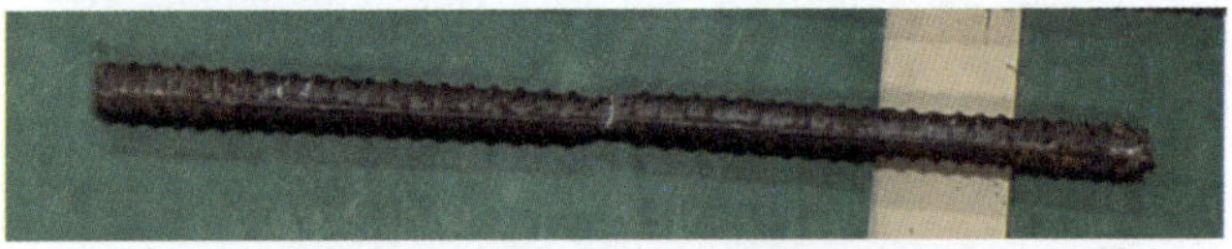

图6-16　拉断后的HRB400E钢筋

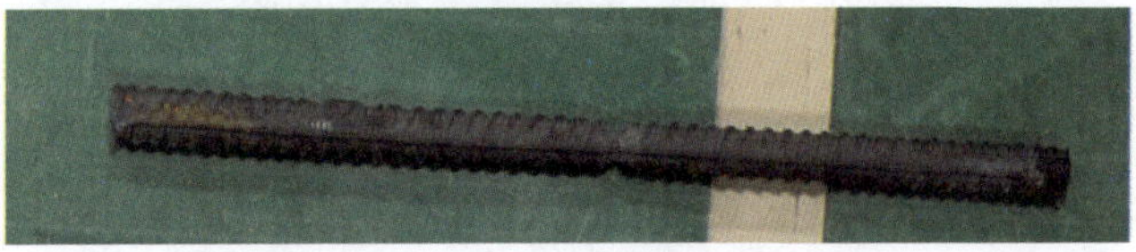

图6-17　拉断后的HTRB600E钢筋

表6-2　钢筋性能参数

钢筋类别	钢筋直径/mm	屈服强度/MPa	屈服荷载/kN	抗拉强度/MPa	极限荷载/kN
HRB400E	16	439.1	88.3	603.9	121.3
HTRB600E	16	675.2	135.7	836.6	168.1

2. 混凝土力学性能试验

《混凝土结构试验方法标准》(GB/T 50152—2012)中指出:混凝土立方体试块的抗压试验结果稳定,且能够推导出其他参数,因此利用万能试验机进行混凝土立方体试件抗压强度试验。墩柱试件采用C40混凝土浇筑,套筒灌浆料采用超高性能灌浆料,按照《混凝土物理力学性能试验方法标准》(GB/T 50081—2019)中的相关规定,对两种混凝土设计同尺寸的立方体试块进行立方体抗压强度试验,试件尺寸为150 mm×150 mm×150 mm,所有试件同时制作、同条件养护。试验设备采用STYE-2000C全自动压力试验机,试验力量程为0～2 000 kN,示值精度为

±1%，试验机要求符合现行《液压式万能试验机》(GB/T 3159)和《试验机通用技术要求》(GB/T 2611)的有关规定。

立方体试件抗压强度试验前应先检查试件尺寸以及平整度，将试件表面以及承压板擦拭干净，并以试件成型时的侧面为承压面，将试件中心与上下承压板的中心对准，以 1.0 MPa/s 的加载速率匀速加载。部分抗压强度测试后的立方体试件破坏形态如图 6-18 所示。

图 6-18　立方体抗压试件破坏形态

试验测得的混凝土立方体试件抗压强度见表 6-3。

表 6-3　混凝土性能参数

混凝土类别	弹性模量/GPa	抗压强度/MPa	抗拉强度/MPa
C40 混凝土	32.6	45.3	—
超高性能灌浆料	45.3	123.6	7.9

6.2.5　拟静力试验现象

为了在试验过程中记录数据清晰便捷，规定施加的水平荷载为推力时取为正，拉力则取为负。墩柱垂直于加载方向的两个面分别记为东面和西面，平行于加载方向的两个面分别记为北面和南面，如图 6-19 所示。

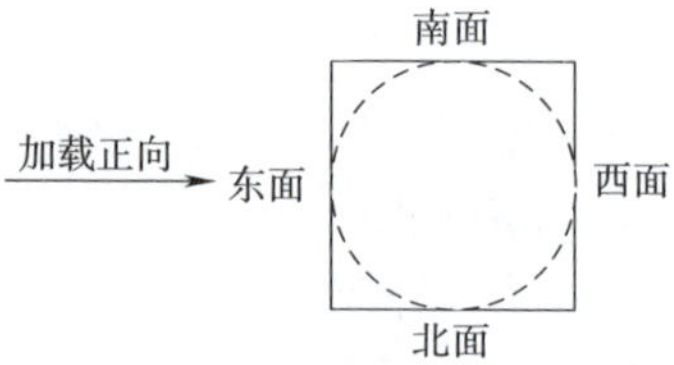

图 6-19　加载方向示意图

1. 现浇桥墩试件试验现象

1)现浇方形桥墩试件

拟静力试验加载初期，加载位移为 6 mm 时，试件东西两侧墩底产生首条水平贯穿裂缝，裂缝宽度约为 0.1 mm，且不断向试件南北两侧的中性轴附近水平延伸，如图 6-20(a)、(b)所示。随着加载位移的增大，试件墩身在首条裂缝上下也陆续产生更多的水平贯穿裂缝，并逐渐延伸至南北中性轴附近，相互交织在一起。各条水平裂缝分布间距约为 20～25 cm，如图 6-20(c)～(e)所示。

(a)试件东面(初期) (b)试件西面(初期)

(c)试件东面(后期) (d)试件西面(后期) (e)试件北面(后期)

图6-20 现浇方形桥墩试件裂缝分布

当加载至40 mm时,试件水平承载力达到最大值,试件东西两侧塑性铰区混凝土保护层起皮、剥落,墩底与承台接缝张开,如图6-21(a)所示。随荷载继续增加,试件东西两侧塑性铰区混凝土保护层大面积压碎并剥落,如图6-21(b)所示。当加载至90 mm时,试件水平承载力下降到承载力峰值的85%,即停止加载。试验结束清除试件剥落的混凝土保护层及压碎的坐浆料后,试件墩底纵筋箍筋露出,墩底受压混凝土大量压碎,如图6-21(c)所示。

2)现浇圆形桥墩试件

当位移加载至6 mm时,试件东侧距墩底30~75 mm范围内首次出现2~3条水平受拉裂缝,试件西侧距墩底15~60 mm范围内也出现2~3条水平受拉裂缝,东西两侧的初裂裂缝分布较均匀,裂缝间距约15~20 cm,裂缝宽度约为0.08 mm,初裂裂缝分布如图6-22(a)、(b)所示。随着加载位移的增大,墩身初裂裂缝逐渐水平延伸至试件南北两侧中性轴附近,并且在初裂裂缝周围又陆续产生多条水平受拉裂缝,各条水平裂缝最终在南北中性轴处交叉、贯通,如图 6-22(c)~(e)所示。

(a)混凝土少量剥落　　(b)试件破坏发展　　(c)试件最终破坏

图 6-21　现浇方形桥墩试件破坏图

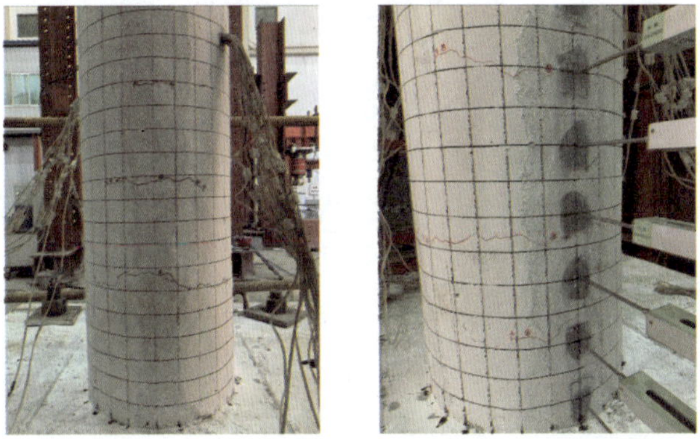

(a)试件东面(初期)　　(b)试件西面(初期)

(c)试件东面(后期)　　(d)试件西面(后期)　　(e)试件北面(后期)

图 6-22　现浇圆形桥墩试件裂缝分布

当位移加载至 40 mm 时，试件水平承载力达到峰值，试件东西两侧墩底受压区混凝土出现轻微压碎，如图 6-23(a)所示。随荷载继续增加，试件东西两侧墩底受压区混凝土大面积压碎并剥落，如图 6-23(b)所示。当加载至 90 mm 时，试件水平承载力下降到承载力峰值的 85%，即停止加载。试验结束清除试件剥落的混凝土保护层及压碎的坐浆料后，试件墩底纵筋箍筋露出，墩底混凝土大量压碎，试件最终破坏，如图 6-23(c)所示。

(a)混凝土少量压碎　(b)混凝土大量压碎　(c)试件最终破坏

图 6-23　现浇圆形桥墩试件破坏图

2. 配置 HRB400E 纵筋的预制装配式桥墩试件试验现象

1)配置 HRB400E 纵筋的预制装配式方形桥墩试件

拟静力试验加载初期，加载位移为 6 mm 时，试件墩身东西两侧在距墩底大约 30～32 cm 的截面(灌浆套筒顶部墩身刚度变化截面)产生首条水平贯穿裂缝，裂缝宽度约为 0.02～0.06 mm，且不断向试件南北两侧的中性轴附近水平延伸，如图 6-24(a)、(b)所示。随着加载位移的增大，试件墩身在首条裂缝上下也陆续产生更多的水平贯穿裂缝，各条水平裂缝分布间距约为 20～25 cm，如图 6-24(c)～(e)所示。在加载初期，试件墩底接缝坐浆料未开裂，墩底接缝未张开。

当加载至 50 mm 时，试件水平承载力达到最大值，试件东西两侧塑性铰区混凝土保护层起皮、剥落，墩底与承台接缝张开，如图 6-25(a)所示。随荷载继续增加，试件东西两侧塑性铰区混凝土保护层大面积压碎并剥落，墩底与承台接缝开口宽度和贯通深度不断增大，如图 6-25(b)所示。当加载至 90 mm 时，试件水平承载力下降到承载力峰值的 85%，即停止加载。试验结束清除试件剥落的混凝土保护层及压碎的坐浆料后，试件自墩底向上约 320 mm 刚度增大区段范围的箍筋没有屈曲、外鼓，且墩底接缝基本贯通整个结合面，墩底纵筋露出，坐浆层混凝土大量压碎,试件最终破坏,如图 6-25(c)所示。

(a)试件东面(初期)　　(b)试件西面(初期)

(c)试件东面(后期)　　(d)试件西面(后期)　　(e)试件北面(后期)

图 6-24　配置 HRB400E 预制装配式方形桥墩试件裂缝分布

(a)墩底接缝张开　　(b)接缝开口扩大　　(c)试件最终破坏

图 6-25　配置 HRB400E 预制装配式方形桥墩试件破坏图

2)配置 HRB400E 纵筋的预制装配式圆形桥墩试件

当位移加载至 6 mm 时,试件墩身东西两侧在同一高度均出现首条水平受拉裂缝,这一高度约为灌浆套筒顶部刚度变化截面处,裂缝宽度约为0.02 mm,两条初裂裂缝如图 6-26(a)、(b)所示。当位移加载至 8 mm 时,试件东西两侧在初裂裂缝上下又陆续出现多条水平受拉裂缝,之后随着荷载不断增加,各条水平受拉裂缝逐渐向试件南北两侧中性轴附近水平延伸,并在此处交叉贯通,如图 6-26(c)～(e)所示。加载过程中,试件东西两侧于套筒顶部刚度变化截面产生的水平受拉初裂裂缝发展较明显,裂缝宽度最终开展至 2 mm 以上。在加载初期,试件墩底与承台结合面接缝处产生细小裂缝,但接缝并未因受拉而张开。

(a)试件东面(初期)

(b)试件西面(初期)

(c)试件东面(后期)

(d)试件西面(后期)

(e)试件北面(后期)

图 6-26　配置 HRB400E 预制装配式圆形桥墩试件裂缝分布

当加载至 40 mm 时,试件水平承载力达到其峰值,试件东西两侧墩身套筒顶部截面混凝土保护层起皮、剥落,墩底与承台接缝张开,塑性铰区有明显的上移趋势,如图 6-27(a)所示。随荷载继续增加,试件东西两侧灌浆套筒段混凝土保护层大面积起皮并剥落,墩底与承台接缝开口宽度不断增大,并向结合面内部产生一定的贯通深度,如图 6-27(b)所示。当加载至 90 mm 时,试件水平承载力下降到承载力峰值的 85%,即停止加载。试验结束清除试件剥落的混凝土保护层及压碎的坐浆料后,试件自墩底向上约 320 mm 刚度增大区段范围的箍筋没有屈曲、外鼓,且墩底接缝基本贯通整个结合面,墩底纵筋露出,坐浆层混凝土大量压碎,试件最终破坏,如图 6-27(c)所示。

(a)墩底接缝张开　　(b)混凝土大量压碎　　(c)试件最终破坏

图 6-27　配置 HRB400E 预制装配式圆形桥墩试件破坏图

3. 配置 HTRB600E 纵筋的预制装配式桥墩试件试验现象

1)配置 HTRB600E 纵筋的预制装配式方形桥墩试件

拟静力试验加载初期,加载位移为 6 mm 时,试件墩身东西两侧自墩底向上大约 30～32 cm 的截面(灌浆套筒顶部墩身刚度变化截面)产生首条水平贯穿裂缝,裂缝宽度约为 0.04 mm,且不断向试件南北两侧的中性轴附近水平延伸,如图 6-28(a)、(b)所示。随着加载位移的增大,两个试件墩身在首条裂缝上下也陆续产生更多的水平贯穿裂缝,各条水平裂缝分布间距约为 20～25 cm,如图 6-28(c)、(d)所示。各条水平裂缝最终在中性轴处交织在一起,如图 6-28(e)所示。在加载初期低位移水平下,试件墩底接缝坐浆料均未开裂,墩底接缝未张开。

(a)试件东面(初期)　　(b)试件西面(初期)

(c)试件东面(后期)　　(d)试件西面(后期)　　(e)试件北面(后期)

图 6-28　配置 HTRB600E 预制装配式方形桥墩试件裂缝分布

当加载至 50 mm 时,试件水平承载力均达到最大值,试件东西两侧塑性铰区混凝土保护层起皮、剥落,墩底与承台接缝张开,如图 6-29(a)所示。随荷载继续增加,试件东西两侧塑性铰区混凝土保护层大面积压碎并剥落,墩底与承台接缝开口宽度和贯通深度不断扩大,如图 6-29(b)所示。当加载至 90 mm 时,试件水平承载力下降到承载力峰值的 85%,即停止加载。试验结束清除试件剥落的混凝土保护层及压碎的坐浆料后,试件自墩底向上约 320 mm 刚度增大区段范围的箍筋没有屈曲、外鼓,且墩底接缝基本贯通整个结合面,墩底纵筋露出,坐浆层混凝土大量压碎,试件最终破坏,如图 6-29(c)所示。

2)配置 HTRB600E 纵筋的预制装配式圆形桥墩试件

当位移加载至 6 mm 时,试件垂直于加载方向的东西两侧墩身套筒顶部刚度变化截面附近出现首条水平贯穿裂缝,裂缝宽度约为 0.02 mm,如图 6-30(a)、(b)所示。随着继续加载,试件东西两侧墩身陆续出现多条水平贯穿裂缝,并逐渐向南北两侧中性轴截面水平延伸。随着水平加载位移的增大,试件墩身东西两侧多条水平贯穿裂缝延伸至南北两侧中性轴附近,相互交织在一起,如图 6-30(c)~(e)所示。加载过程中，试件套筒顶部刚度变化截面处产生的水平裂缝宽度发展较快，裂缝宽度最终开展至 2 mm 以上。在加载初期低荷载水平下，试件墩底与承台结合面接缝处产生细小裂缝，但接缝并未因受拉而张开。

(a)墩底接缝张开　　(b)混凝土大量压碎　　(c)试件最终破坏

图 6-29　配置 HTRB600E 预制装配式方形桥墩试件破坏图

(a)试件东面(初期)　　(b)试件西面(初期)

(c)试件东面(后期)　　(d)试件西面(后期)　　(e)试件北面(后期)

图 6-30　配置 HTRB600E 预制装配式圆形桥墩试件裂缝分布

当加载至 40 mm 时，试件水平承载力均达到峰值，试件墩身套筒顶部刚度变化截面混凝土保护层出现起皮、剥落，墩底接缝处裂缝宽度开展较大，结合面张开，如图 6-31(a)所示。随荷载继续增加，试件垂直于加载方向墩身预埋套筒段逐渐发展成为塑性铰区，塑性铰区混凝土保护层大面积起皮并剥落，墩底与承台接缝张开十分明显，并向墩底结合面内部有一定的贯通深度，墩底混凝土大量压碎，如图 6-31(b)所示。当加载至 90 mm 时，试件水平承载力下降到各自承载力峰值的 85%，即停止加载，试件最终破坏如图 6-31(c)所示。试验结束清除试件剥落的混凝土保护层及压碎的坐浆料后，自墩底向上约 320 mm 墩身预埋灌浆套筒段箍筋没有屈曲、外鼓，且墩底接缝基本贯通，墩底纵筋露出。

(a)墩底接缝张开　　(b)混凝土大量压碎　　(c)试件最终破坏

图 6-31　配置 HTRB600E 预制装配式圆形桥墩试件破坏图

4. 试验现象对比

整体而言，各个桥墩试件的试验现象具有相似性，但也有所区别。现浇桥墩试件与预制装配式桥墩试件的破坏模式均为典型的弯曲破坏，试件的变形均以弯曲变形为主，破坏时纵筋屈服且产生大量塑性变形，墩身底部逐渐发展成为塑性铰。

对比现浇试件与预制装配式试件的试验现象可以发现，现浇桥墩试件墩身破坏更加严重，在距墩底 25 cm 范围内墩身混凝土大面积剥落，露出纵筋和箍筋，而预制装配式桥墩试件由于灌浆套筒的存在增大了墩身套筒段刚度，使得墩底塑性铰区明显上移，墩身破坏程度相对较小。两种不同强度纵筋的预制装配式方形、圆形桥墩试件的试验现象没有十分明显的差别。墩身内配置 HTRB600E 高强钢筋，一定程度上提高了预制装配式试件刚度，在往复荷载作用下，配置高强钢筋预制装配式试件裂缝开展高度较配置普通钢筋的现浇及预制装配式试件有所增大，墩身相邻水平贯穿裂缝分布间距稍大，并且同级荷载下的水平裂缝宽度相对较小。

6.2.6 拟静力试验结果分析

1. 现浇和预制装配式方形桥墩

1)荷载—位移滞回曲线

荷载—位移滞回曲线可较为直观地反映桥墩耗能能力、变形能力、残余位移和刚度退化等抗震性能指标。滞回环是指荷载从零增至幅值再卸载至零,又反向加载至幅值点后,再卸载至零点。滞回环从形状上可以分为四种基本形态:梭形、弓形、反S形和Z形,如图6-32所示。

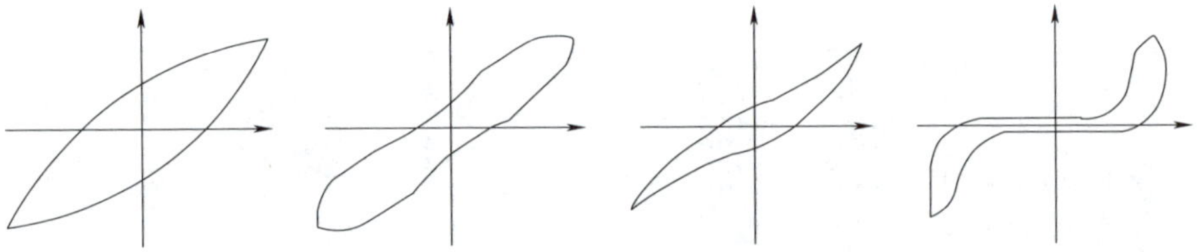

(a)梭形　(b)弓形　(c)反S形　(d)Z形

图6-32　典型滞回环

梭形:发生在受弯、偏压、压弯以及不发生剪切破坏的受剪构件。

弓形:反映一定的滑移影响,有明显的捏缩效应,例如剪跨比较大、剪力较小并配有一定箍筋的受剪构件和偏压剪构件等。

反S形:反映了更多的滑移影响,例如一般框架和有剪力撑的框架、梁柱节点和剪力墙等。

Z形:反映大量的滑移影响,例如小剪跨而斜裂缝又可以充分发展的构件以及锚固钢筋有较大滑动的构件等。

现浇方形桥墩试件、配置HRB400E钢筋和HTRB600E高强钢筋的预制装配式方形桥墩试件的滞回曲线如图6-33所示。

由图6-33可知:在拟静力试验加载初期,3个桥墩试件墩身材料均处于线弹性阶段,滞回环分布比较集中且互相重叠;随着荷载持续增大,墩身混凝土产生裂缝,受力钢筋屈服,钢筋与混凝土间产生有限的滑移,试件滞回环逐渐被拉开,逐渐发展为较为饱满的梭形,并产生一定的捏拢效应,试件水平承载力增大到其峰值后开始随荷载增大而逐渐下降,试件墩身损伤的累积使得刚度也逐渐减小,产生退化的趋势,试件滞回曲线斜率逐渐减小,试件残余位移逐渐增大。整体而言,3个桥墩试件荷载—位移滞回曲线发展趋势相似。当加载位移分别为100 mm、90 mm和80 mm时,现浇方形桥墩、配置HRB400E钢筋的预制装配式方形桥墩与配置

HTRB600E 高强钢筋的预制装配式方形桥墩的水平承载力分别下降至各自水平承载力峰值的 85%，即停止加载。总体而言，配置 HTRB600E 高强钢筋的预制装配式方形桥墩抗弯承载力提高明显，但滞回曲线的饱满程度略差于现浇方形桥墩和配置 HRB400E 钢筋的预制装配式方形桥墩。

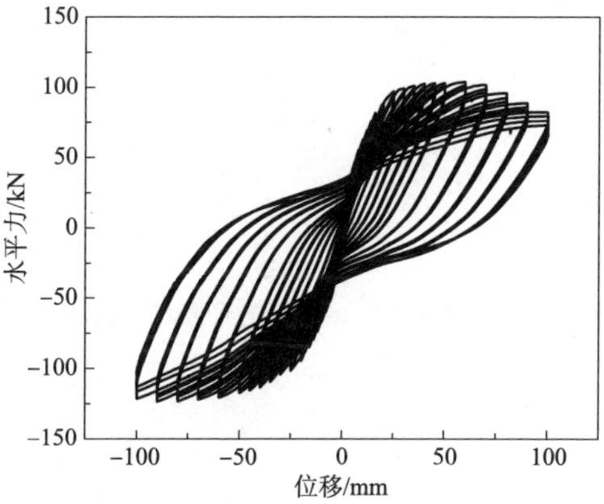

(a)现浇方形桥墩

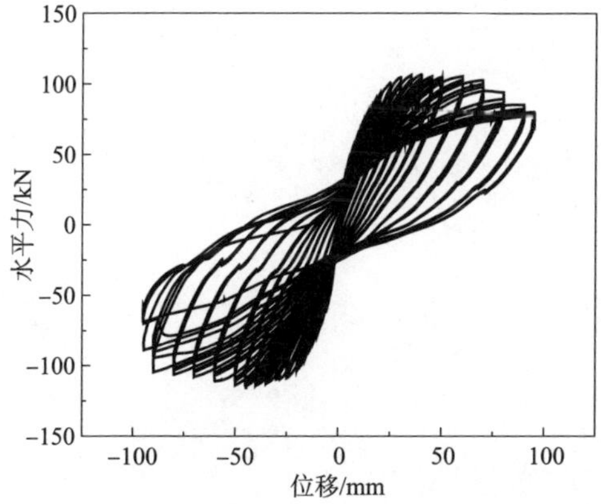

(b)配置 HRB400E 钢筋装配式方形桥墩

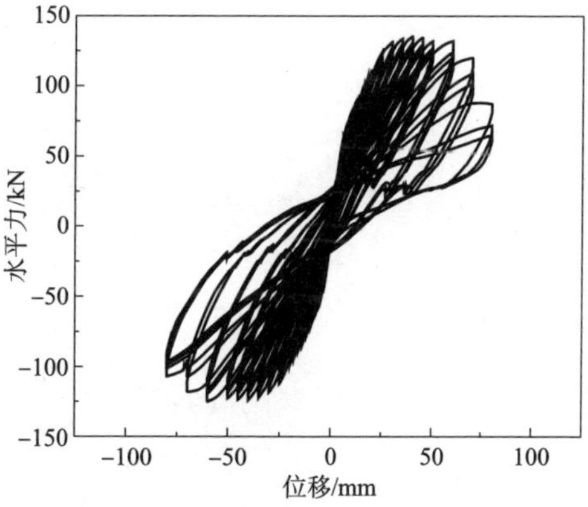

(c)配置 HTRB600E 高强钢筋装配式方形桥墩

图 6-33　现浇和预制装配式方形桥墩滞回曲线

2)骨架曲线

骨架曲线是加载过程中各次循环的滞回曲线峰值点的连线，可以反映试件的初始切线刚度、水平承载力峰值、延性等抗震性能指标。3 个试件的骨架曲线如图 6-34 所示。承载力是骨架曲线上的重要特征点，包括峰值荷载、极限荷载和屈服荷载。峰值荷载 P_{max} 为骨架曲线的最大荷载；极限荷载 P_u 和极限位移 Δ_u 为承载力下降至峰值荷载的 85%时对应的荷载和位移。

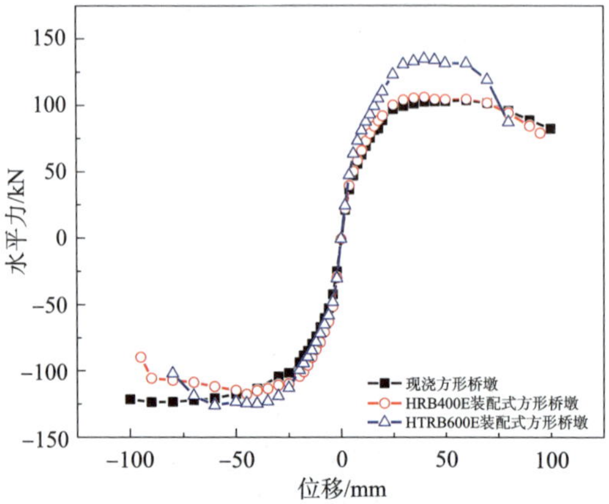

图 6-34　现浇和预制装配式方形桥墩骨架曲线对比

对于屈服位移 Δ_y 的计算，目前有多种方法，常用的方法包括：首屈点法、R. Park 法、能量等效法、通用屈服弯矩法，如图 6-35 所示。

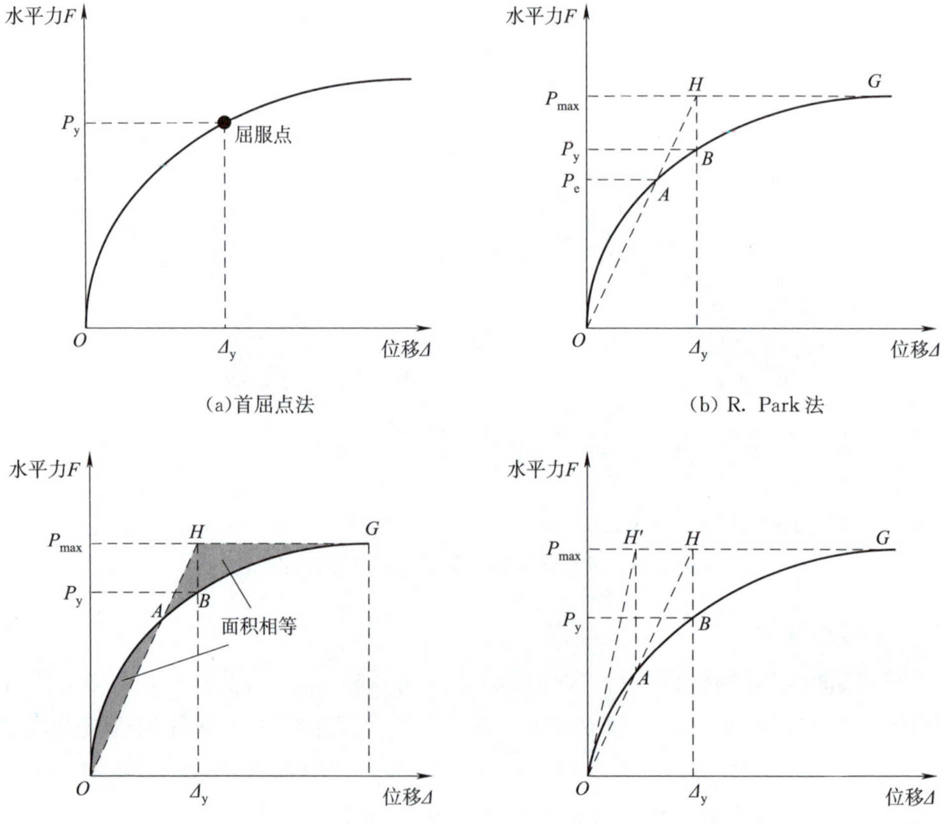

(a)首屈点法　(b) R. Park 法

(c)能量等效法　(d)通用屈服弯矩法

图 6-35　屈服位移确定方法

（1）首屈点法

如图 6-35（a）所示，取试件加载方向第一根纵筋屈服时的位移作为屈服位移 Δ_y，对应的荷载即为屈服荷载 P_y。

（2）R. Park 法

如图 6-35（b）所示，取最大承载力的 75%和钢筋首屈时的承载力中的较小值为 P_e，过 P_e作水平线与骨架曲线的交点为 A 点，连接 OA 并延长与最大承载力水平线相交于 H 点，过 H 点作垂线与骨架曲线交于点 B，点 B 即为等效屈服点，该点对应的位移即为屈服位移 Δ_y，对应的荷载即为屈服荷载 P_y。

（3）能量等效法

如图 6-35（c）所示，通过使两块阴影面积相等确定 A 点和 H 点，过 H 点作垂线与骨架曲线交于点 B，点 B 即为等效屈服点，该点对应的位移即为屈服位移 Δ_y，对应的荷载即为屈服荷载 P_y。

（4）通用屈服弯矩法

如图 6-35（d）所示，从原点做弹性理论值 OH' 线与过极限荷载点 G 的水平线交于点 H'，过 H' 点作垂线与骨架曲线交于点 A，连接 OA 延长后与 GH' 相交于点 H，通过 H 点作竖向垂线交骨架曲线于 B 点，B 点即为等效屈服点，该点对应的位移即为屈服位移 Δ_y，对应的荷载即为屈服荷载 P_y。

本章采用通用屈服弯矩法来确定屈服位移和屈服荷载。根据上述条件获得各试件的骨架曲线特征点参数见表 6-4。

表 6-4　骨架曲线特征点参数（一）

试件类型	Δ_y/mm	P_y/kN	P_{max}/kN	Δ_u/mm	P_u/kN	位移延性系数	初始切线刚度/（kN · m^{-1}）
现浇方形桥墩	16.41	81.73	103.90	90.91	88.31	5.54	11 525
HRB400E 装配式方形桥墩	15.49	80.06	106.80	83.90	90.78	5.42	11 200
HTRB600 装配式方形桥墩	17.05	104.91	135.60	76.38	115.26	4.48	11 900

根据图 6-34 和表 6-4 可知，三类试件骨架曲线整体趋势类似。现浇方形桥墩试件和配置 HRB400E 钢筋的预制装配式方形桥墩试件各项参数基本相同。相较于配置 HRB400E 钢筋的预制装配式方形桥墩试件，配置 HTRB600E 高强钢筋的预制装配式方形桥墩试件 P_{max} 增大了 27.0%，极限荷载 P_u 和屈服荷载 P_y 也分别相应提高了 27.0%和 31.0%，位移延性系数减小了 17.3%，初始切线刚度增大了 6.3%，说明墩身内配置高强钢筋较为明显地提高了预制装配式方形桥墩抗弯承载能力，一定程度上减弱了墩身位移延性，使得初始切线刚度有小幅度提高，提高了

加载初期墩身抵抗变形能力。

3)墩身曲率分布曲线

试验中通过对垂直于加载面一侧墩身的塑性铰区布置位移计来实测各级荷载作用下墩身的曲率分布变化,各典型位移等级下墩身实测曲率分布曲线如图 6-36 所示。

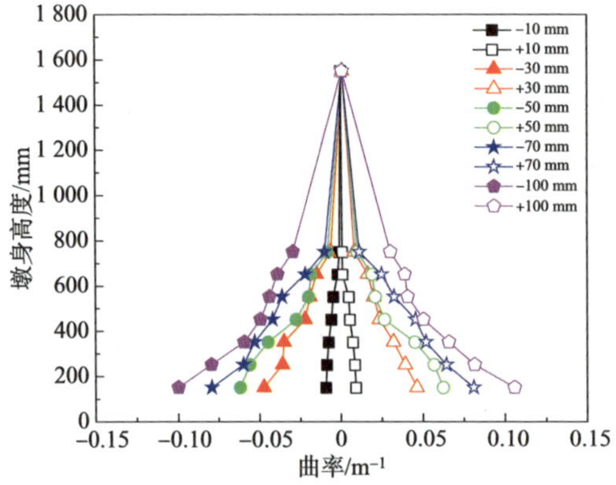

(a)现浇方形桥墩

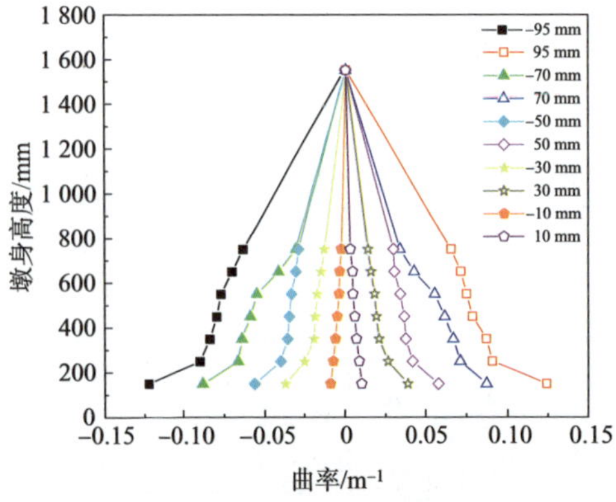

(b)配置 HRB400E 钢筋装配式方形桥墩

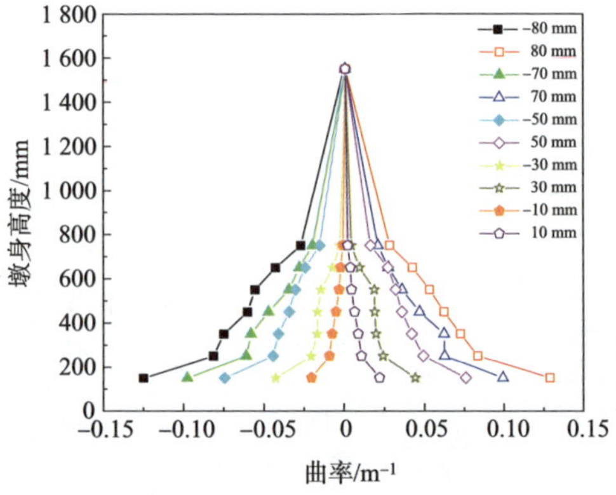

(c)配置 HTRB600E 高强钢筋装配式方形桥墩

图 6-36 现浇和预制装配式方形桥墩墩身曲率分布曲线

根据图 6-36 可知:在拟静力试验加载初期,三类桥墩试件墩身材料均基本处于线弹性阶段,在低周循环往复荷载作用下,试件墩身曲率变化较小,墩身曲率沿墩高没有明显而剧烈的转折;随着加载位移的增大,三类试件墩身产生不可恢复的塑性变形,墩身曲率分布曲线沿墩高产生较为剧烈的转折。在各典型位移下,三类试件的墩身曲率沿墩高逐渐减小,墩身曲率分布曲线在墩底截面均发生较为明显的转折,说明在低周循环往复荷载作用下,随着加载位移的增大,三类桥墩试件墩底截面易发展成为塑性铰,与试件试验现象相对应。两个预制装配式桥墩试件由于在墩身底部预埋灌浆套筒，使得自墩底向上 320 mm 墩身区段刚度显著增大，进而导致其试件墩身曲率分布曲线在灌浆套筒顶部墩身刚度变化截面产生较为明显而剧烈的转折，说明在低周循环往复荷载作用下，灌浆套筒顶部墩身刚度变化截面较为薄弱，易发展成为塑性铰，预埋灌浆套筒使得两个预制装配式方形桥墩试件塑性铰相较于现浇试件有明显的上移趋势。相较于配置 HRB400E 钢筋的预制装配式方形桥墩，配置 HTRB600E 高强钢筋的预制装配式方形桥墩墩身曲率分布曲线沿墩高转折更加剧烈。

4）主要受力纵筋应变曲线

为探讨三个试件在往复荷载作用下的主要受力纵筋应变变化规律，在主要纵筋上布置应变片来测量整个试验过程中纵筋的应变变化。试件主要受力纵筋编号、应变片编号及布置如图 6-13 所示。试件主要受力纵筋应变曲线如图 6-37 所示。

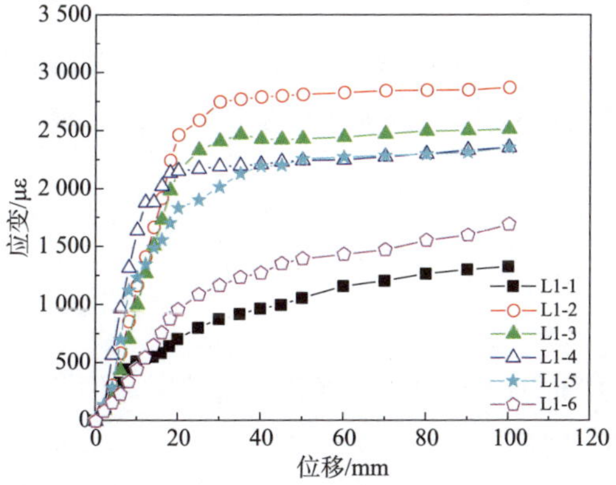

（a）现浇方形桥墩

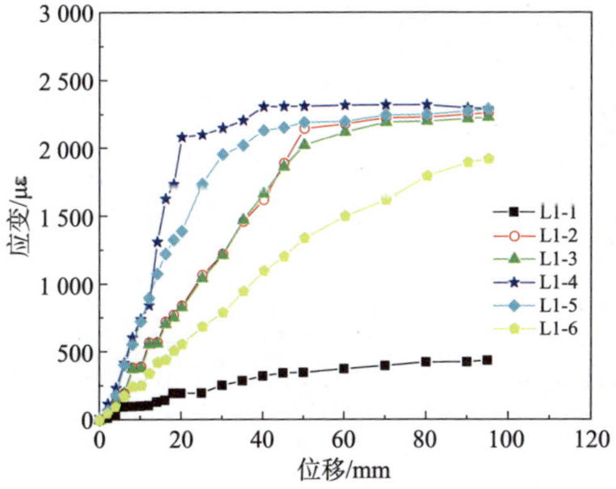

（b）配置 HRB400E 钢筋装配式方形桥墩

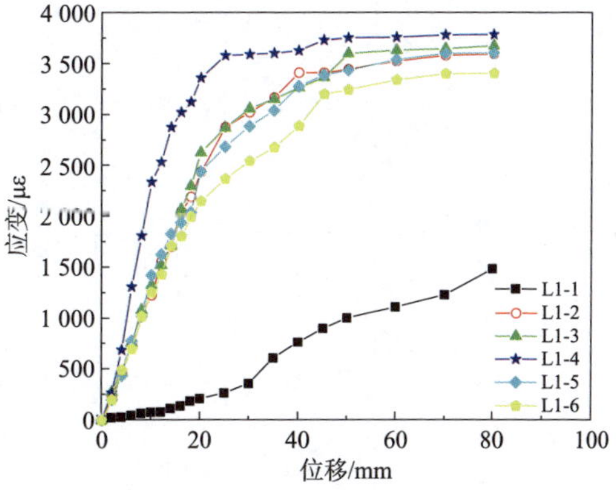

（c）配置 HTRB600E 高强钢筋装配式方形桥墩

图 6-37　现浇和预制装配式方形桥墩 L1 纵筋应变变化曲线

由图 6-37 可知：在拟静力试验加载初期，三个桥墩试件的 L1 纵筋均处于线弹性阶段，L1 纵筋各测点应变均大致呈线性增长；随着加载位移的继续增大，L1 纵筋进入弹塑性阶段，钢筋各测点应变曲线的斜率逐渐减小。在各级荷载作用下，两个预制装配式桥墩试件套筒顶端处的测点 L1-4 钢筋应变增长最快。当加载至 16 mm，现浇方形桥墩的 L1-2 测点率先达到屈服应变，随后其他测点均陆续接近和达到屈服应变；当加载至 20 mm，配置 HRB400E 钢筋的预制装配式方形桥墩的 L1-4 测点率先达到屈服应变，随后其他测点均陆续接近和达到屈服应变；当加载至 25 mm，配置 HTRB600E 高强钢筋的预制装配式方形桥墩的 L1-4 测点率先达到屈服应变，随后其他测点均陆续接近和达到屈服应变。预制装配式桥墩试件灌浆套筒的存在增大了套筒段墩身刚度，使得 L1 纵筋在套筒顶部刚度变化截面附近首先屈服，墩柱塑性铰区上移，塑性铰区高度有增大的趋势。

5)耗能曲线

耗能能力是研究桥墩抗震性能的一个重要指标。以每级荷载第一次循环下滞回环所包围的面积来表示试件每级荷载下的滞回耗能，单个滞回环的面积表达式为

$$E_i = \oint_{AB} F \mathrm{d}\Delta \tag{6-1}$$

耗能能力示意如图 6-38 所示。

根据试验得到的滞回曲线，通过计算各级荷载下滞回环的面积，得到的三个试件的耗能曲线如图 6-39 所示。

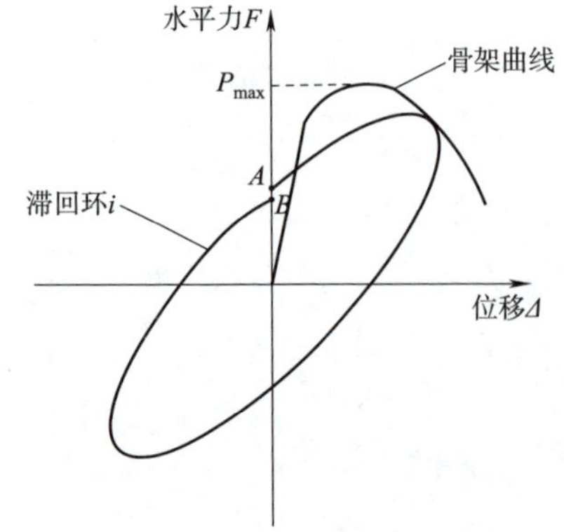

图 6-38　耗能能力示意图

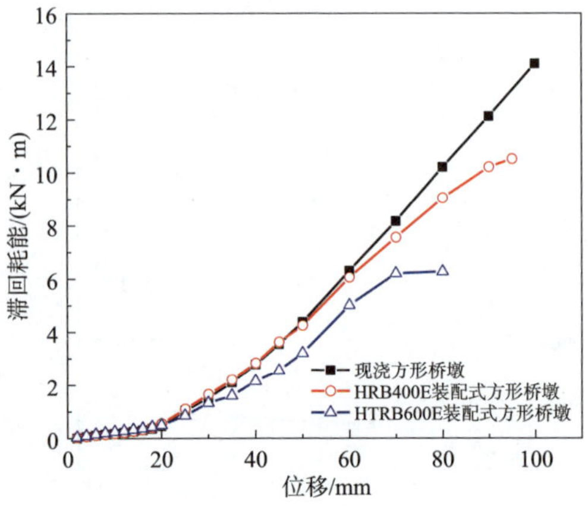

图 6-39　现浇和预制装配式方形桥墩耗能曲线

根据图 6-39 可知：在拟静力试验初期，加载位移较小时，三个桥墩墩身材料基

本处于线弹性阶段，未达到屈服强度，此时三个试件耗能能力均较小，耗能曲线基本重合；随着荷载的不断增大，三个试件耗能曲线增长速率逐渐相差越来越大，耗能曲线逐渐分开。当加载位移在 0～60 mm 范围内时，现浇方形桥墩与配置 HRB400E 钢筋的预制装配式方形桥墩耗能能力和耗能曲线增长速率较为接近。当加载位移为 100 mm、95 mm 和 80 mm 时，现浇方形桥墩、配置 HRB400E 钢筋的预制装配式方形桥墩和配置 HTRB600E 高强钢筋的预制装配式方形桥墩耗能曲线达到各自峰值，配置 HTRB600E 高强钢筋的预制装配式方形桥墩的最大耗能值较现浇试件和配置 HRB400E 钢筋的预制装配式方形桥墩分别降低了约 48%和 35%，说明配置高强钢筋会对预制装配式方形桥墩试件耗能能力产生消极影响。

6)刚度退化曲线

利用割线刚度 K 来反映试件刚度退化，其中第 i 级位移作用下 $K_i = P_i/\Delta_i$，P_i 为各级加载位移下滞回环水平力峰值，Δ_i 为水平力峰值相对应的位移。三个试件刚度退化曲线如图 6-40 所示。

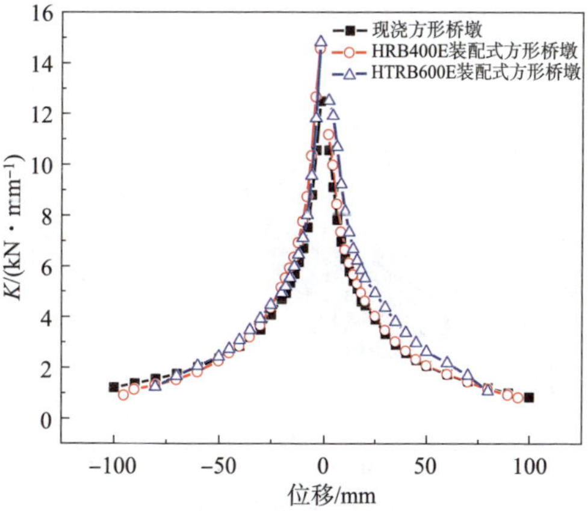

图 6-40　现浇和预制装配式方形桥墩刚度退化曲线

根据图 6-40 可知，在加载初期，试件整体刚度较大，随着荷载增加，刚度迅速退化。随着荷载不断增大，试件墩身塑性变形积累，构件承载力达到极限，刚度退化趋于缓慢。现浇方形桥墩试件和配置 HRB400E 钢筋的预制装配式方形桥墩试件的整体刚度和刚度退化速率基本一致，配置 HTRB600E 高强钢筋的预制装配式方形桥墩试件刚度退化曲线斜率较现浇方形桥墩试件和配置 HRB400E 钢筋的预制装配式方形桥墩试件略小，其最终刚度下降到其初始刚度的 8.8%，而配置 HRB400E 钢筋的预制装配式方形桥墩试件最终刚度下降到其初始刚度的 7.5%，表明配置高强钢筋可以减缓试件的刚度退化。加载中、后期，配置 HTRB600E 高强钢筋的预制装配式方形桥墩的刚度退化曲线斜率大于现浇方形桥墩试件和配置 HRB400E 钢筋的预制装配式方形桥墩试件刚度退化曲线斜率，说明墩身内配置高强钢筋一定程度上加快了预制装配式桥墩试件刚度退化。加载结束后，相较于配置 HRB400E 钢筋的预制装配式桥墩，配置 HTRB600E 高强钢筋的预制装配式桥墩正、负向剩余刚度分别提高了 31.0%和 35.2%。

2. 现浇和预制装配式圆形桥墩

1)荷载—位移滞回曲线

现浇和预制装配式圆形桥墩滞回曲线如图 6-41 所示。

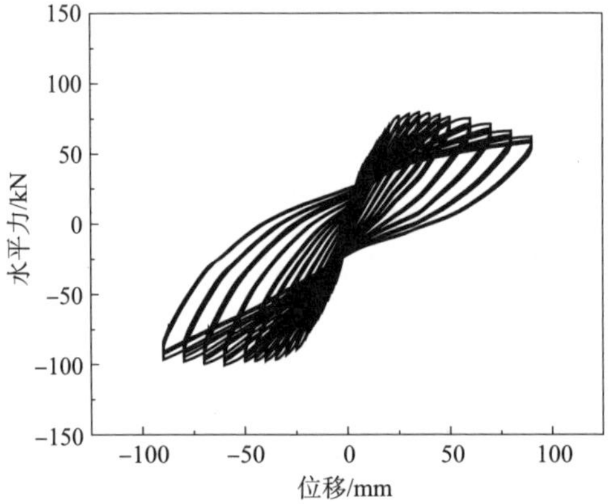

(a)现浇圆形桥墩

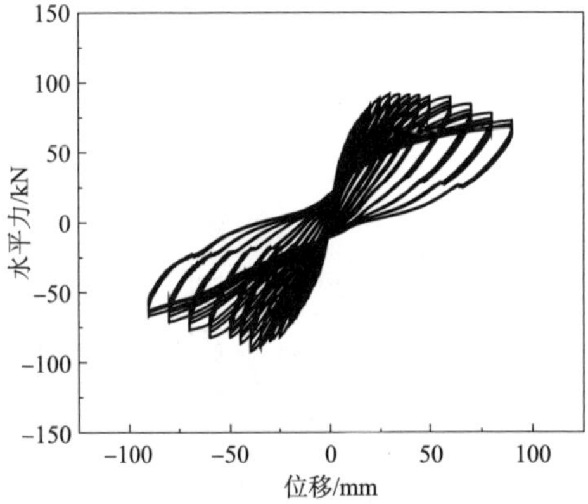

(b)配置 HRB400E 钢筋装配式圆形桥墩

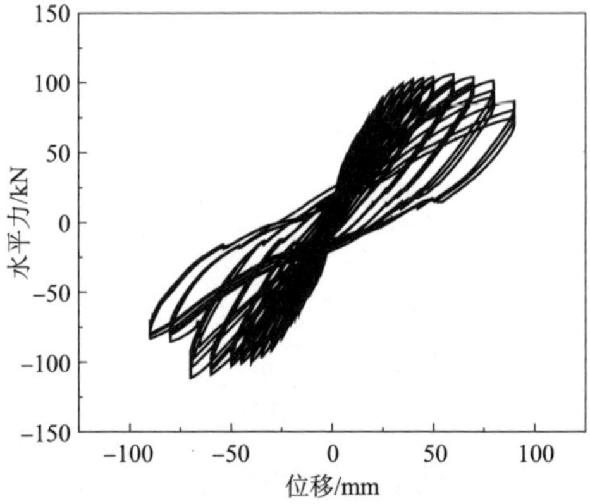

(c)配置 HTRB600E 高强钢筋装配式圆形桥墩

图 6-41 现浇和预制装配式圆形桥墩滞回曲线

由图 6-41 可知,3 个桥墩试件荷载—位移滞回曲线形状及整体变化趋势基本相同。加载初期,试件墩身材料基本处于弹性阶段,滞回环包围面积较小,且分布密集,滞回曲线斜率较大,水平承载力增长迅速。随着荷载增大,试件墩身逐渐进入屈服阶段,墩身塑性变形逐渐增多,墩身刚度产生退化,试件滞回曲线斜率随荷载的增大而减小,滞回环面积逐渐增大,试件耗能能力逐渐增强。加载后期,试件墩身内钢筋与混凝土产生有限滑移,墩身产生大量塑性变形,损伤逐渐累积,墩身刚度进一步退化,试件滞回曲线出现捏拢效应,曲线斜率进一步减小,滞回环包围面积逐渐增大。当加载至90 mm时，现浇圆形桥墩、配置HRB400E钢筋的预制装配式圆形桥墩和配置HTRB600E高强钢筋的预制装配式圆形桥墩水平承载力下降到各自水平承载力峰值的85%。总体而言，3个试件的滞回曲线均较为饱满，加载后期，相较于配置HRB400E钢筋的预制装配式圆形桥墩，配置HTRB600E高强钢筋的预制装配式圆形桥墩试件的滞回环面积更大，耗能能力更强，略差于现浇圆形桥墩试件。整个加载过程中，配置HTRB600E高强钢筋的桥墩试件的水平抗弯承载力较现浇试件和配置HRB400E钢筋的预制装配式桥墩试件有较为明显的提升。

2)骨架曲线

现浇式和预制装配式圆形桥墩骨架曲线如图6-42所示。骨架曲线特征点参数见表6-5。

表6-5 骨架曲线特征点参数(二)

试件类型	Δ_y/mm	P_y/kN	P_{max}/kN	Δ_u/mm	P_u/kN	位移延性系数	初始切线刚度/(kN·m^{-1})
现浇圆形桥墩	15.07	59.64	79.62	81.32	67.66	5.40	7 574
HRB400E装配式圆形桥墩	14.71	73.85	91.44	80.51	77.75	5.46	8 325
HTRB600E装配式圆形桥墩	18.53	75.63	106.00	87.58	90.10	4.73	10 301

根据图6-42和表6-5可知，3个桥墩试件骨架曲线整体趋势一致，分为上升段、强化段和下降段。加载初期，试件墩身材料处于线弹性阶段，墩身刚度较大，在往复荷载作用下，配置HTRB600E高强钢筋的预制装配式圆形桥墩试件骨架曲线斜率较大，水平承载力增长迅速。随着加载位移的不断增大，3个试件正、负向水平承载力逐渐达到各自峰值，现浇圆形桥墩试件和配置HRB400E钢筋的预制装配式圆形桥墩试件各项参数相近。相较于配置HRB400E钢筋的预制装配式圆形桥墩试件，配置HTRB600E高强钢筋预制装配式圆形桥墩试件峰值荷载P_{max}增大了16.0%，极限荷载P_u和屈服荷载P_y也相应提高了15.9%和2.4%，表明墩身内配置高强钢筋可显著提高预制装配式

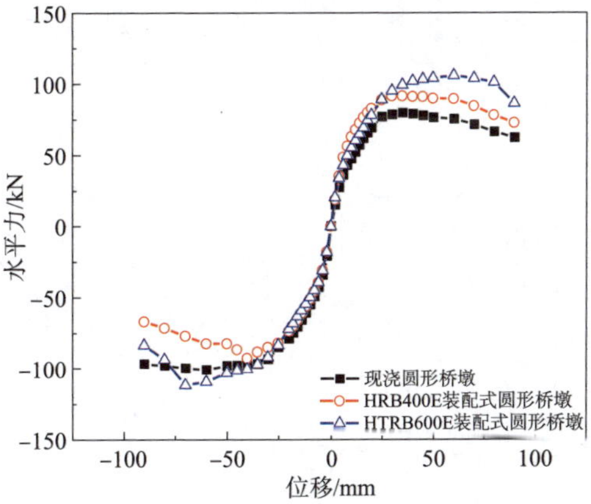

图6-42 现浇和预制装配式圆形桥墩骨架曲线对比

桥墩抗弯承载力。墩身内配置高强钢筋，充分发挥了高强钢筋刚度大等优势，在往复荷载作用下可显著提高墩身的抗弯刚度。相较于配置 HRB400E 钢筋的预制装配式圆形桥墩试件，配置 HTRB600E 高强钢筋的预制装配式圆形桥墩试件的极限位移和屈服位移分别增加了 8.8%和 26%，初始切线刚度提高了 23.7%，墩身初期抵抗变形能力提升明显。在往复荷载作用下，配置 HTRB600E 高强钢筋的预制装配式圆形桥墩试件由于墩身内配置了高强钢筋，在提高试件水平抗弯承载力的同时，对墩身整体的延性产生一定的消极影响，使其位移延性系数略差于配置 HRB400E 钢筋的预制装配式圆形桥墩试件，降低了桥墩墩身整体位移延性。

3)墩身曲率分布曲线

现浇和预制装配式圆形桥墩墩身曲率分布曲线如图 6-43 所示。

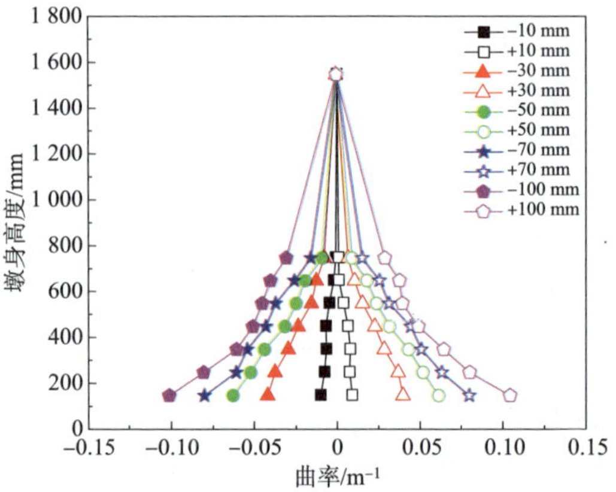

(a)现浇圆形桥墩

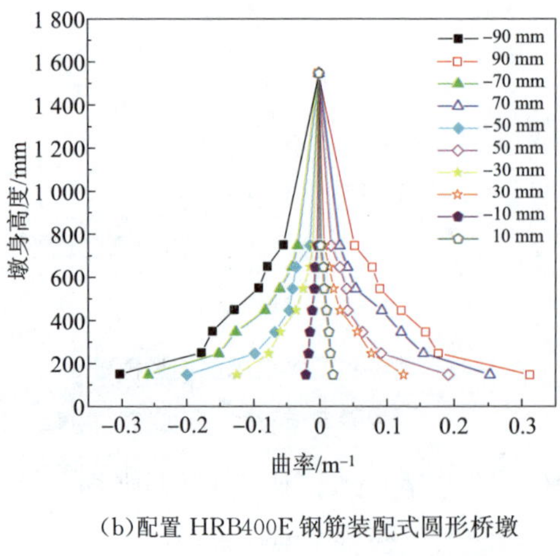

(b)配置 HRB400E 钢筋装配式圆形桥墩

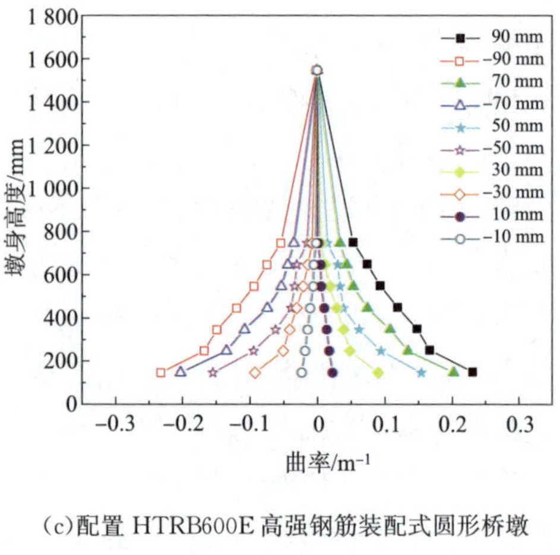

(c)配置 HTRB600E 高强钢筋装配式圆形桥墩

图 6-43　现浇和预制装配式圆形桥墩墩身曲率分布曲线

根据图 6-43 可知，在拟静力试验加载初期，三类桥墩试件墩身材料均基本处于线弹性阶段，在低周循环往复荷载作用下，试件墩身曲率变化较小，墩身曲率沿墩高没有明显而剧烈的转折。随着加载位移的增大，两类预制装配式试件墩身产生不可恢复的塑性变形，墩身曲率分布曲线沿墩高产生较为剧烈的转折。在各典型位移下，三类试件的墩身曲率沿墩高逐渐减小，墩身曲率分布曲线在墩底截面均发生较为明显的转折，说明在低周循环往复荷载作用下，随着加载位移的增大，三类桥墩试件墩底截面易发展成为塑性铰，与试件试验现象相对应。两个预制装配式桥墩试件由于在墩身底部预埋灌浆套筒，使得自墩底向上 320 mm 墩身区段刚度显著增大，进而导致其试件墩身曲率分布曲线在灌浆套筒顶部墩身刚度变化截面产生较为明显而剧烈的转折，说明在低周循环往复荷载作用下，灌浆套筒顶部墩身刚度变化截面较为薄弱，易发展成为塑性铰，预埋灌浆套筒使得两个预制装配式桥墩塑性铰相较于现浇试件有明显的上移趋势。相较于配置 HRB400E 钢筋的预制装配式圆形桥墩，配置 HTRB600E 高强钢筋的预制装配式圆形桥墩墩身曲率分布曲线沿墩高转折较为平缓。

4）主要受力纵筋应变曲线

现浇和预制装配式圆形桥墩 L1 纵筋应变曲线如图 6-44 所示。

由图 6-44 可知，加载初期，配置高强钢筋的预制装配式桥墩试件墩身材料处于线弹性阶段，试件 L1 纵筋所有测点的应变均大致呈线性增长。随着加载位移的继续增大，试件墩身产生塑性变形逐渐增多，L1 纵筋进入弹塑性阶段，钢筋各测点应变曲线的斜率逐渐减小。当加载至 25 mm，配置高强钢筋的预制装配式桥墩试件灌浆套筒顶端刚度突变截面处的测点 L1-4 钢筋应变增长速率最大，率先达到屈服应变，墩柱塑性铰区上移趋势较为明显。随着加载位移的不断增大，配置高强钢筋的预制装配式桥墩试件 L1 纵筋其他测点（L1-1 测点除外）应变值陆续达到钢筋屈服应变，试件塑性铰区高度约为 650 mm，塑性铰高度明显增大，配置 HRB400E 钢筋的预制装配式桥墩试件主要受力纵筋 L1 应变随位移变化规律与配置 HTRB600E 高强钢筋的预制装配式桥墩试件相似，而现浇桥墩试件 L1 纵筋则是墩底测点率先达到屈服应变，塑性铰自下而上逐渐发展。

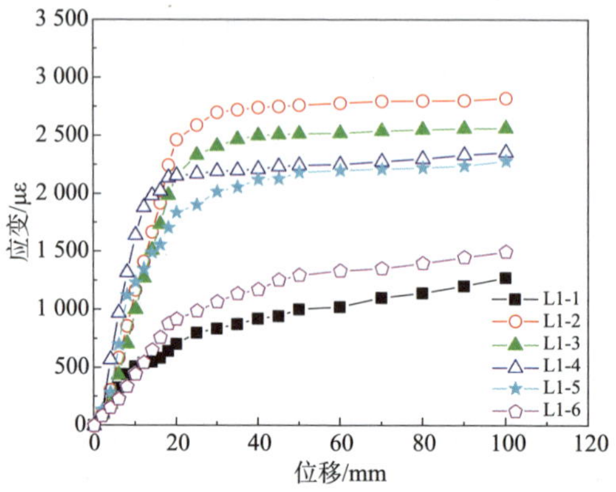

(a)现浇圆形桥墩

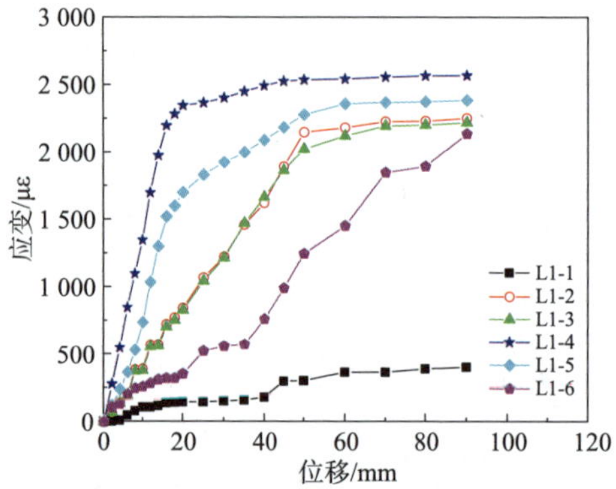

(b)配置 HRB400E 钢筋装配式圆形桥墩

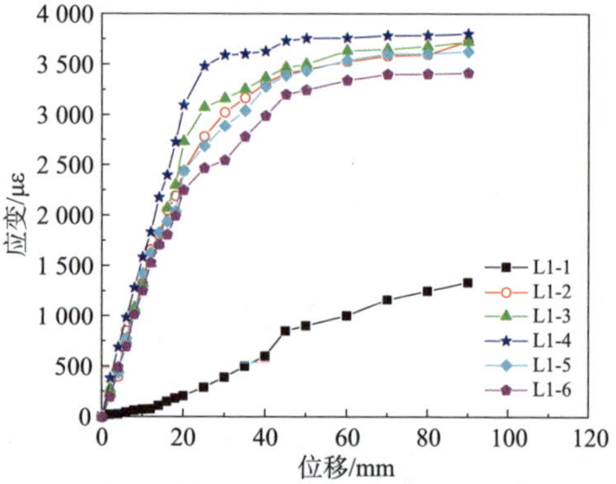

(c)配置 HTRB600E 高强钢筋装配式圆形桥墩

图 6-44　现浇和预制装配式圆形桥墩 L1 纵筋应变曲线

5)耗能曲线

现浇和预制装配式圆形桥墩耗能曲线如图 6-45 所示。

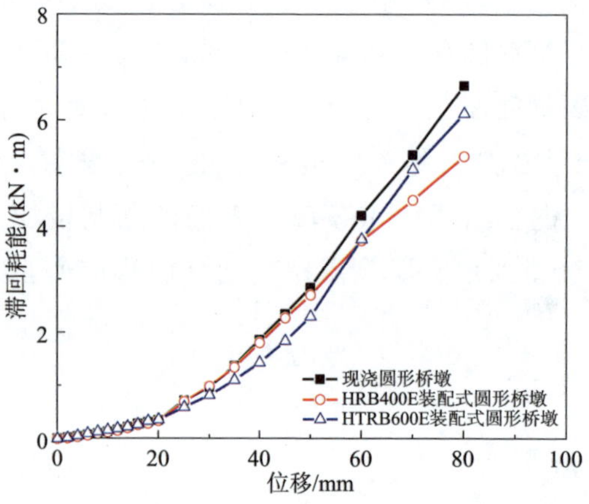

图 6-45　现浇和预制装配式圆形桥墩耗能曲线

根据图 6-45 可知，屈服位移之前，3 个试件滞回环面积较小，耗能能力较弱，随着加载位移的增大，试件墩身材料进入弹塑性阶段，墩身塑性变形增多，刚度逐渐退化，试件滞回环面积逐渐增大，试件耗能曲线呈现单调递增的趋势，试件耗能能力逐渐增强。加载位移在 0～40 mm 范围内，配置 HTRB600E 高强钢筋的预制装配式桥墩试件耗能曲线斜率略小于配置 HRB400E 钢筋的预制装配式试件和现浇试件。随着荷载的增大，高强钢筋的配置使得试件墩身耗能能力增长迅速，耗能曲线斜率逐渐增大，耗能能力逐渐接近并超过配置 HRB400E 钢筋的预制装配式桥墩试件，接近于现浇桥墩试件。加载后期，配置 HTRB600E 高强钢筋的预制装配式桥墩试件与配置 HRB400E 钢筋的预制装配式试件耗能差值逐渐增大，两者耗能曲线逐渐分开。相较于配置 HRB400E 钢筋的预制装配式试件，配置 HTRB600E 高强钢筋的预制装配式桥墩试件耗能曲线峰值提高了约 15%，略差于现浇桥墩试件，表明配置高强钢筋可一定程度提高预制装配式桥墩的耗能能力。

6)刚度退化曲线

现浇和预制装配式圆形桥墩刚度退化曲线如图 6-46 所示。

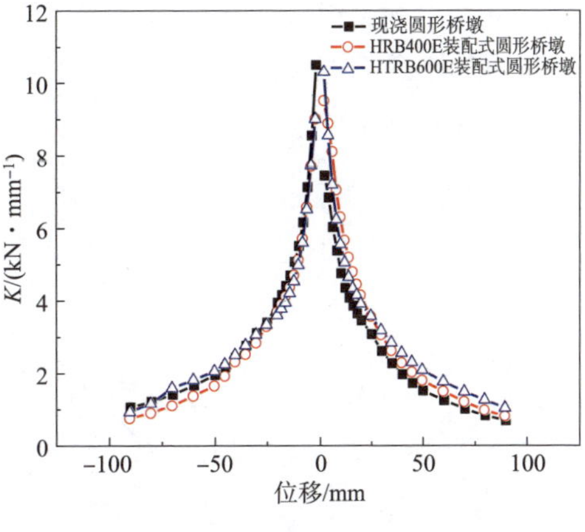

图 6-46　现浇和预制装配式圆形桥墩刚度退化曲线

根据图 6-46 可知，3 个试件刚度退化曲线整体发展趋势相近。在加载初期，配置 HTRB600E 高强钢筋的预制装配式圆形桥墩试件墩身材料处在弹性阶段，墩身整体刚度较大，试件正、反向初始刚度较配置 HRB400E 钢筋的预制装配式圆形桥墩试件分别提高了 28.9%和 24.6%，表明配置高强钢筋可一定程度提高试件初始刚度。随着荷载增加，试件产生塑性变形逐渐增多，墩身刚度退化速率较大，试件刚度退化曲线斜率较大。加载中后期，配置高强钢筋的预制装配式圆形桥墩试件墩身损伤逐渐累积，钢筋达到屈服强度，墩身产生大量塑性变形，试件刚度产生较为明显的退化，刚度退化速率逐渐减小，刚度退化曲线斜率逐渐减小。相较于现浇圆形桥墩试件和配置 HRB400E 钢筋的预制装配式圆形桥墩试件，配置 HTRB600E 高强钢筋的预制装配式圆形桥墩试件刚度退化曲线斜率分别小幅度增大和小幅度减小，试件刚度退化速率略大于现浇圆形桥墩试件，略小于配置 HRB400E 钢筋的预制装配式圆形桥墩试件。

6.3 配置 HTRB600E 高强钢筋预制装配式桥墩拟静力试验有限元分析

本节采用有限元软件 ABAQUS 对预制装配式桥墩进行数值模拟。模拟 6.2 节中的预制装配式桥墩拟静力试验，确定采用钢筋和混凝土材料的参数取值方法。采用参数取值方法进行拓展参数分析，研究了纵筋等强度代换、箍筋等体积代换、箍筋等强度代换以及配筋率等参数对预制装配式桥墩抗震性能的影响。综合试验和数值模拟结果，研究高强钢筋对预制装配式桥墩抗震性能的影响，为高强钢筋在装配式结构中的工程应用提供理论支撑。

6.3.1 材料本构模型

1. 混凝土材料本构模型

混凝土选用损伤塑性本构，相关参数根据《混凝土结构设计规范》(GB 50010—2010)确定，混凝土材料应力—应变关系曲线如图 6-47 所示。应变计算式见式(6-2)～式(6-4)。

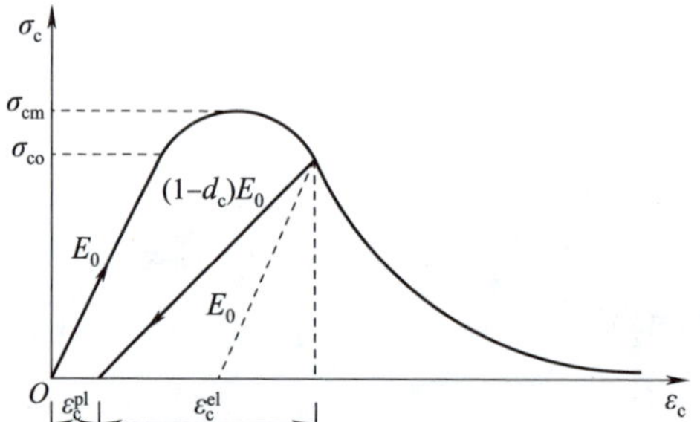

图 6-47 混凝土损伤塑性本构曲线

$$\varepsilon_c^{in}=\varepsilon_c-\varepsilon_{oc}^{el} \tag{6-2}$$

$$\varepsilon_{oc}^{el}=\frac{\sigma_c}{E_0} \tag{6-3}$$

$$\varepsilon_c^{pl}=\varepsilon_c^{in}-\frac{d}{1-d}\frac{\sigma_c}{E_0} \tag{6-4}$$

式中 ε_c^{in}——混凝土受压非弹性应变；

ε_c——真实应变；

ε_c^{el}——初始刚度下弹性应变；

ε_c^{pl}——受压塑性应变；

d——混凝土损伤因子。

受压时超高性能混凝土材料本构简化为上升段与下降段两部分，如式(6-5)所示。

$$f=\begin{cases} f_c \dfrac{n\xi-\xi^2}{1+(n-2)\xi} & \varepsilon\leqslant\varepsilon_{c0} \\ f_c \dfrac{n\xi-\xi^2}{2(\xi-1)^2+\xi} & \varepsilon>\varepsilon_{c0} \end{cases} \tag{6-5}$$

式中 f_c——超高性能混凝土受压时的抗压强度；

n——$n=E_c/E_s$，E_c 为超高性能混凝土受压初始弹性模量，E_s 为超高性能混凝土受压峰值点的割线模量；

ξ——$\xi=\varepsilon/\varepsilon_{c0}$，$\varepsilon_{c0}$ 为超高性能混凝土受压峰值点的压应变。

受拉时超高性能混凝土材料本构简化为三折线模型，如式(6-6)所示。

$$f=\begin{cases} f=E_{t1}\varepsilon & 0\leqslant\varepsilon\leqslant\varepsilon_{te} \\ f_{te}+E_{t2}(\varepsilon-\varepsilon_{te}) & \varepsilon_{te}\leqslant\varepsilon\leqslant\varepsilon_{tu} \\ f_{tu}-E_{t3}(\varepsilon-\varepsilon_{tu}) & \varepsilon_{tu}\leqslant\varepsilon\leqslant\varepsilon_{ts} \end{cases} \tag{6-6}$$

式中 f_{te}，ε_{te}——超高性能混凝土材料受拉弹性阶段的抗拉强度和相应的拉应变；

f_{tu}，ε_{tu}——超高性能混凝土材料极限抗拉强度和拉应变；

f_{ts}，ε_{ts}——超高性能混凝土材料受拉软化下降段控制点抗拉强度和拉应变；

E_{t1}，E_{t2}，E_{t3}——超高性能混凝土材料受拉弹性段、强化段、软化下降段曲线切线斜率，即 $E_{t1}=\dfrac{f_{te}}{\varepsilon_{te}}$，$E_{t2}=\dfrac{f_{tu}-f_{te}}{\varepsilon_{tu}-\varepsilon_{te}}$，$E_{t3}=\dfrac{f_{tu}-f_{ts}}{\varepsilon_{ts}-\varepsilon_{tu}}$。

2. 钢筋和灌浆套筒材料本构模型

钢筋和灌浆套筒本构关系选用理想弹塑性双折线模型，相关参数根据材料试验结果确定，应力—应变关系曲线如图6-48所示。图中，$f_{y,s}$和 ε_y 为钢材抗拉屈服应力和屈服应变；$f_{st,s}$和 ε_u 为钢材抗拉强度峰值和峰值应变。

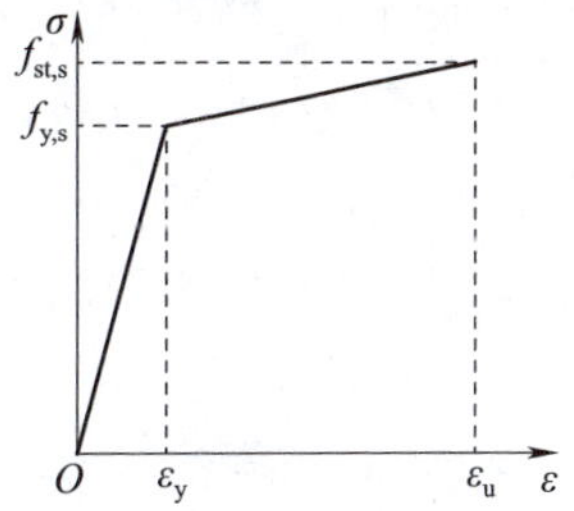

图6-48 钢筋理想弹塑性本构关系曲线

6.3.2 材料参数取值

预制装配式桥墩数值模拟中，影响试件非线性反应的材料包括钢筋材料和混凝土材料，其中混凝土材料采用前述损伤塑性本构，钢筋材料采用前述理想弹塑性本构。下面分别介绍采用各材料参数取值。

1. 混凝土材料参数取值

混凝土立方体试件抗压强度根据实际材料试验取值，墩身及承台 C40 混凝土的立方体试件抗压强度为 45.3 MPa，超高性能混凝土灌浆料的立方体试件抗压强度为 123.6 MPa。混凝土材料参数详见 6-6。

表 6-6 混凝土材料参数

混凝土类型	密度/(kg·m³)	弹性模量/MPa	泊松比 υ	膨胀角/(°)	偏心率	f_{b0}/f_{c0}	不变量应力比 K	黏性系数
C40	2 600	32 500	0.2	40	0.1	1.16	0.666 7	0.005
超高性能灌浆料	2 700	45 000	0.2	40	0.1	1.16	0.666 7	0.005

2. 钢筋材料参数取值

HRB400E 钢筋的屈服强度根据试验值取为 439 MPa，弹性模量 E 为 2×10^5 MPa；HTRB600E 钢筋的屈服强度根据试验值取为 675 MPa，弹性模量 E 为 2×10^5 MPa。

6.3.3 有限元模型建立

基于 ABAQUS 有限元软件对配置 HRB400E 的预制装配式方形、圆形桥墩和配置 HTRB600E 的预制装配式方形、圆形桥墩进行数值模拟。所有桥墩试件建模过程类似，下面以配置 HTRB600E 高强钢筋的预制装配式桥墩为例说明预制装配式桥墩有限元模型的建立过程。

1. 边界条件及加载方式

通过合理简化边界条件，采用如下所述的边界条件：

(1)钢筋骨架与墩柱、承台及加载段采用内置区域的相互作用方式。

(2)认为超高性能灌浆料、灌浆套筒及墩柱三者之间不会发生粘结滑移破坏，故三者之间两两采用绑定(Tie)的相互作用方式。

(3)墩底与承台顶面采用表面与表面的接触(surface-to-surface)，通过设定墩底与承台顶面的切向行为和法向行为来实现，其中切向行为选用“罚”函数，摩擦系数为 0.5；法向行为设定为硬接触，认为在低周循环往复荷载作用下，当墩底与承台接触时，两者之间传递压力，两者之间不接触时，不传递拉力。

(4)承台底面选择完全固结的边界条件。

数值模拟加载方式与试验一致，轴压比取为 0.1，由此计算所施加的竖向荷载值，水平荷载采用控制位移加载。

配置 HTRB600E 预制装配式桥墩有限元模型如图 6-49 所示，钢筋骨架及套筒模型如图 6-50 所示。

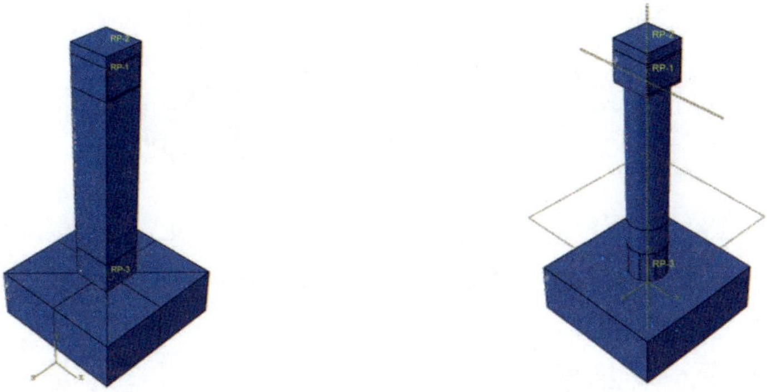

(a)配置 HTRB600E 装配式方形桥墩　　(b)配置 HTRB600E 的装配式圆形桥墩

图 6-49　配置 HTRB600E 预制装配式桥墩有限元模型

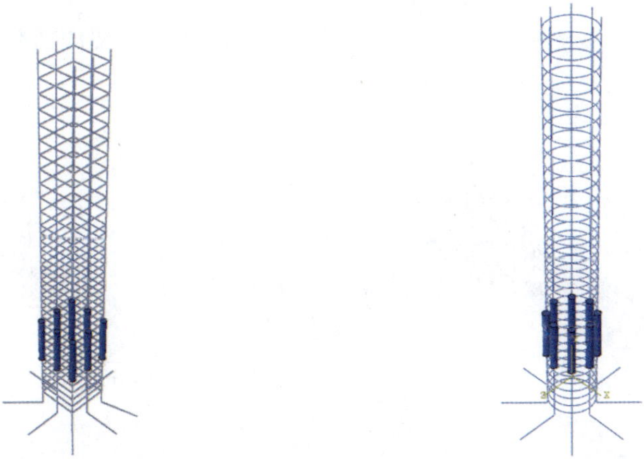

(a)配置 HTRB600E 装配式方形桥墩　　(b)配置 HTRB600E 装配式圆形桥墩

图 6-50　配置 HTRB600E 预制装配式桥墩钢筋骨架及套筒模型

2. 单元类型及网格划分

配置 HTRB600E 高强钢筋的预制装配式桥墩有限元模型包括：墩柱、灌浆套筒、超高性能灌浆料、钢筋骨架、承台、加载段和加载垫板。在有限元模型中，墩柱、灌浆套筒、超高性能灌浆料、承台、加载段及加载垫板均采用实体单元模拟，钢筋骨架中纵筋和箍筋均采用线单元模拟。

有限元模型网格化时，墩柱、承台、加载段、超高性能灌浆料、灌浆套筒等实体单元均采用六面体缩减积分单元(C3D8R)；钢筋骨架等线单元则采用两节点缩减积分单元(T3D2)，如图 6-51 所示。

(a)配置 HTRB600E 装配式方形桥墩

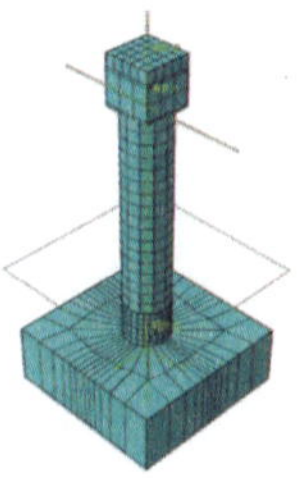

(b)配置 HTRB600E 装配式圆形桥墩

图 6-51　配置 HTRB600E 预制装配式方形、圆形桥墩有限元模型网格划分

6.3.4　有限元分析结果

通过对试件有限元模型施加与试验相同的水平往复荷载，获得各自相应的数值模拟计算结果。现将试验与数值模拟获得的滞回曲线和骨架曲线进行拟合对比，结果如图 6-52 和图 6-53 所示，并将试验和数值模拟骨架曲线特征点计算结果汇于表 6-7 中。

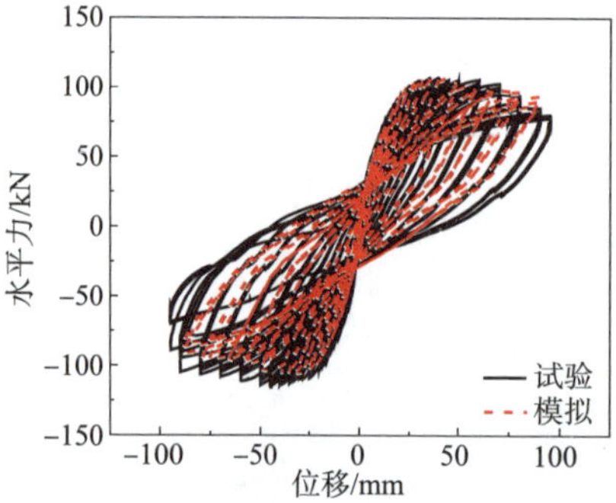

(a)HRB400E 钢筋预制装配式方形桥墩

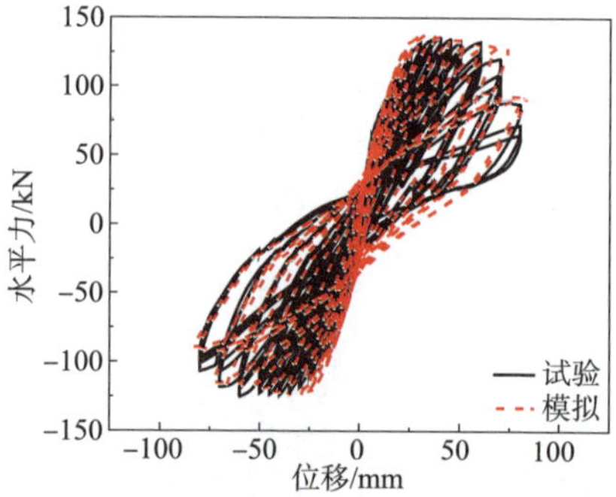

(b)HTRB600E 钢筋预制装配式方形桥墩

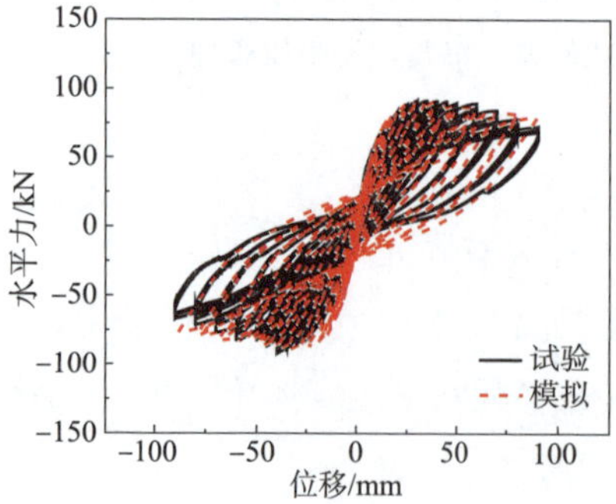

(c)HRB400E 钢筋预制装配式圆形桥墩

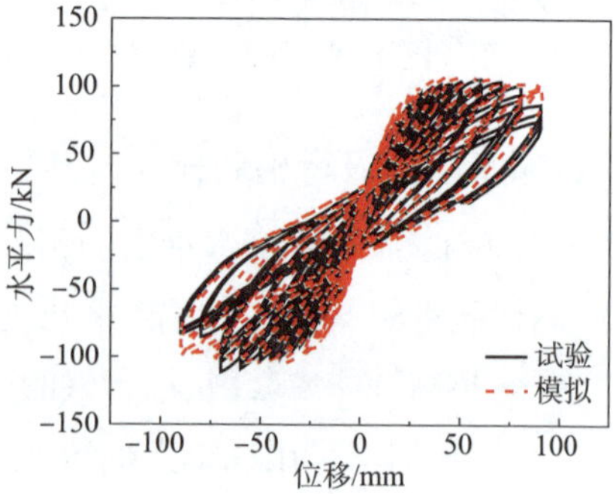

(d)HTRB600E 钢筋预制装配式圆形桥墩

图 6-52　试件滞回曲线试验、数值模拟拟合

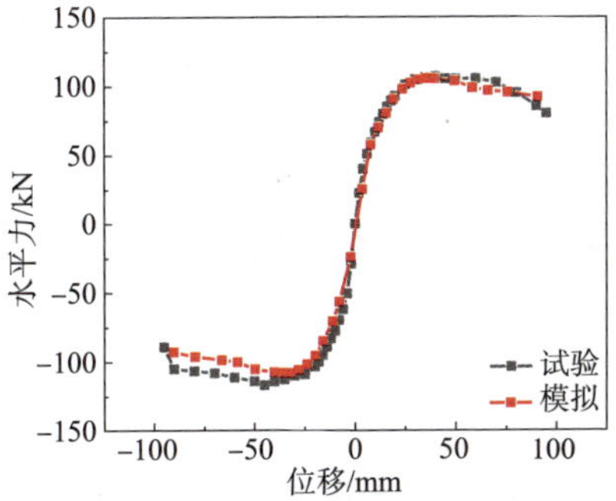

(a)HRB400E 钢筋预制装配式方形桥墩

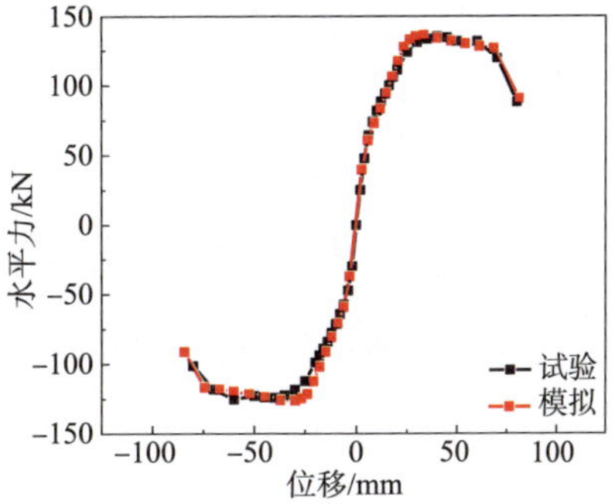

(b)HRB600E 钢筋预制装配式方形桥墩

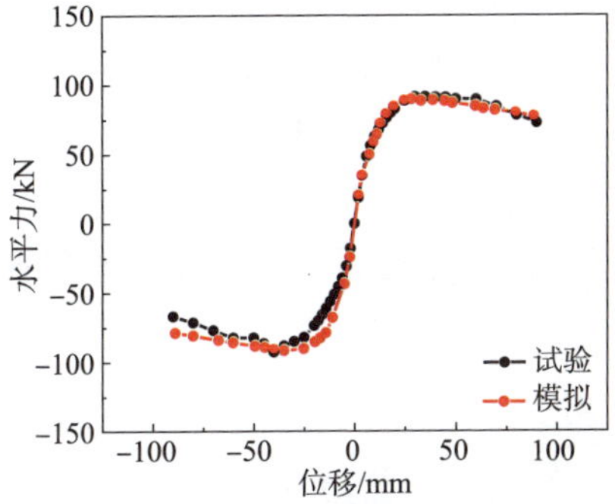

(c)HRB400E 钢筋预制装配式圆形桥墩

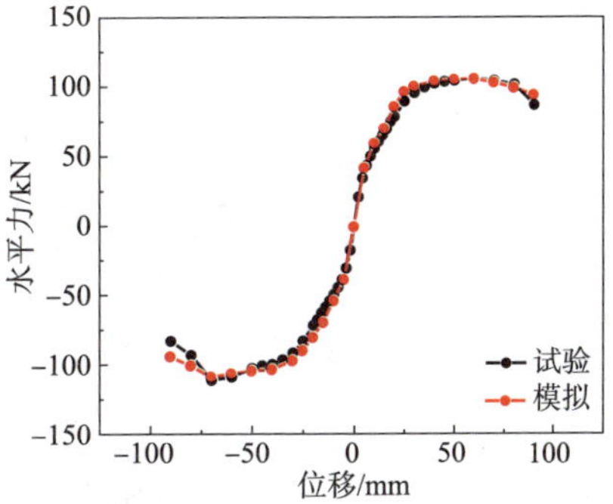

(d)HRB600E 钢筋预制装配式圆形桥墩

图 6-53　试件骨架曲线试验、数值模拟拟合

表 6-7　试件试验与数值模拟骨架曲线特征点参数对比

试件类型		Δ_y/mm	P_y/kN	P_{max}/kN	Δ_u/mm	P_u/kN	位移延性系数	初始切线刚度/(kN・m^{-1})
HRB400E 钢筋装配式方形桥墩	试验	15.49	80.06	106.80	83.90	90.78	5.42	11 200
	模拟	15.58	82.16	106.15	84.02	90.22	5.39	10 662
HTRB600E 钢筋装配式方形桥墩	试验	17.05	104.91	135.60	76.38	115.26	4.48	11 900
	模拟	17.36	105.33	136.23	77.45	115.80	4.46	11 925
HRB400E 钢筋装配式圆形桥墩	试验	14.71	73.85	91.44	80.51	77.75	5.46	8 325
	模拟	16.97	74.46	90.61	81.36	77.02	4.79	8 213
HTRB600E 钢筋装配式圆形桥墩	试验	18.53	75.63	106.00	87.58	90.10	4.73	10 301
	模拟	18.16	77.32	105.86	89.16	89.98	4.91	10 163

根据预制装配式桥墩拟静力试验和数值模拟结果比较可知，基于 ABAQUS 有限元模型，采用本节提出的单元划分以及材料参数取值方法，可以较好地模拟不

同截面类型(方形和圆形)的预制装配式桥墩试件在配置不同强度钢筋时的抗弯承载力、变形能力和累计耗能能力。

6.4 配置 HTRB600E 高强钢筋预制装配式桥墩抗震性能影响参数分析

为进一步探究配置高强钢筋的预制装配式桥墩的抗震性能,以配置 HRB400E 的预制装配式圆形桥墩模型试件 L-L 为基准,在合理的计算模型的基础上,利用 ABAQUS 另建立 3 个有限元模型,进一步分析纵筋等强度代换、箍筋等体积代换、箍筋等强度代换和配筋率等参数对预制装配式桥墩抗震性能的影响。试件编号中,两个字母依次表示试件的纵筋和箍筋类型,其中 L 表示 HRB400E 钢筋,M 表示 HTRB600E 钢筋,(S)表示用 HTRB600E 钢筋等强度代换 HRB400E 钢筋,(D12)等表示不同直径(即不同配筋率)下的 HTRB600E 高强纵筋和高强箍筋。所建立模型的相关参数见表 6-8。

表 6-8 有限元模型参数

试件编号	纵筋				箍筋			
	直径/mm	种类	根数	配筋率/%	直径/mm	种类	间距/mm	配筋率/%
L-L	16	HRB400E	8	1.28	8	HRB400E	60	1.05
M(S)-L	14	HTRB600E	8	0.85	8	HRB400E	60	1.05
L-M	16	HRB400E	8	1.28	8	HTRB600E	60	1.05
L-M(S)	16	HRB400E	8	1.28	6	HTRB600E	60	0.72
M(D12)-L	12	HTRB600E	8	0.72	8	HRB400E	60	1.05
M(D16)-L	16	HTRB600E	8	1.28	8	HRB400E	60	1.05
M(D18)-L	18	HTRB600E	8	1.62	8	HRB400E	60	1.05
M(D20)-L	20	HTRB600E	8	2.00	8	HRB400E	60	1.05
L-M(D6)	16	HRB400E	8	1.28	6	HTRB600E	60	0.77
L-M(D8)	16	HRB400E	8	1.28	8	HTRB600E	60	1.03
L-M(D10)	16	HRB400E	8	1.28	10	HTRB600E	60	1.30
L-M(D12)	16	HRB400E	8	1.28	12	HTRB600E	60	1.60
L-M(D14)	16	HRB400E	8	1.28	14	HTRB600E	60	1.88
L-M(D16)	16	HRB400E	8	1.28	16	HTRB600E	60	2.17

6.4.1　纵筋等强度代换

等强度代换即保证钢筋屈服强度与配筋率乘积保持不变，即 $\rho_1 f_{y_1}=\rho_2 f_{y_2}$，将HRB400E纵筋等强度代换为HTRB600E纵筋，其他参数均与试件L-L保持一致。试件L-L与M(S)-L的截面配筋如图6-54所示。对模型施加低周循环往复荷载，获得相应的骨架曲线和刚度退化曲线，如图6-55和图6-56所示，试验与有限元模型的骨架曲线特征点参数见表6-9。

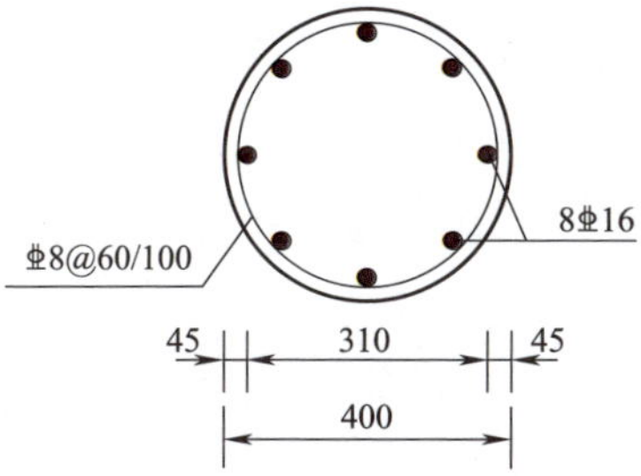

(a)试件L-L

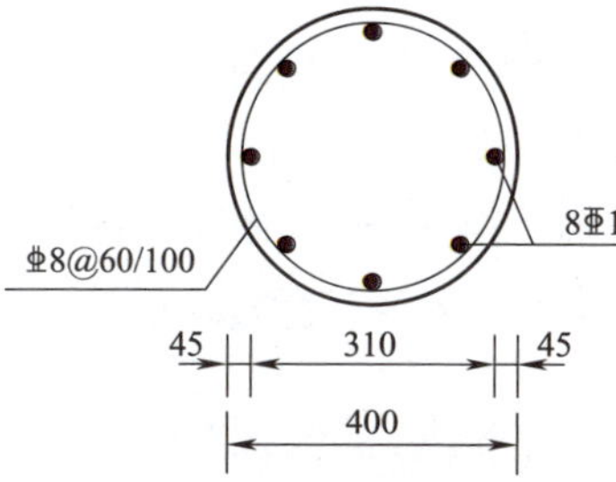

(b)试件M(S)-L

图6-54　纵筋等强度代换前后试件截面配筋对比(单位:mm)

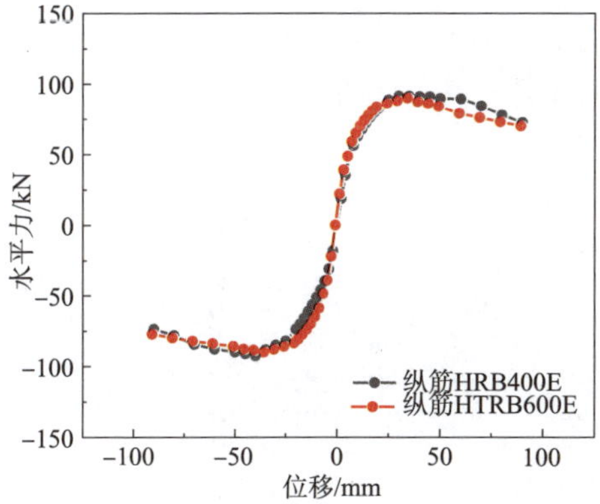

图6-55　纵筋等强度代换骨架曲线对比

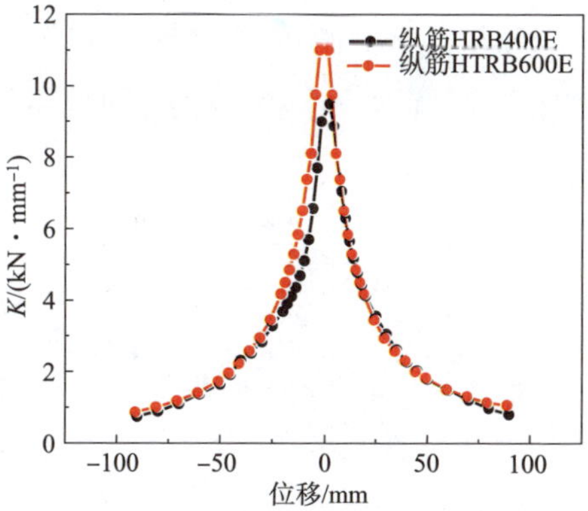

图6-56　纵筋等强度代换刚度退化曲线对比

表6-9　纵筋等强度代换骨架曲线特征点参数对比

试件编号	Δ_y/mm	P_y/kN	P_{max}/kN	Δ_u/mm	P_u/kN	位移延性系数	初始切线刚度/(kN·m^{-1})	配筋率/%
L-L	14.71	73.85	91.44	80.51	77.75	5.46	8 325	1.28
M(S)-L	13.88	71.16	89.95	81.62	76.46	5.88	8 991	0.85

将 HRB400E 普通钢筋等强度代换为 HTRB600E 高强钢筋后，预制装配式圆形桥墩的峰值荷载、极限荷载和屈服荷载分别降低了 1.6%、1.7%和 3.6%，说明 HTRB600E 高强钢筋等强度代换对预制装配式圆形桥墩的承载力影响不大。HTRB600E 高强钢筋等强度代换的预制装配式圆形桥墩的位移延性系数相比 HRB400E 钢筋预制装配式圆形桥墩提高了 7.7%，说明纵筋等强度代换可一定程度上提高试件的位移延性。纵筋等强度代换前后的刚度退化曲线变化趋势相同，试件 M(S)-L 的正、负相初始刚度分别提高了 15.8%和 22.2%，最终刚度下降至初始刚度的 9.6%，而试件 L-L 最终刚度下降至初始刚度的 8.4%，刚度退化速率相对较小，说明采用 HTRB600E 高强钢筋等强度代换可一定程度提高试件初始刚度，减缓试件刚度退化。由表 6-9 可知，采用高强钢筋等强度代换后试件配筋率降低了 33.6%。因此，整体而言，高强钢筋等强度代换能够在保证预制装配式圆形桥墩抗震性能的条件下有效降低钢筋用量。

6.4.2 箍筋等体积代换

等体积代换即采用 HTRB600E 高强钢筋一对一等量代换 HRB400E 普通钢筋。以试件 L-L 为基准，将箍筋等体积替换为 HTRB600E 高强钢筋，其他试验参数均与试件 L-L 保持一致，试件 L-L 与 L-M 的截面配筋如图 6-57 所示。对有限元模型施加低周循环往复荷载，获得各自相应的骨架曲线和耗能曲线，如图 6-58 和图 6-59 所示，不同模型试件的骨架曲线特征点参数见表 6-10。

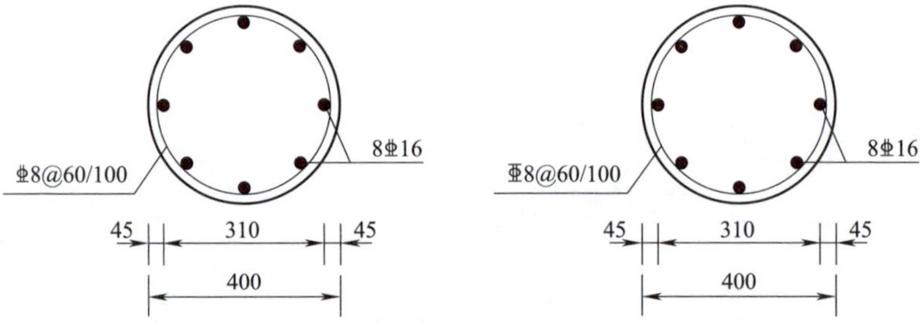

(a)试件 L-L　　(b)试件 L-M

图 6-57　箍筋等体积代换前后试件截面配筋对比（单位：mm）

将 HRB400E 普通箍筋等体积代换为 HTRB600E 高强箍筋后，预制装配式圆形桥墩的峰值荷载、极限荷载和屈服荷载分别提高了 2.4%、2.1%和 0.4%，说明 HTRB600E 高强箍筋等体积代换对预制装配式圆形桥墩的抗弯承载力影响不大。HTRB600E 高强箍筋等体积代换后预制装配式圆形桥墩的位移延性系数和初始切线刚度分别提高了 0.9%和 0.5%，说明 HTRB600E 高强箍筋等体积代换对预制装配式圆形桥墩的位移延性和初始切线刚度影响较小。HTRB600E 高强箍筋等体积代换前后的耗能曲线变化趋势相同，HTRB600E 高强箍筋等体积代换后试件耗能曲线峰值提高了 4.2%。因此，整体而言，HTRB600E 高强箍筋等体积代换对预制装配式圆形桥墩抗震性能影响不大，耗能能力有小幅提高。

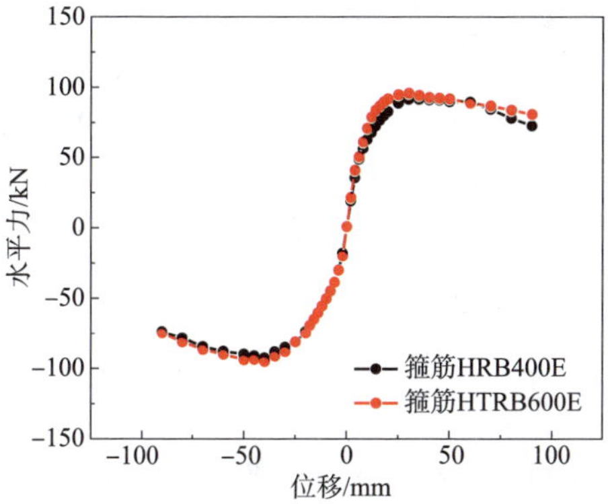

图 6-58　箍筋等体积代换骨架曲线对比

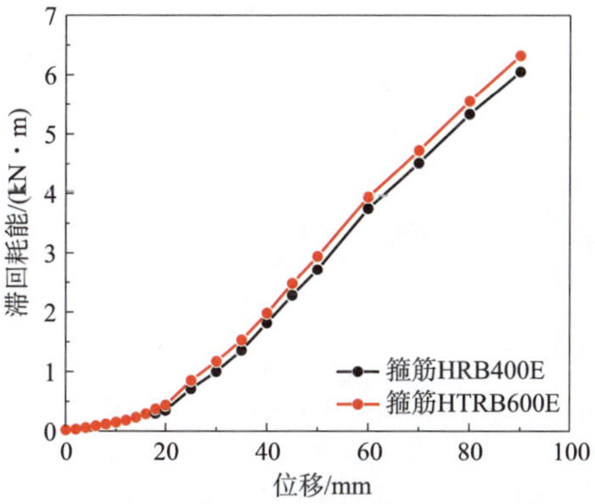

图 6-59　箍筋等体积代换耗能曲线对比

表 6-10　箍筋等体积代换骨架曲线特征点参数对比

试件编号	Δ_y/mm	P_y/kN	P_{max}/kN	Δ_u/mm	P_u/kN	位移延性系数	初始切线刚度/(kN · m^{-1})
L-L	14.71	73.85	91.44	80.51	77.75	5.46	8 325
L-M	16.83	74.16	93.36	82.64	79.35	5.51	8 370

6.4.3　箍筋等强度代换

等强度代换即保证钢筋屈服强度与配筋率乘积保持不变，即 $\rho_1 f_{y1}=\rho_2 f_{y2}$，以减小箍筋直径的方式将箍筋等强度代换为 HTRB600E 钢筋，其他参数均与试件 L-L 保持一致。试件 L-L 与 L- M(S)的截面配筋如图 6-60 所示。对有限元模型施加低周循环往复荷载，获得相应的骨架曲线和耗能曲线，如图 6-61 和图 6-62 所示，试件的骨架曲线特征点参数见表 6-11。

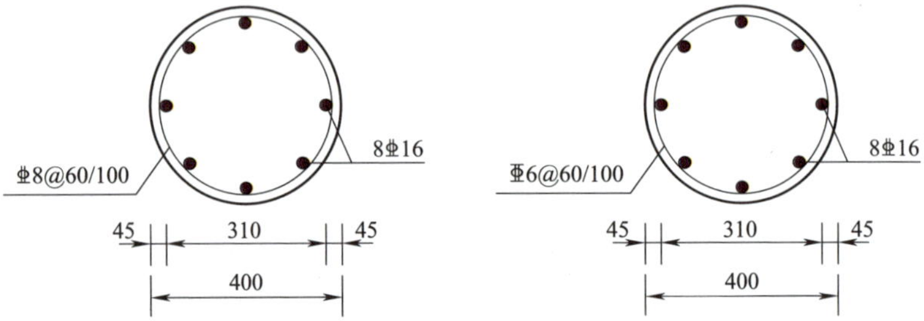

(a)试件 L-L　　(b)试件 L-M(S)

图 6-60　箍筋等强度代换前后试件截面配筋对比(单位：mm)

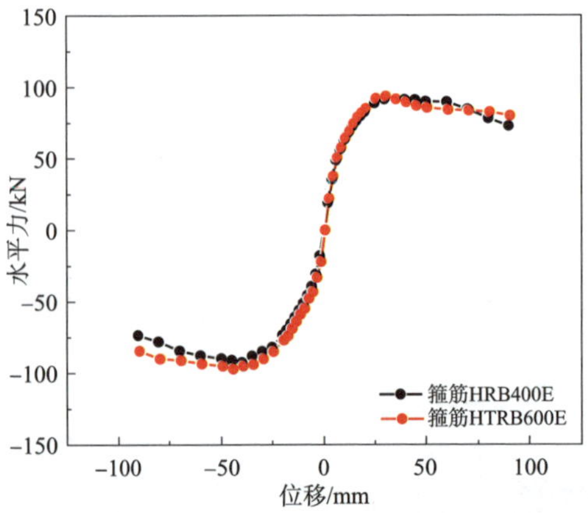

图 6-61　箍筋等体积代换骨架曲线对比

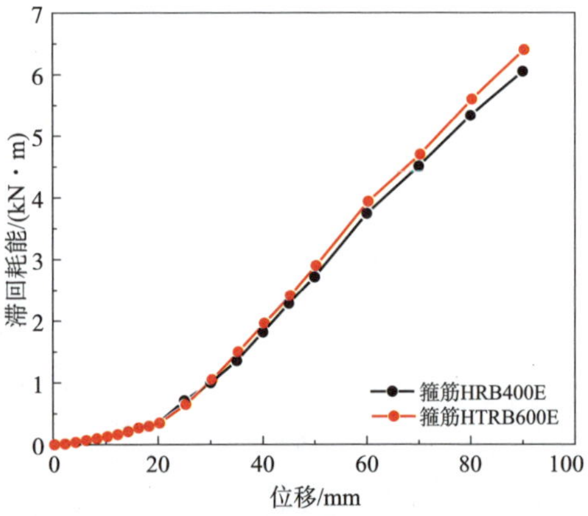

图 6-62　箍筋等强度代换耗能曲线对比

表 6-11　箍筋等强度代换骨架曲线特征点参数对比

试件编号	Δ_y/mm	P_y/kN	P_{max}/kN	Δ_u/mm	P_u/kN	位移延性系数	初始切线刚度/(kN · m^{-1})	配箍率/%
L-L	14.71	73.85	91.44	80.51	77.75	5.46	8 325	1.05
L-M(S)	15.56	74.52	93.50	83.56	79.48	5.37	8 413	0.72

将 HRB400E 普通强度箍筋等强度代换为 HTRB600E 高强箍筋后，预制装配式圆形桥墩的峰值荷载、极限荷载和屈服荷载分别提高了 2.3%、2.2%和 1.0%，说明 HTRB600E 高强箍筋等强度代换对预制装配式圆形桥墩的抗弯承载力影响

不大。HTRB600E 高强箍筋等强度代换后位移延性系数降低了 1.6%，初始切线刚度提高了 1.1%，说明 HTRB600E 高强箍筋等强度代换对预制装配式圆形桥墩的位移延性和初始切线刚度影响较小。HTRB600E 高强箍筋等强度代换前后的耗能曲线变化趋势相同，HTRB600E 高强箍筋等强度代换后试件耗能曲线峰值提高了 5.8%。由表 6-11 可知，HTRB600E 高强箍筋等强度代换后试件配筋率降低了 31.4%。因此，HTRB600E 高强箍筋等强度代换能够在保证预制装配式圆形桥墩抗震性能的条件下有效降低箍筋用量。

6.4.4　纵筋配筋率

为研究纵筋配筋率对预制装配式桥墩抗震性能的影响，以 6.2 节所述试验中配置 HTRB600E 高强钢筋装配式桥墩试件为基准，通过增大和减小钢筋直径的方式调整纵筋配筋率，选取直径为 12 mm、18 mm 和 20 mm 的 HTRB600E 高强钢筋作为纵筋，全部纵筋配筋率分别为 0.72%、1.28%、1.62%和 2.00%。4 个不同纵筋配筋率试件的截面配筋和骨架曲线对比分别如图 6-63 和图 6-64 所示。不同纵筋配筋率试件骨架曲线特征点参数对比见表 6-12。

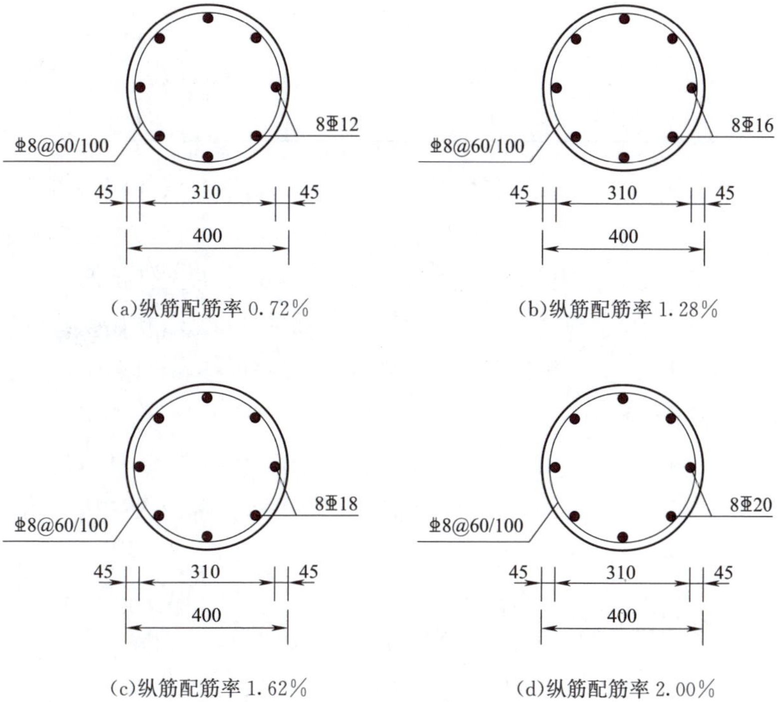

图 6-63　不同纵筋配筋率的截面配筋对比(单位:mm)

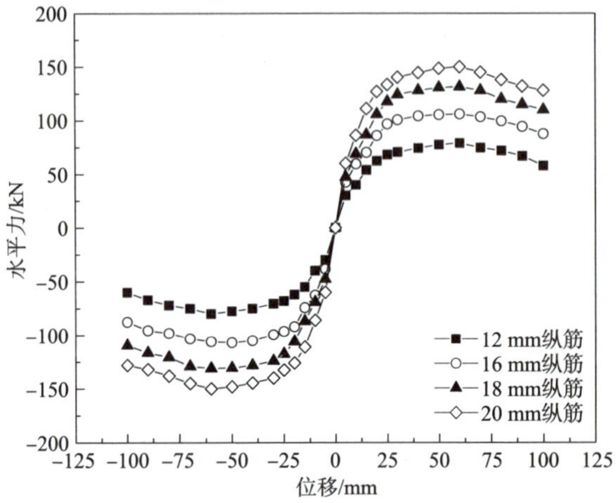

图 6-64 不同纵筋配筋率试件骨架曲线对比

表 6-12 不同纵筋配筋率试件骨架曲线特征点参数对比

配筋率/%	Δ_y/mm	P_y/kN	P_{max}/kN	Δ_u/mm	P_u/kN	位移延性系数	初始切线刚度/(kN·m^{-1})
0.72	16.12	56.13	79.62	87.35	67.68	5.46	7 236
1.28	18.16	77.32	105.86	89.16	89.98	4.91	9 012
1.62	20.86	108.34	131.36	94.28	111.66	4.52	10 230
2.00	22.78	135.90	151.32	96.47	128.62	4.22	11 640

由图 6-64 和表 6-12 可知，在位移加载初始阶段，4 个试件均基本处于弹性阶段，随着纵筋配筋率的增大，骨架曲线斜率依次升高，试件抗弯承载力和初始刚度明显提高，纵筋配筋率分别为 1.28%、1.62%和 2.00%的试件抗弯承载力相比于纵筋配筋率为 0.72%的试件分别提高了 33%、65%和 90%，初始切线刚度分别提高了 24%、41%和 55%。随着纵筋配筋率增大，屈服位移和极限位移同时增加，由于屈服位移增加比例大于极限位移，导致试件的位移延性降低，纵筋配筋率分别为 1.28%、1.62%和 2.00%的试件位移延性系数相比于纵筋配筋率为 0.72%的试件分别降低了 10%、17%和 23%，因此增加桥墩纵筋配筋率会提高桥墩的抗弯承载力，但降低了桥墩位移延性系数。

6.4.5 箍筋配箍率

为研究箍筋配箍率对预制装配式桥墩抗震性能的影响，选取直径为 6 mm、8 mm、10 mm、12 mm、14 mm 和 16 mm 的 HTRB600E 高强钢筋，通过改变箍筋直径的方式调整箍筋配箍率，进行箍筋配箍率的参数分析，箍筋配箍率分别为

0.77%、1.03%、1.30%、1.62%、1.88%和2.17%。箍筋直径为 8 mm 的试件截面配筋如图 6-65 所示，其他试件除箍筋直径不同外，其余参数完全相同。6 个不同箍筋配箍率试件的骨架曲线对比如图 6-66 所示。不同箍筋配箍率试件骨架曲线特征点参数对比见表 6-13。

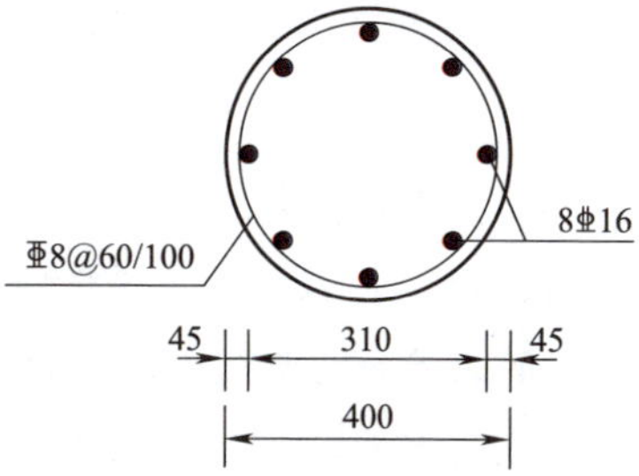

图 6-65 8 mm 箍筋试件截面配筋(单位:mm)

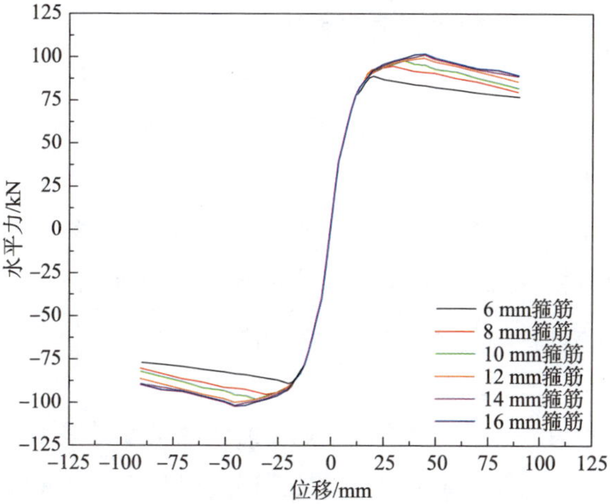

图 6-66 不同箍筋配筋率试件骨架曲线对比

表 6-13 不同箍筋配箍率试件骨架曲线特征点参数对比

配箍率/%	Δ_y/mm	P_y/kN	P_{max}/kN	Δ_u/mm	P_u/kN	位移延性系数	初始切线刚度/(kN·m^{-1})
0.77	14.87	69.37	89.35	81.36	75.95	5.47	7 932
1.03	14.99	74.16	95.36	82.64	81.05	5.51	8 370
1.30	15.16	78.61	98.43	83.94	83.67	5.55	8 604
1.62	15.28	80.96	99.71	84.86	84.75	5.61	8 762
1.88	15.29	81.78	101.50	85.03	86.27	5.65	8 806
2.17	15.29	81.82	102.63	85.06	87.24	5.70	8 823

由图 6-66 和表 6-13 可知，当箍筋配箍率较小时，增大箍筋配箍率能够较明显地提高试件抗弯承载力，提高试件刚度，降低刚度退化速率，并一定程度提高试件的位移延性。在配箍率 0.77%～2.17%的变化范围内，试件承载力增幅分别为7.32%、3.22%、1.30%、1.80%和 1.12%，表明当箍筋配箍率达到一定程度时，箍筋配箍率对试件抗震性能的影响逐渐减小。

小　结

本章对现浇钢筋混凝土方形和圆形桥墩、配置HRB400E钢筋装配式方形和圆形桥墩、配置HTRB600E高强钢筋装配式方形和圆形桥墩开展拟静力试验，对不同试件的试验数据进行对比分析，研究不同构造形式和不同强度钢筋对桥墩试件抗震性能的影响，利用ABAQUS有限元软件对预制装配式桥墩进行拓展参数分析，得到结论如下：

(1)配置不同强度纵筋的预制装配式方形、圆形桥墩滞回曲线均较为饱满，均具有较好的耗能性能，但均略差于现浇试件；加载后期配置HTRB600E的预制装配式圆形桥墩的滞回环面积较配置HRB400E的预制装配式圆形桥墩更大，耗能能力更强；配置HTRB600E的预制装配式方形桥墩的滞回环面积较配置HRB400E的预制装配式方形桥墩略小，耗能能力相对较弱。配置HTRB600E钢筋使得预制装配式桥墩的抗弯承载力峰值有较明显提高，初始切线刚度也有一定程度的提高。所有试件均具有较好的延性性能，但配置HTRB600E使得试件延性有所降低。

(2)在低周往复循环荷载作用下，预制装配式桥墩在灌浆套筒顶端刚度变化截面处墩身曲率变化较大，易发展成为塑性铰；预制装配式桥墩的塑性铰区高度相较于现浇试件有较明显增大。相较于配置HRB400E钢筋的预制装配式桥墩，配置HTRB600E高强钢筋的预制装配式桥墩墩身曲率整体相对较小，墩身曲率沿墩身高度的变化较为平缓。

(3)随着荷载增大，配置HTRB600E高强钢筋的预制装配式桥墩和配置HRB400E钢筋的预制装配式桥墩耗能能力差距逐渐增大，相较于配置HRB400E钢筋的预制装配式圆形桥墩，配置HTRB600E高强钢筋的预制装配式圆形桥墩耗能曲线峰值增大约15%，整体耗能能力有较明显提高；相较于配置HRB400E钢筋的预制装配式方形桥墩，配置HTRB600E高强钢筋的预制装配式方形桥墩耗能曲线峰值降低约40%，整体耗能能力有较明显降低，表明配置高强钢筋不利于预制装配式方形桥墩的耗能性能。配置HTRB600E高强钢筋的预制装配式桥墩和配置HRB400E钢筋的预制装配式桥墩刚度退化趋势相近，配置高强钢筋可提高试件刚度，并减缓试件刚度退化。

(4)采用HTRB600E高强钢筋进行纵筋等强度代换时，对预制装配式圆形桥墩的抗弯承载力和位移延性影响不大，试件初始刚度有所增大，刚度退化速率有所减小，试件纵筋配筋率降低了33.6%，有效降低了钢筋用量；采用HTRB600E高强钢筋进行箍筋等体积代换时，对预制装配式圆形桥墩抗震性能影响不大，试件耗能曲线峰值增加了4.2%，耗能能力有一定提高；采用HTRB600E高强钢筋进行箍筋等强度代换时，对预制装配式圆形桥墩的抗弯承载力、位移延性和初始切线刚度等抗震性能影响较小，试件耗能曲线峰值增加了5.8%，耗能能力有一定提高，试件箍筋配箍率降低了31.4%，有效降低了钢筋用量。

(5)随着桥墩纵筋配筋率的增大，试件抗弯承载力和初始刚度明显提高，位移延性降低；当箍筋配箍率较小时，增大箍筋配箍率能够较明显地提高试件抗弯承载力，提高试件刚度，降低刚度退化速率，并一定程度提高试件的位移延性，但当箍筋配箍率提高到一定程度后，箍筋配箍率的增大对试件抗震性能的影响程度逐渐减小。

第7章　预制装配式钢管约束混凝土桥墩构造体系与抗震性能

在桥梁工程中，桥墩作为连接桥梁上部结构与基础的关键构件，其力学性能备受关注。钢管混凝土桥墩结构体系特点主要集中于以下几点：(1)钢管约束作用能够显著提升内部核心混凝土的抗压强度；(2)构造简单，施工较为简便迅速；(3)延性明显优于普通钢筋混凝土结构。在实际工程中，根据钢管混凝土墩柱构造与受力形式不同，钢管混凝土墩柱可进一步区分为两种构造形式：普通钢管混凝土柱和钢管约束混凝土柱。

钢管约束混凝土柱的钢管在柱底部位置断开，钢管仅对核心混凝土产生约束效应，在柱底不参与承受弯矩。与普通钢管混凝土柱构造相比，钢管约束混凝土柱可以有效避免柱底钢管由于弯矩产生受压而局部屈曲，同时保留了普通钢管混凝土柱构造核心混凝土承载力较高以及延性好等优点。柱底钢管断开使桥墩结构受力机理更加明确，构造处理更加简化，拼装工艺更加容易实施，符合桥墩预制拼装技术发展的需要。

为了满足高烈度地震区抗震需求，改善高烈度地震区预制装配式桥墩灌浆套筒设置过密和耗能能力不足的问题，在高烈度地震区推广预制装配式桥墩结构，本章提出了基于灌浆套筒连接的预制装配式钢管约束混凝土桥墩构造体系，设计和制作了2个钢管约束混凝土装配式圆形桥墩试件和2个钢管约束混凝土装配式方形桥墩试件。采用拟静力试验对其抗震性能进行了研究，对比分析了装配式钢管约束混凝土桥墩的滞回耗能特性、骨架曲线、抗弯承载力、刚度退化、残余位移及延性性能等抗震性能指标及变化规律，为装配式钢管约束混凝土桥墩在高烈度地震区推广应用提供依据。

7.1　预制装配式钢管约束混凝土桥墩设计构造

为了提高装配式桥墩的抗震性能，在高烈度地区推广预制装配式结构，设计了圆形截面和方形截面钢管约束装配式混凝土桥墩，墩柱与承台之间采用灌浆套筒进行连接，在墩柱底部与承台之间设置超高性能混凝土坐浆层，在装配式钢筋混凝土墩柱外包裹钢管，钢管在桥墩与承台连接处断开，如图 7-1 所示。钢管为混凝土提供约束作用，通过钢管包裹混凝土，提高混凝土的抗压强度，有效提高装配式桥墩的承载能力，改善耗能能力，从而提高抗震性能，同时避免节点连接形式过于复杂，施工工艺更为简易，浇筑施工无需支模，加快施工进度，便于进行装配化生产，以期成为高烈度地震区预制装配式桥墩的理想结构形式。

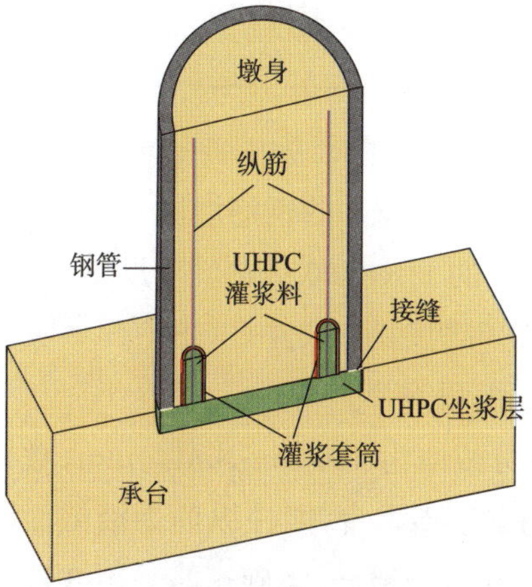

(a)圆形截面装配式钢管约束混凝土桥墩

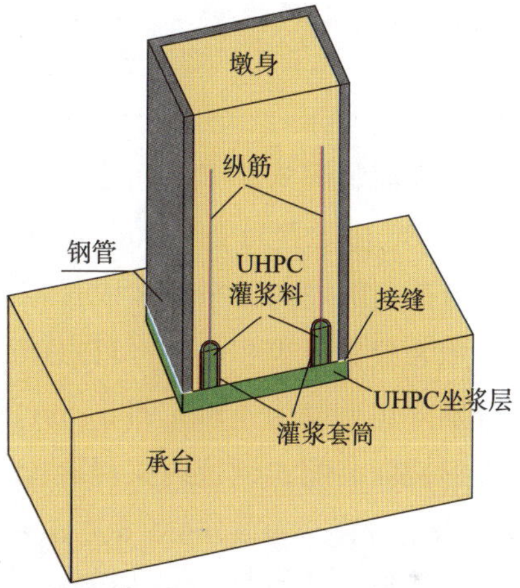

(b)方形截面装配式钢管约束混凝土桥墩

图 7-1　预制装配式钢管约束混凝土桥墩连接处细部构造

7.2　预制装配式钢管约束混凝土桥墩拟静力试验

7.2.1　拟静力试验设计

为研究装配式钢管约束混凝土桥墩的破坏模式、滞回耗能、刚度退化及残余位移等抗震性能，试验设计了 2 个基于灌浆套筒连接的装配式钢管约束混凝土圆形桥墩（C-GS-ST4 和 C-GS-ST8），2 个基于灌浆套筒连接的装配式钢管约束混凝土方形桥墩（S-GS-ST4 和 S-GS-ST8），1 个方形、1 个圆形现浇混凝土桥墩（S-CP-ST0 和 C-CP-ST0）和 1 个方形、1 个圆形基于灌浆套筒连接的装配式钢筋混凝土桥墩（S-GS-ST0 和 C-GS-ST0）。各试件设计参数见表 7-1。

表 7-1 试件设计参数汇总

试件组	试件编号	纵筋			箍筋			混凝土
		直径/mm	种类	根数	直径/mm	种类	根数	
现浇混凝土组	S-CP-ST0	16	HRB400	8	8	HRB400	35	C40
	C-CP-ST0	16	HRB400	8	8	HRB400	35	C40
装配式混凝土组	S-GS-ST0	16	HRB400	8	8	HRB400	35	C40
	C-GS-ST0	16	HRB400	8	8	HRB400	35	C40
钢管约束混凝土组	S-GS-ST4	16	HRB400	8	8	HRB400	35	C40
	S-GS-ST8	16	HRB400	8	8	HRB400	35	C40
	C-GS-ST4	16	HRB400	8	8	HRB400	35	C40
	C-GS-ST8	16	HRB400	8	8	HRB400	35	C40

圆形截面装配式钢管约束混凝土桥墩墩身截面直径为 400 mm，墩柱总高 2 300 mm，墩柱下方为 1 400 mm×1 400 mm×500 mm 的钢筋混凝土承台，墩柱纵筋为沿截面圆周均匀布置 8 根直径为 16 mm 的 HRB400 级热轧带肋钢筋；螺旋箍筋采用 8 根直径为 8 mm 的 HRB400 级热轧带肋钢筋；试件 C-GS-ST4 和 C-GS-ST8 分别外包壁厚为 4 mm 和 8 mm 的 Q235 级圆钢管。

方形截面装配式钢管约束混凝土桥墩墩身截面为 400 mm×400 mm，墩柱下方为 1 400 mm×1 400 mm×500 mm 的钢筋混凝土承台，墩柱纵筋为沿截面圆周均匀布置 8 根直径为 16 mm 的 HRB400 级热轧带肋钢筋；螺旋箍筋采用 8 根直径为 8 mm 的 HRB400 级热轧带肋钢筋；试件 S-GS-ST4 和 S-GS-ST8 分别外包壁厚为 4 mm 和 8 mm 的 Q235 级方钢管。

钢管在墩身外的包裹长度与桥墩有效高度同高，承台与外包钢管底部断开，不设置任何连接。各试件具体尺寸和配筋如图 7-2 所示。

7.2.2 试件加工

结构模型的施工质量很大程度上影响着模型结构能否反映原型结构的力学特性，因此需要合理规划施工流程，提高施工精度。装配式钢管约束混凝土桥墩制作工序流程如图 7-3 所示，制作细节如图 7-4 所示。

根据模型试件工程数量表对钢筋进行下料，绑扎墩柱和承台钢筋笼，竖立承台模板。装配式钢管约束混凝土方形桥墩和圆形桥墩需先将外包钢管立柱定位，施工过程如图 7-4(a)所示。立柱定位完成后，进行混凝土浇筑，首先浇筑承台，然后浇筑立柱。混凝土浇筑完成后，由于立柱与承台之间设置了 3 cm 厚的超高性能混凝土坐浆层，浇筑完成后不等坐浆垫层完全硬化立即进行承台立柱装配。将预制构件进行拼装，拼装过程如图 7-4(c)所示。

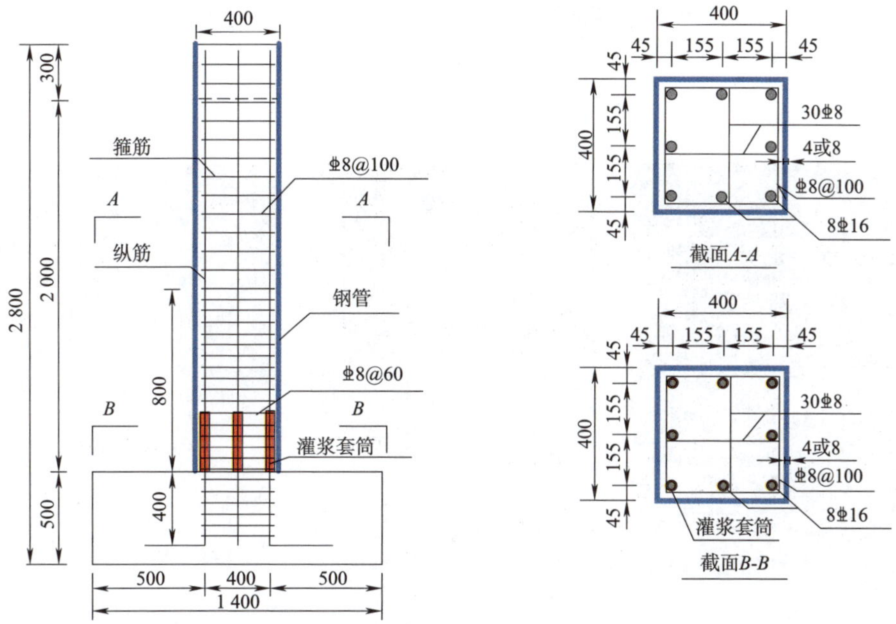

(a)钢管约束混凝土方形桥墩

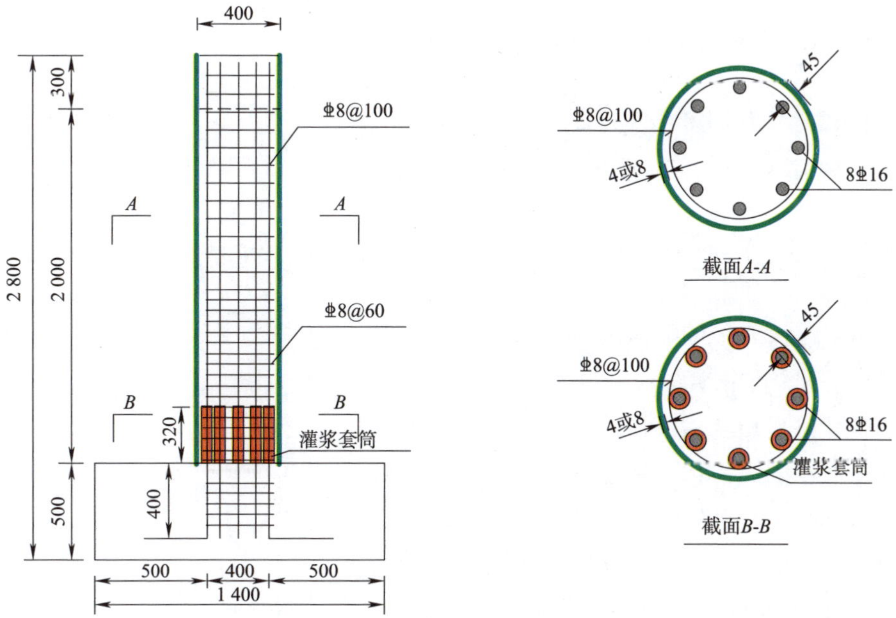

(b)钢管约束混凝土圆形桥墩

图 7-2 预制装配式钢管约束混凝土桥墩尺寸和配筋图(单位:mm)

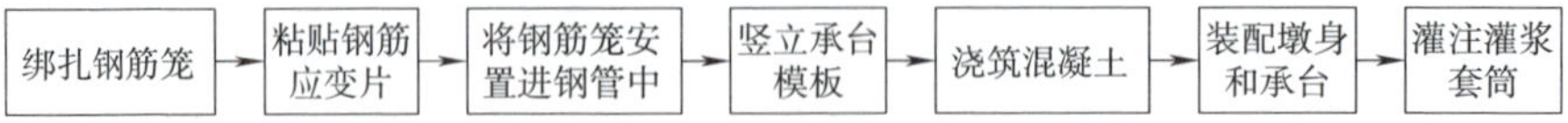

图 7-3　试件制作工序流程

（a）安装钢管　（b）养护混凝土　（c）拼装墩身与承台

图 7-4　装配式钢管约束混凝土方形桥墩制作细节图

7.2.3　试件测试工况和测点布置

1. 试件加载制度

试件加载制度、试验装置和加载方案见6.2.3节。

2. 试件测点布置

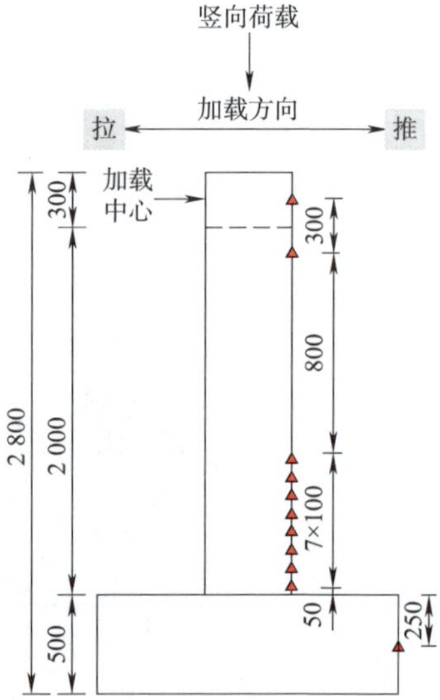

图 7-5　位移传感器布置示意图
（单位：mm）

试验过程中测量墩底塑性铰区范围内纵筋、箍筋应变和外包钢管的应变。为了获得墩身进入非线性状态后墩身沿高度的变形和曲率分布，需要测量墩身侧向位移。详细记录裂缝发展（包含位置、数量、长度、间距和宽度）、混凝土剥落（包含位置、高度、宽度和深度）、约束混凝土压溃以及纵筋屈曲、断裂等能定性描述墩身损伤演化的直观表象。位移传感器和应变片的具体布置方案分别如图 7-5 和图 7-6 所示：沿墩身 50 mm、150 mm、250 mm、350 mm、450 mm、550 mm、650 mm、

750 mm、1 550 mm 和 1 850 mm 高度处中心分别设有位移传感器；在距承台顶面 250 mm 处设有位移传感器以观测试件在水平作用下是否发生刚体位移。钢管应变片布置如图 7-7 所示。

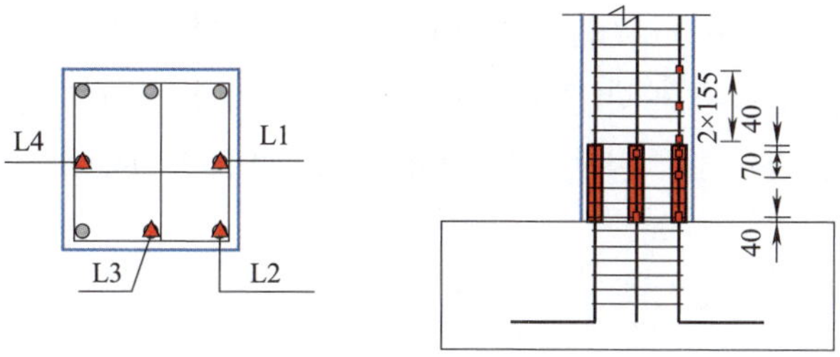

(a)钢管约束混凝土方形桥墩

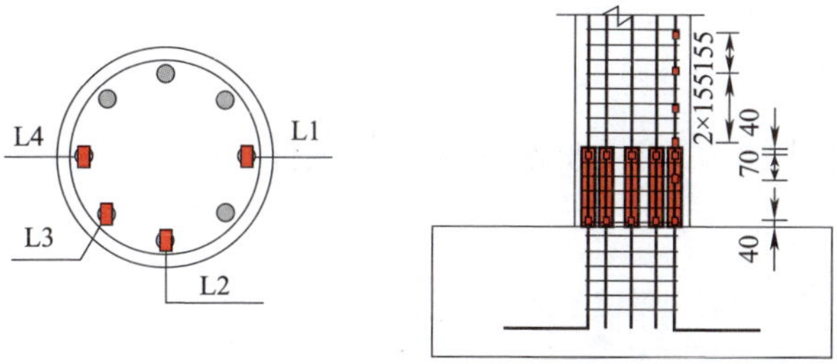

(b)钢管约束混凝土圆形桥墩

图 7-6　应变片布置示意图(单位：mm)

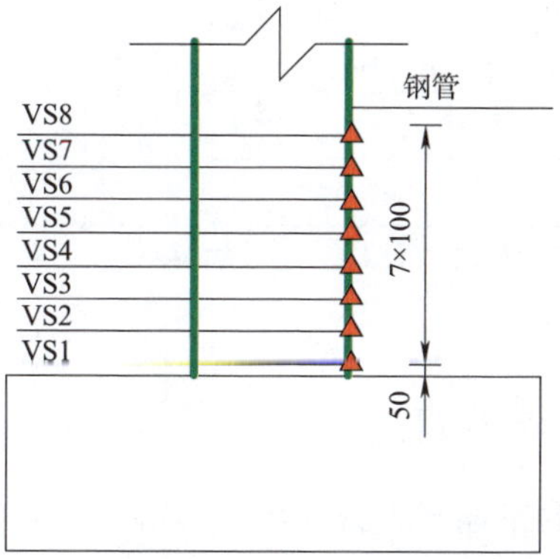

图 7-7　钢管应变片布置示意图(单位：mm)

7.2.4 材料性能试验

1. 混凝土力学性能试验

试验使用混凝土强度等级为C40，采用压力机进行材料性能测试，测试试块尺寸为150 mm×150 mm×150 mm。采用与桥墩浇筑时同一批次的混凝土制作测试试块，并与桥墩试件在同等条件下养护28 d，根据《混凝土物理力学性能试验方法标准》(GB/T 50081—2019)对混凝土试件进行材料性能测试，测得的力学性能指标详见表7-2。

2. 钢筋力学性能试验

桥墩墩身与承台采用直径为16 mm的HRB400热轧钢筋。钢筋材料性能试验按照《金属材料　拉伸试验　第1部分：室温试验方法》(GB/T 228.1—2021)所规定的方法进行，试验测得的钢筋力学性能指标见表7-2。

3. 钢管力学性能试验

钢管采用Q235钢材，对不同厚度的钢板制作标准拉伸试件，并根据GB/T 228.1—2021的规定，其主要力学指标见表7-2。

表7-2　材料力学试验特性

材料种类		E_s/GPa	f_y/MPa	f'_{cu}/MPa	f_u/MPa
混凝土	C40	32.6	—	45.3	—
	超高性能灌浆料	45.3	—	123.6	—
钢筋	HRB400	206.0	437.0	—	603.9
灌浆套筒	JM-GTQ4J	206.0	203.6	—	310.8
Q235钢管	6 mm	206.0	313.4	—	443.5
	8 mm	206.0	366.1	—	487.3

注：E_s为材料弹性模量；f_y为钢材抗拉屈服强度；f'_{cu}为混凝土立方体试件抗压强度；f_u为钢材极限抗拉强度。

7.2.5 拟静力试验结果分析

1. 预制装配式钢管约束混凝土方形桥墩拟静力试验结果分析

1)试验现象

试验加载方向规定：墩柱垂直于加载方向的两个面分别记为东面和西面，如图7-8所示。试验前对所有试件墩身进行刷漆，后在墩身上绘制尺寸为50 mm×50 mm的网格，方便记录裂缝发展等，更好地观察试验现象。

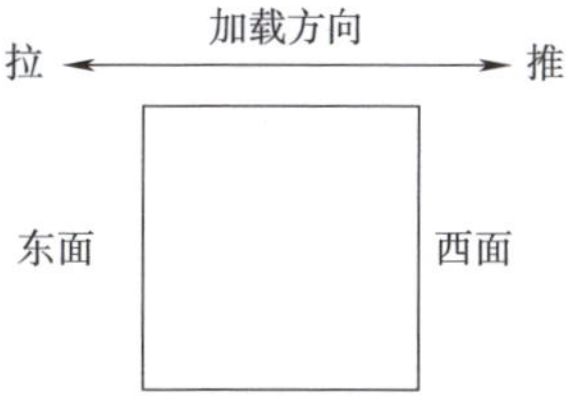

图 7-8　试件标记示意图

试件 S-GS-ST4 和 S-GS-ST8 在加载初期受力与变形稳定，结构处于弹性阶段。随着水平加载位移的增大，试件破坏现象表现为钢管约束混凝土墩身与承台连接处接缝张开，当水平加载位移分别达到 17 mm 和 20 mm 时，超高性能混凝土坐浆层与墩柱接缝处张开宽度约为 0.04 mm 和 0.08 mm；当水平位移分别达到 40 mm 和 50 mm 时，桥墩试件的墩身倾斜程度随之增加，桥墩墩身与承台连接处的接缝宽度持续增大，超高性能混凝土坐浆层出现少量剥落现象，接缝处张开最大宽度分别为 0.25 mm 和 0.2 mm，如图 7-9 所示。随着墩顶水平位移增大，承台与

(a)试件 S-GS-ST4

(b)试件 S-GS-ST8

图 7-9　钢管约束混凝土方形桥墩试验破坏现象

墩柱接缝处的张开宽度继续增大，当水平加载位移分别达到 30 mm 时，试件 S-GS-ST8 的纵筋 L1 最大应变达到 2 000 $\mu\varepsilon$，此时纵筋已经屈服。超高性能混凝土坐浆层出现大量剥落，承载力下降到极限承载力的 85%以下，试验结束。整个加载过程中，试件 S-GS-ST8 的外包钢管最大应变为 700 $\mu\varepsilon$，钢管未发生屈服，钢管无明显屈鼓破坏。超高性能混凝土坐浆层虽出现剥落但未完全压碎，表明在装配式桥墩外设置钢管以及超高性能混凝土坐垫层，可以有效降低墩底的损伤水平。

2)滞回曲线

滞回曲线是水平循环荷载与位移的曲线，曲线上各点的斜率表示试件的刚度，反映结构破坏全过程的抗震性能变化，滞回环的面积越大，试件耗能能力越强。各试件的滞回曲线如图 7-10 所示。

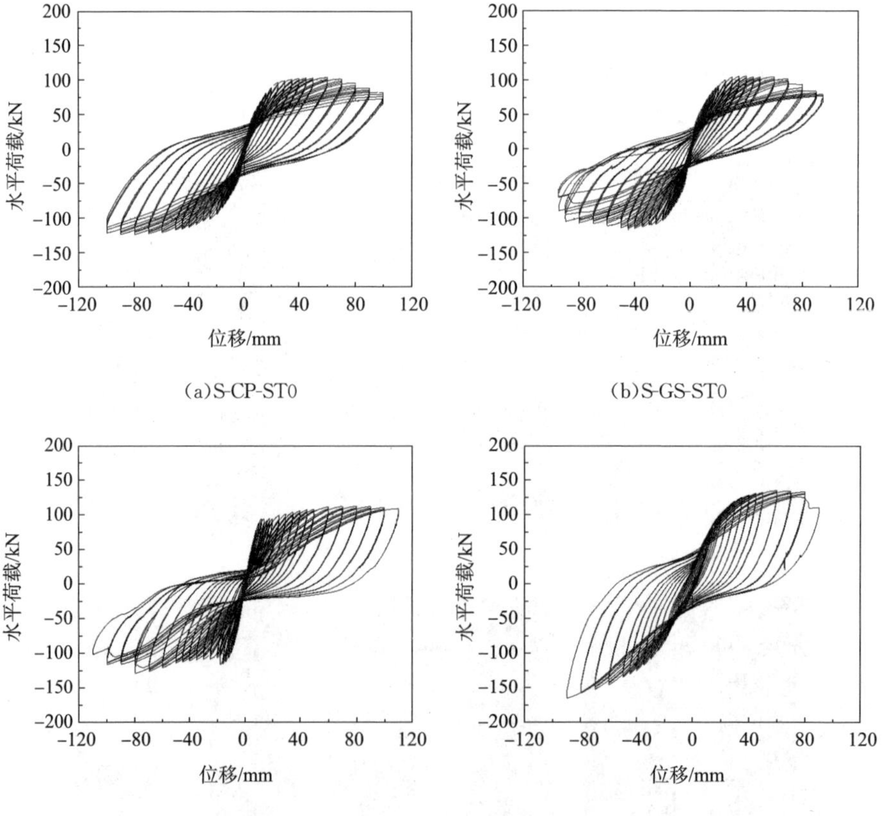

(a)S-CP-ST0　(b)S-GS-ST0

(c)S-GS-ST4　(d)S-GS-ST8

图 7-10　各试件滞回曲线(一)

从图 7-10 可以看出，各试件的滞回曲线在加载初期处于弹性阶段，曲线均呈线性发展，且在水平加载的正反两方向对称，滞回环面积较小。试件 S-CP-ST0 滞回曲线最为饱满，无明显捏缩现象，试件 S-GS-ST0 捏缩现象最为明显，试件 S-GS-

ST4 则介于以上两者之间。从有无方钢管约束的角度对试件滞回曲线进行分析可发现，相对于装配式钢筋混凝土桥墩试件，方钢管约束的混凝土桥墩试件的滞回曲线更加饱满，表明方钢管约束装配式混凝土桥墩的滞回性能优于装配式钢筋混凝土桥墩。随着加载的进行，试件 S-GS-ST4 和试件 S-GS-ST8 主要受力纵筋屈服，滞回曲线斜率逐渐下降，试件刚度减小，且同级荷载下随着循环次数增加，试件加载曲线斜率不断减小，同级循环荷载下试件刚度依然在发生退化，每次循环的加载过程均会使得试件损伤加剧；当加载到达峰值荷载后，各试件加载曲线斜率退化不断加剧，滞回环均出现捏拢现象。装配式钢筋混凝土桥墩设置外包钢管能为试件在屈服后提供大量的耗能能力，加载末期试件 S-GS-ST8 的墩顶水平力及滞回环面积均明显大于试件 S-GS-ST4，表明外包钢管厚度对滞回耗能性能影响较大，设置外包钢管有利于提升桥墩的抗震性能。

3)骨架曲线

骨架曲线由滞回曲线中各级循环加载的首次循环滞回环的峰值点连接起来而形成，能直观地反映结构荷载与位移变化。采用 6.2.6 节中所述的通用屈服弯矩法确定各试件的名义屈服点。

各试件骨架曲线如图 7-11 所示。从图 7-11 可以看出，各试件的骨架曲线在正、负两个加载方向均存在上升段、强化段和下降段。试件处于上升段时，刚度均较大且几乎没有衰减，承载能力快速增长，此时骨架曲线在正、负两个方向几乎对称，直到试件发生屈服。进入屈服阶段后，骨架曲线开始出现不完全对称现象，这是由于试件进入弹塑性阶段，此时残余塑性变形与损伤持续累积，试件向一个方向加载时需要抵消之前反方向产生的塑性损伤。加载至峰值荷载后，试件 S-GS-ST4 骨架曲线下降不明显，说明钢管约束混凝土结构能够延缓结构破坏，增强结构变形能力，有利于提高装配式桥墩的抗震性能。试件 S-GS-ST8 的峰值荷载明显大于试件 S-GS-ST4，说明增大钢管厚度可以明显提高桥墩的抗弯承载力。

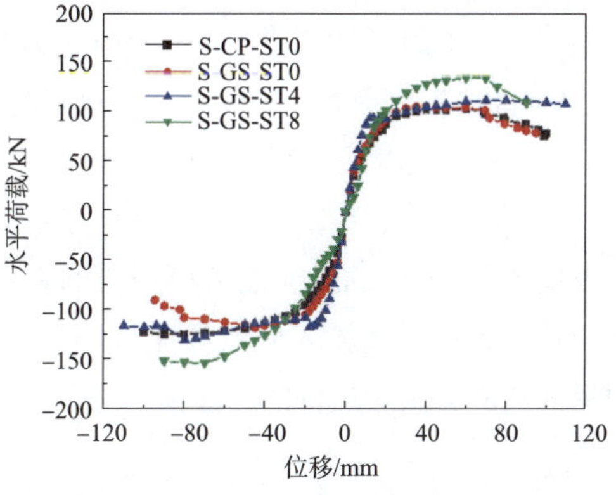

图 7-11　各试件骨架曲线(一)

钢管约束混凝土方形桥墩骨架曲线特征点参数见表 7-3。由表 7-3 可知，与试件 S-CP-ST0 和试件 S-GS-ST0 相比，试件 S-GS-ST4 的水平峰值荷载提高了 17.26%与 19.07%，屈服位移提高了 31.58%与 66.73%，极限位移提高了 15.95%与 36.08%。分析其原因，方钢管对混凝土墩身产生的约束作用明显改善了桥墩的受力性能，表明方钢管约束的装配式混凝土桥墩受力性能优于传统装配式混凝土桥墩，同时方钢管约束的装配式混凝土桥墩的水平峰值荷载与整体现浇的方钢管约束混凝土桥墩相近。方钢管约束有效增强了装配式混凝土墩身的抗压强度，且具有较高的水平承载力和良好的抗震性能。故推荐外包钢管与传统灌浆套筒组合连接的桥墩试件(试件 S-GS-ST4)作为实际工程应用的桥墩构造形式。

表 7-3　钢管约束混凝土方形桥墩骨架曲线特征点参数

试件编号	Δ_y/mm	P_y/kN	P_m/kN	Δ_u/mm	P_u/kN	μ_Δ
S-CP-ST0	18.97	88.64	113.75	94.72	96.68	5.00
S-GS-ST0	14.97	87.29	111.68	80.71	94.93	5.41
S-GS-ST4	24.96	103.94	120.78	110	102.66	4.40
S-GS-ST8	19.95	101.89	135.28	90	114.99	4.50

注：P_y 为名义屈服点对应的荷载；Δ_y 为名义屈服点对应的位移；P_m 为峰值荷载，即试件所能抵抗的最大水平力；P_u 为极限荷载；Δ_u 为极限位移，取骨架曲线上水平荷载下降至最大值的 85%时所对应的位移；μ_Δ 为位移延性系数。

由表 7-3 还可以看出，与试件 S-GS-ST4 相比，试件 S-GS-ST8 的水平峰值荷载提高了 20.13%，屈服位移提高了 11.27%。分析其原因，方钢管对混凝土墩身产生的约束作用明显改善了桥墩的受力性能，有利于抗震。

4)延性性能

延性性能是评价桥梁结构抗震性能的重要参数之一，体现了结构的耗能能力和变形能力。位移延性系数 μ_Δ 由极限位移 Δ_u 和屈服位移 Δ_y 比值得出。对于有抗震要求的一般结构，要求位移延性系数 $\mu_\Delta \geqslant 4$。由表 7-3 可知，各试件均具有较好的延性性能。试件 S-GS-ST4 的延性系数最小，相较于试件 S-CP-ST0 和试件 S-GS-ST0 分别减小了 20%和 25.93%，试件 S-GS-ST8 位移延性系数相较于试件 S-GS-ST4 减小了 26.59%，表明随着外包钢管厚度的增大，位移延性逐步减小。

5)耗能曲线

在工程结构的抗震设计中，结构的耗能能力可用滞回环面积进行判断。结构或构件的耗能特性是指其吸收地震动输入能量的能力，它是抗震性能评估的另一重要指标。本节选用累积耗能 E_{hyst} 对试件的耗能能力进行比较分析。各试件耗能曲线如图 7-12 所示。

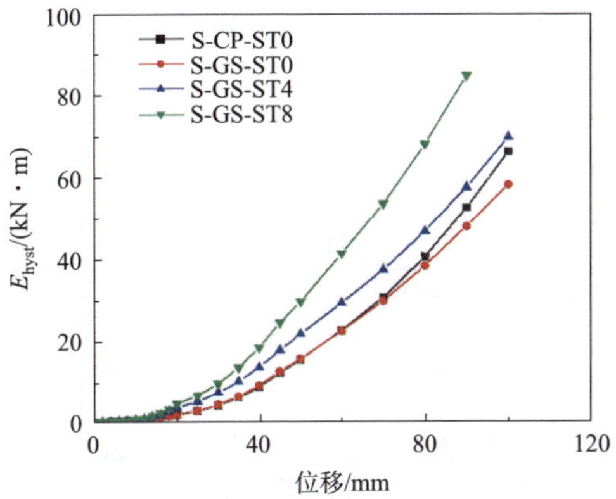

图 7-12　各试件耗能曲线

当墩身处于弹性阶段或墩身局部进入塑性工作阶段时，各试件滞回性能处于较低水平，耗能曲线增长较缓慢。随着水平位移增大和滞回循环次数增加，墩身进入塑性工作阶段，弹性变形不变，混凝土和钢材的塑性变形吸收大量能量，耗能开始稳定增长。

在拟静力试验初期，当水平加载位移小于 20 mm 时，各试件墩身材料基本处于线弹性阶段，耗能曲线基本重合，耗能能力均较小。由于外包钢管发生变形参与耗能，其耗能能力较强。水平位移到达 60 mm 之前，试件 S-CP-ST0 与试件 S-GS-ST0 的滞回耗能曲线基本重合，试验数值相近；但随着位移的增加，其累积耗能不断增大，试件 S-CP-ST0 的累积耗能超过试件 S-GS-ST0，试件 S-GS-ST0 的累积耗能较试件 S-CP-ST0 减小了 12.33%。分析表明，现浇桥墩的耗能能力优于普通装配式混凝土桥墩。在相同加载位移下，试件 S-GS-ST0 的耗能能力始终大于试件 S-CP-ST0 与试件 S-GS-ST0，试件 S-GS-ST0 的累积耗能较试件 S-CP-ST0 与试件 S-GS-ST0 分别增大了 5.25%和 20.05%。表明方钢管变形参与耗能，提高了装配式钢筋混凝土桥墩的耗能能力。试件破坏时，试件 S-GS-ST4 的滞回耗能为 12.3 kN · m，试件 S-GS-ST8 的滞回耗能为 15.5 kN · m。试件 S-GS-ST8 的耗能能力较试件 S-GS-ST4 提高了 26.02%，可见外包钢管可以明显提高桥墩的耗能能力，同时钢管厚度增大可以有效地提高试件的耗能能力。装配钢管约束混凝土桥墩可以明显改善装配式桥墩在高烈度地震区耗能能力不足的问题。

6)残余位移

1995 年 Kobe 地震后日本学者开始深入研究桥墩的残余位移问题，并将其纳入桥梁抗震设计规程，作为性能化设计和抗震性能评估的重要指标。各试件残余位移随加载位移的变化曲线如图 7-13 所示。

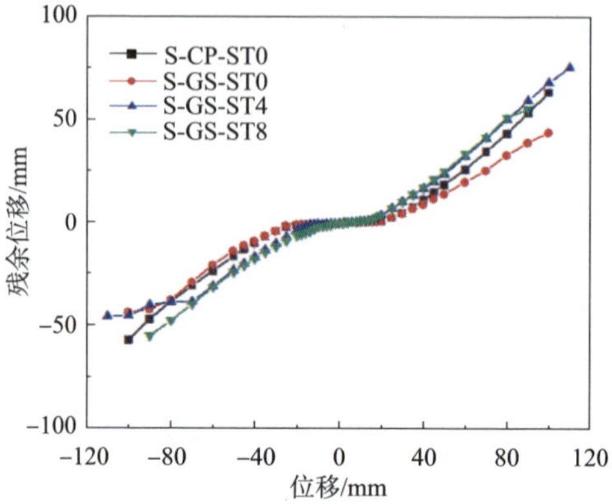

图 7-13　各试件残余位移曲线(一)

当加载水平位移小于 20 mm 时,各试件基本处于弹性阶段,复位能力强,各试件的残余位移在此阶段基本可忽略不计;当加载位移为 25 mm 时,残余位移曲线斜率陡增,试件进入塑性工作状态,墩身侧向恢复力刚度明显降低;当加载位移为 60 mm 时,残余位移与可恢复的变形基本持平;此后,随着水平位移的继续增大,残余位移稳定增长,可恢复的变形有所增加。比较不同试件残余位移,试件 S-GS-ST4 残余位移明显大于试件 S-CP-ST0 和试件 S-GS-ST0,试件 S-GS-ST4 较试件 S-CP-ST0 和试件 S-GS-ST0 分别增长了 19.06%和 70.92%,表明方钢管约束桥墩的变形恢复能力较现浇桥墩和装配式钢筋混凝土桥墩略差。对比各试件残余位移曲线斜率可知,外包钢管后桥墩残余位移增长速率增大。当水平位移达到 90 mm 时,试件 S-GS-ST4 的最大残余位移为 75.82 mm,试件 S-GS-ST8 的最大残余位移为 55.62 mm,表明装配式钢管约束混凝土桥墩塑性变形较大,不利于震后桥墩功能的恢复。

7)刚度退化

桥梁结构的地震响应不但与桥墩的初始刚度有关,而且与整个地震过程中墩身的刚度退化规律有关,刚度退化过快的桥墩会导致结构整体垮塌的严重后果。在水平往复荷载作用下,试件的刚度可用滞回环的割线刚度来表示,即某一滞回环的正、负向峰值荷载绝对值之和与相应的位移绝对值之和的比值。取各级位移下三次循环的刚度平均值作为刚度代表值,各试件的刚度退化曲线对比如图 7-14 所示。

所有试件的刚度退化均呈现出先快后慢的变化规律,且在位移为 20 mm 左右时,退化程度超过 50%。在加载初期,试件 S-GS-ST4 和试件 S-GS-ST8 处于弹性阶段,试件 S-GS-ST4 的初始刚度为 13.69 kN/mm,试件 S-GS-ST8 的初始刚度为

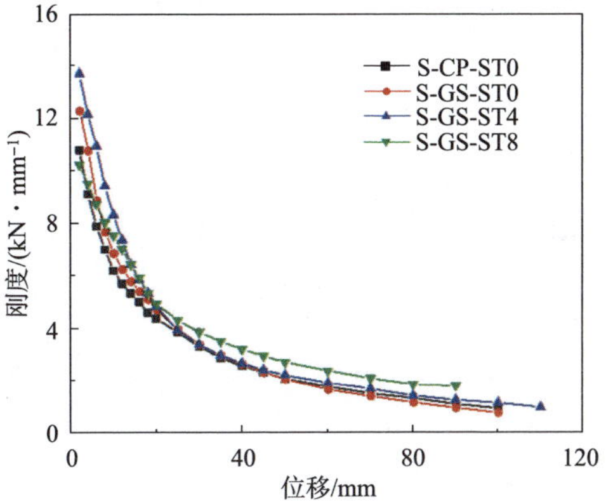

图 7-14　各试件刚度退化曲线(一)

10.23 kN/mm，墩身混凝土的初始开裂以及裂缝数量、宽度的增加使墩身刚度迅速退化；随着水平位移增大，试件塑性变形和损伤累积，刚度退化速率减小，刚度退化曲线斜率减小。试件 S-GS-ST4 在水平位移为 18 mm 时发生屈服，最终刚度达到 0.94 kN/mm。试件 S-GS-ST8 在加载位移达到 20 mm 时发生屈服，最终刚度达到 1.77 kN/mm。试件在水平位移达到 30 mm 后基本不再出现新裂缝，刚度退化曲线趋于平缓。由于外包钢管具有较大的侧向刚度，装配式钢管约束混凝土桥墩的初始刚度和最终刚度大于装配式钢筋混凝土桥墩和现浇桥墩。相较于试件 S-CP-ST0和试件 S-GS-ST0，试件 S-GS-ST4 的初始切线刚度分别增大了 26.99% 和 11.66%，说明外包钢管能在加载初期提供更大的抗侧刚度(增大加载初期墩身初始刚度)。在加载末期，各试件的刚度大约退化为初始刚度的 90%。各试件刚度特征值见表 7-4。

表 7-4　各试件刚度特征值(一)

试件编号	K_0/(kN · mm^{-1})	K_f/(kN · mm^{-1})	刚度退化率/%
S-CP-ST0	10.78	0.91	91.56
S-GS-ST0	12.26	0.74	93.96
S-GS-ST4	13.69	0.94	93.13
S-GS-ST8	10.23	1.77	99.88

注：K_0 为初始刚度；K_f 为最终刚度。

8)墩身曲率

通过对桥墩西面的塑性铰区布置位移计来实测各级荷载作用下墩身的曲率分布变化，图 7-15 所示为各试件典型位移等级下墩身实测曲率分布曲线。

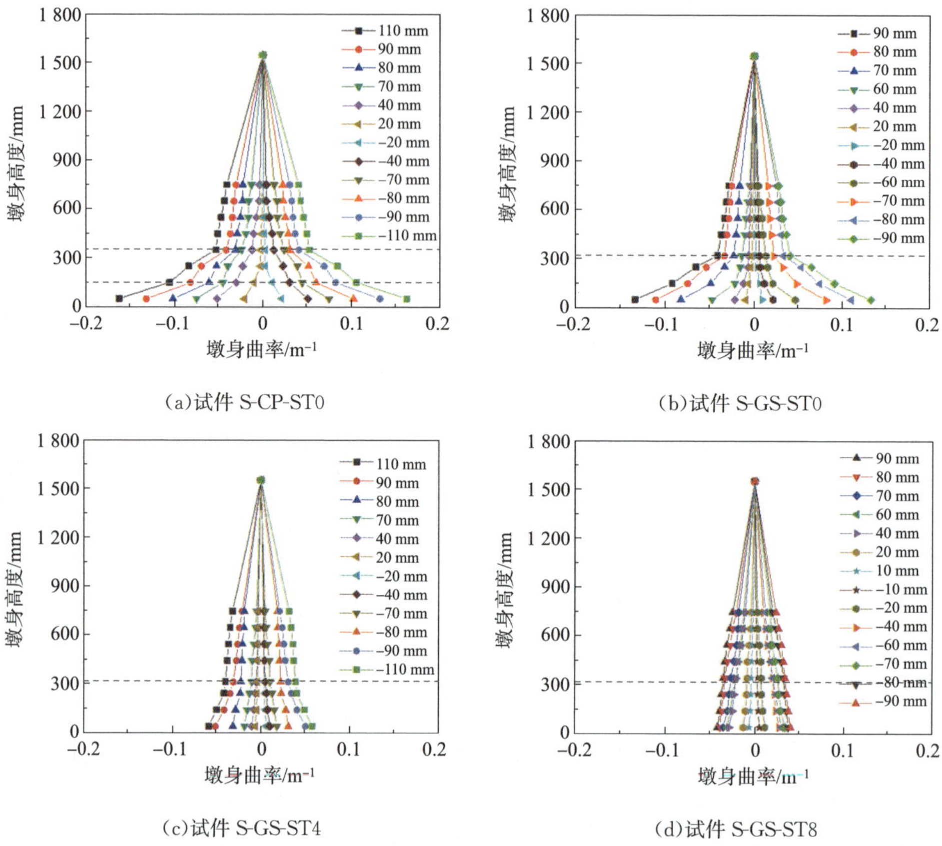

(a)试件 S-CP-ST0　　(b)试件 S-GS-ST0

(c)试件 S-GS-ST4　　(d)试件 S-GS-ST8

图 7-15　各试件墩身曲率(一)

由图 7-15 可知,加载初期,各桥墩处于线弹性工作阶段,墩身曲率变化较小,随着水平位移的增大,桥墩进入弹塑性或者塑性工作阶段,墩身曲率曲线出现明显的转折。

墩身曲率均表现为自墩底向墩顶逐渐减小,4 个试件在桥墩与承台接缝处曲率变化最大,说明在往复荷载作用下桥墩与承台接缝处连接薄弱。试件 S-CP-ST0 自墩底向上 150～350 mm 范围内,发生两处较大转折,如图 7-15(a)所示,表明该两处截面易发展成为塑性铰。试件 S-GS-ST0 墩身曲率分布曲线在自墩底上方约 320 mm(灌浆套筒长度)位移左右发生第二大转折,如图 7-15(b)所示,原因是灌浆套筒所在范围内墩身刚度增大,使得墩身刚度在灌浆套筒顶部产生变化,塑性铰易在该位置出现,即灌浆套筒抬高了塑性铰的位置。试件 S-GS-ST4 和试件 S-GS-ST8 墩身曲率分布曲线除了自墩底上方约 320 mm(灌浆套筒长度)有些许转折,曲线整体平滑,如图 7-15(c)、(d)所示,说明外包钢管的存在使得墩身刚度分布平均,墩身刚度不易发生突变。进一步地,试件 S-GS-ST8 的墩身曲率转折程度较试件

S-GS-ST4 更加平缓，说明钢管厚度增大后对墩身曲率变化影响较大。综上所述，地震作用下装配式钢管约束混凝土桥墩的外套钢管可以减小墩身曲率的大幅度变化，使墩身曲率分布均匀，且外包钢管厚度增大可使墩身曲率分布更加均匀。

9）钢管约束混凝土方形桥墩纵筋应变曲线

选取钢管约束混凝土方形桥墩试件纵向钢筋 L1 的测点和钢板上的测点，绘制的应变曲线如图 7-16 所示。

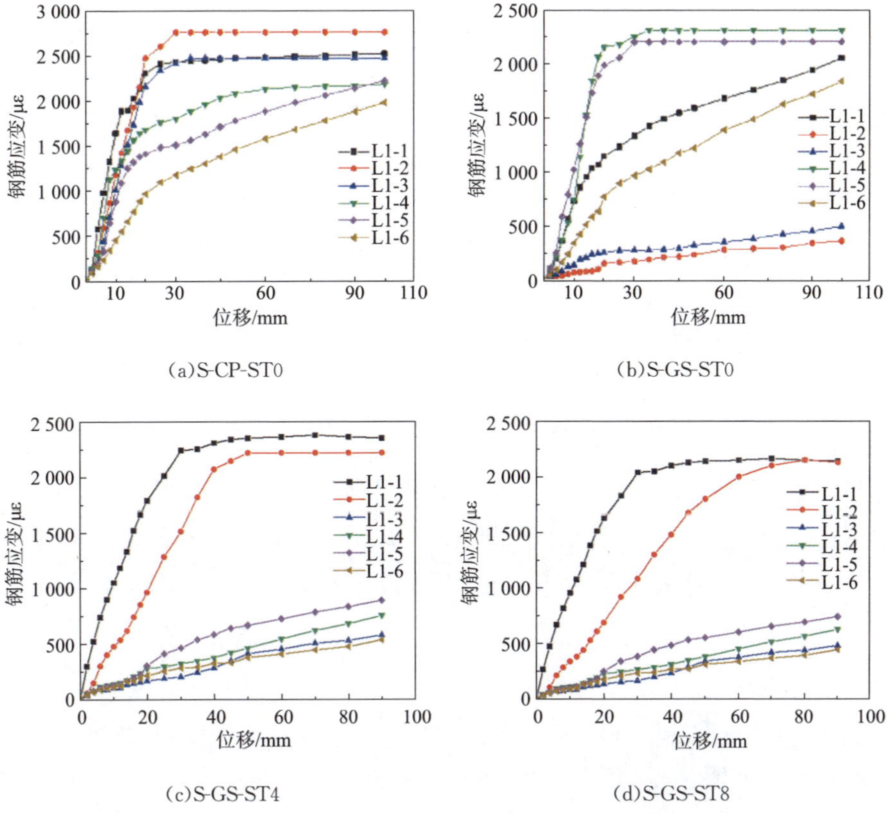

图 7-16　钢管约束混凝土方形桥墩纵筋应变曲线

对于试件 S-GS-ST4，纵筋 L1-1 和 L1-2 先后进入屈服状态，如图 7-16(c)、(d)所示，各试件应变增长速率均表现为加载前期增长较快，后期增长缓慢。试件 C-GS-ST4 纵筋应变增长速率明显缓于试件 S-CP-ST0 和 S-GS-ST0，因为外包钢管共同参与受力可以减缓钢筋的屈服速率。试验结束时试件 S-GS-ST4 外包钢板最大应变为 790 με，由于钢管在柱底部断开，钢管在加载过程中均未发生屈服，有效避免了钢管产生局部损伤。

加载初期钢筋均处于弹性工作阶段，钢筋的应变随着水平位移的增大而增大。

水平加载位移达到 30 mm 时，试件 S-GS-ST8 中钢筋 L1 的 L1-1 处率先进入屈服工作状态，随后 L1-2 屈服，如图 7-16(a)所示，应变增长速率均表现为加载前期增长较快，后期增长缓慢。

10)钢管约束混凝土方形桥墩钢管应变曲线

选取钢管约束混凝土方形桥墩试件钢板上的测点，绘制的钢管应变曲线如图 7-17 所示。

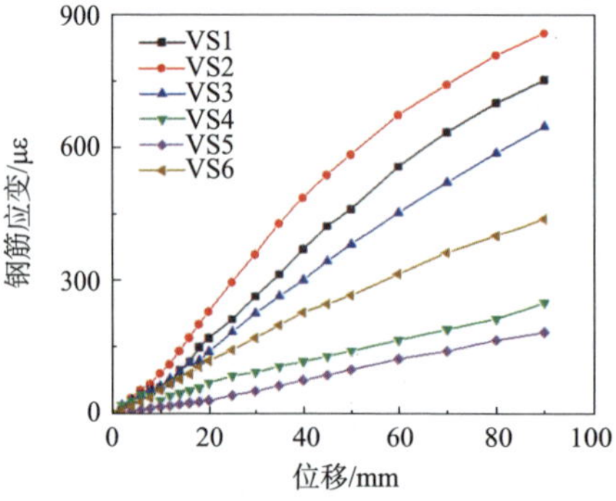

(a)S-GS-ST4

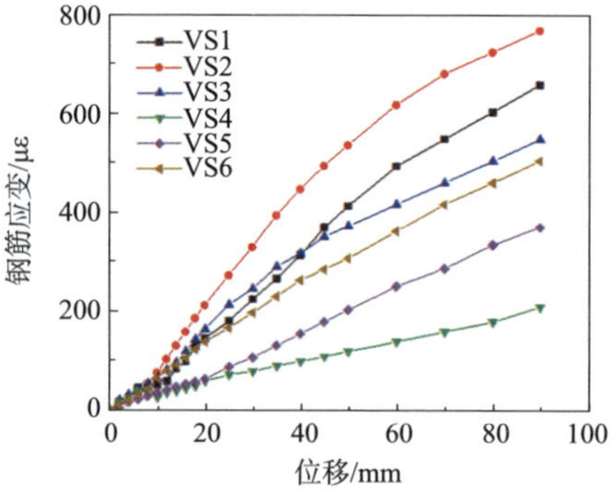

(b)S-GS-ST8

图 7-17　钢管约束混凝土方形桥墩钢管应变曲线

当水平加载位移小于 20 mm 时，外包钢管处于弹性工作阶段，加载后期试件外包钢管应变稳定增长，试验结束时试件 S-GS-ST8 外包钢管最大应变为 700 με，由于核心混凝土与外包钢管共同参与受力，钢管在加载过程中均未发生屈服。

2. 预制装配式钢管约束混凝土圆形桥墩拟静力试验结果分析

1)试验现象

试件 C-GS-ST4 和 C-GS-ST8 在加载初期受力与变形稳定，结构处于弹性阶段。随着水平加载位移的增大，试件破坏现象表现为钢管约束混凝土墩身与承台连接处接缝张开，当水平加载位移分别达到 14 mm 和 25 mm 时，超高性能混凝土坐浆层与墩柱接缝处张开宽度约为 0.04 mm 和 0.08 mm；当水平位移分别达到 40 mm 和 50 mm 时，桥墩试件的墩身倾斜程度随之增加，桥墩墩身与承台连接处的接缝宽度持续增大，超高性能混凝土坐浆层出现少量剥落现象，接缝处张开最大宽度分别为 0.25 mm 和 0.2 mm。当水平位移分别加载到 60 mm 和 70 mm 时，纵筋 L5 最大应变达到 2 000 με，此时纵筋已经屈服。随着墩顶水平位移增大，承台与墩柱接缝处的张开宽度继续增大，当水平加载位移分别达到 100 mm 和 110 mm 时，超高性能混凝土坐浆层出现大量剥落，承载力下降到最大值的 85%以下，试验结束。整个加载过程中，试件 C-GS-ST4 和 C-GS-ST8 的外包钢管最大应变分别为 900 με 和 700 με，钢管未发生屈服，钢管无明显屈鼓破坏。超高性能混凝土坐浆层虽出现剥落但未完全压碎，表明在装配式钢筋混凝土桥墩外设置钢管以及在桥墩底部铺设超高性能混凝土坐垫层，可以有效降低墩底的损伤水平，避免柱底钢管产生受压而发生局部屈曲。试件破坏现象如图 7-18 所示。

(a)试件 C-GS-ST4

(b)试件 C-GS-ST8

图 7-18　钢管约束混凝土圆形桥墩试验破坏现象

2)滞回曲线

各桥墩试件的实测滞回曲线如图 7-19 所示。加载初期，各试件墩身材料处在线弹性阶段，墩身刚度较大，往复荷载作用下，各试件滞回曲线斜率较大，滞回环分布密集且包围面积较小，初期耗能能力较弱。随着荷载增大，各试件墩身材料逐渐进入弹塑性阶段，墩身塑性变形逐渐增多，滞回环斜率逐渐减小，墩身刚度出现退化，滞回环逐渐饱满，包围面积逐渐增大，耗能能力逐渐增强。试件 C-CP-ST0 滞回曲线饱满，形状基本呈现“梭形”；与试件 C-CP-ST0 相比，试件 C-GS-ST0 滞回曲线捏缩效应明显，滞回性能略差；试件 C-GS-ST4 和试件 C-GS-ST8 由于墩身外包钢管，钢管对其墩身混凝土施加径向约束，使得墩身混凝土处于三向受压状态。往复荷载作用下，外包钢管对墩身混凝土起到套箍作用，提高了混凝土的抗压强度，同时外包钢管与墩身钢筋混凝土协同工作，共同承受荷载，使得试件 C-GS-ST4 和试件 C-GS-ST8 滞回曲线较试件 C-GS-ST0 和试件 C-CP-ST0 更加饱满，滞回环包围面积有所增大，耗能能力有所提高。加载至结构破坏阶段，试件 C-CP-ST0 和试件 C-GS-ST0 墩身产生大量塑性变形，墩身损伤逐渐累积，刚度的退化趋势越来越明显，试件抗弯承载力增大到峰值后开始逐渐下降，滞回曲线下降段明显。外包钢管约束墩身混凝土，减缓墩身混凝土刚度退化，同时外包钢管刚度退化速率较小，与墩身钢筋混凝土协同受力，使得试件 C-GS-ST4 和试件 C-GS-ST8 滞回曲线下降段斜率较小，抗弯承载力、变形能力较试件 C-CP-ST0 和试件 C-GS-ST0 明显提高。钢管约束装配式混凝土桥墩滞回耗能能力优于钢筋混凝土装配式桥墩，与现浇桥墩相当，表现出优异的抗震性能。

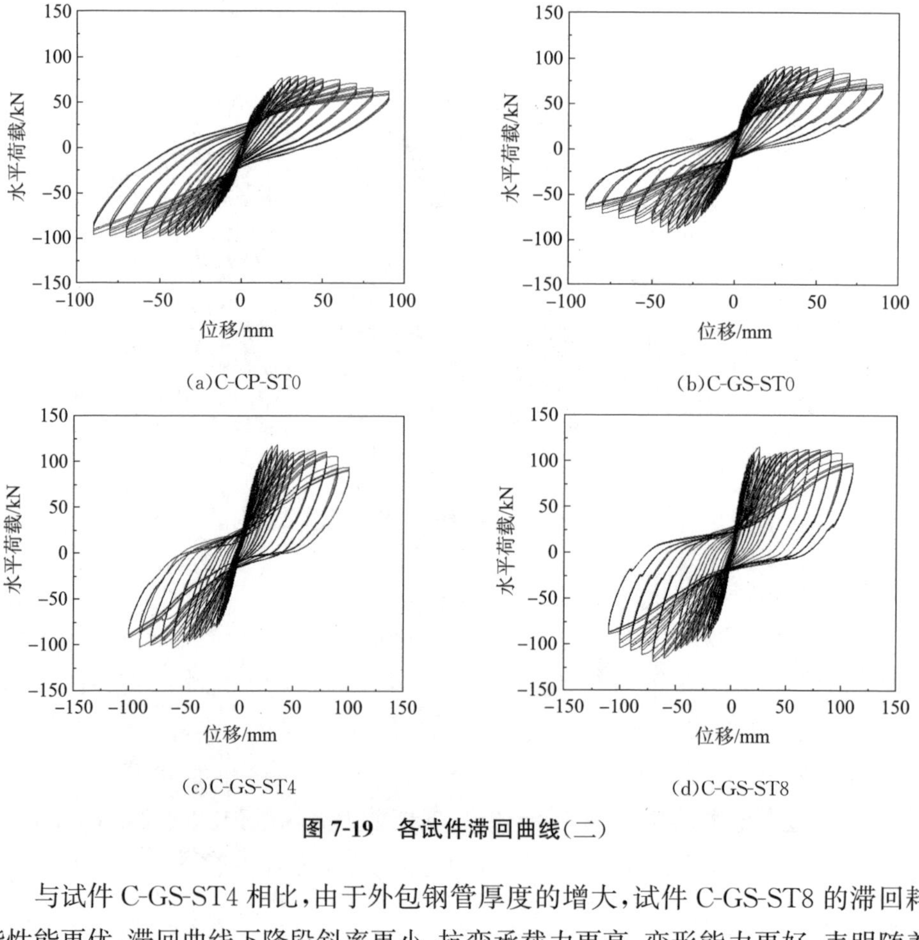

(a)C-CP-ST0　(b)C-GS-ST0

(c)C-GS-ST4　(d)C-GS-ST8

图 7-19　各试件滞回曲线(二)

与试件 C-GS-ST4 相比，由于外包钢管厚度的增大，试件 C-GS-ST8 的滞回耗能性能更优，滞回曲线下降段斜率更小，抗弯承载力更高、变形能力更好，表明随着外包钢管厚度的增大，试件滞回耗能能力、抗弯承载力和变形能力会进一步提高。

3)骨架曲线

将滞回曲线各加载循环峰值点连接起来形成的外包络线,即为骨架曲线,可提供试件的屈服、峰值以及破坏等特征点信息。各试件的骨架曲线如图 7-20 所示。

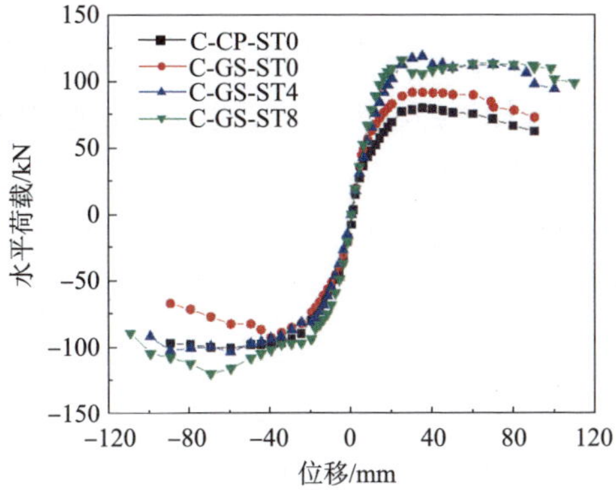

图 7-20　各试件骨架曲线(二)

由图 7-20 可以看出:各试件的骨架曲线在正、负两个加载方向均存在上升段、强化段和下降段。试件处于上升段时,刚度均较大且几乎没有衰减,承载能力快速增长,此时骨架曲线在正、负两个方向几乎对称。加载初期,各试件墩身塑性变形较少,墩身基本处在弹性阶段,墩身刚度较大,试件骨架曲线上升段斜率较大,水平荷载基本呈线性增长,增长速率较快。随着加载位移的增大,各试件薄弱截面钢筋达到屈服强度,墩身塑性损伤逐渐增多,墩身刚度逐渐退化,试件骨架曲线斜率逐渐减小,水平荷载增长速率有所减小,逐渐增大至峰值。由于外包钢板与墩身钢筋混凝土协同受力,充分发挥了钢材刚度大、变形能力强的特点,使得试件 C-GS-ST4 和试件 C-GS-ST8 抗弯承载力峰值、初始切线刚度、屈服荷载和屈服位移较试件 C-CP-ST0 和试件 C-GS-ST0 有所增大。相较于试件 C-CP-ST0,试件 C-GS-ST4 和试件 C-GS-ST8 的抗弯承载力分别提高了 40.89%和 45.20%,屈服荷载分别提高了 72.52%和 85.24%,屈服位移分别增大了 43.47%和 78.62%。与试件 C-GS-ST0 相比,试件 C-GS-ST4 和试件 C-GS-ST8 的抗弯承载力分别提高了 22.52%和 26.27%,屈服荷载分别提高了 33.12%和 42.94%,屈服位移分别提高了 25.23%和 55.92%。加载中后期,各试件墩身总变形中塑性变形占比逐渐增大,墩身刚度产生明显退化。外包钢管对墩身混凝土的套箍作用延缓了墩身刚度退化,使得试件 C-GS-ST4 和试件 C-GS-ST8 骨架曲线下降段斜率略小,且试件抗弯承载力在下降过程中有小幅度提升,说明设置外包钢管能够延缓结构破坏,增强墩身总变形能力,有利于提升预制装配式桥墩的抗震性能。相较于试件 C-CP-ST0,试件 C-GS-

ST4 和试件 C-GS-ST8 的极限位移分别提高了 13.06%和 37.95%。与试件 C-GS-ST0 相比,试件 C-GS-ST4 和试件 C-GS-ST8 的极限位移分别提高了 12.59%和 37.38%。综上可知,外包钢管对混凝土墩身产生的约束作用明显改善了桥墩的受力性能,外包钢管提供了部分抗弯承载力,可以较为明显提高预制装配式圆形桥墩的抗弯承载力和总变形能力,对桥墩抗震性能产生积极影响。

墩身外包钢管厚度的增加一定程度上增大了墩身初始刚度,试件加载初期抵抗变形能力有所提高,试件骨架曲线上升段斜率有所增大。相较于试件 C-GS-ST4,试件 C-GS-ST8 的初始切线刚度增大 7.10%。外包钢管厚度的增大使得钢管对墩身钢筋混凝土的套箍作用进一步增强,钢管与墩身钢筋混凝土更好地协同工作,进一步发挥钢材刚度大、延性好的优势,延缓试件墩身进入塑性阶段,减少墩身塑性损伤累积。试件 C-GS-ST8 较试件 C-GS-ST4 的屈服荷载提高了 7.37%,屈服位移提高了 24.50%,水平抗弯承载力增加了 3.06%,极限位移提高了 22.02%,说明增大外包钢管的厚度可以提高试件的屈服荷载和极限承载力,增大屈服位移和极限位移。各试件骨架曲线的特征点信息汇总见表 7-5。

表 7-5　各试件骨架曲线特征点参数

试件编号	Δ_y/mm	P_y/kN	P_m/kN	Δ_u/mm	P_u/kN	μ_Δ
C-CP-ST0	13.94	59.03	79.55	79.57	67.62	5.70
C-GS-ST0	15.97	76.50	91.48	79.90	77.76	5.00
C-GS-ST4	20.00	101.84	112.08	89.96	95.27	4.50
C-GS-ST8	24.90	109.35	115.51	109.77	95.97	4.41

注:P_y 为名义屈服点对应的荷载;Δ_y 为名义屈服点对应的位移;P_m 为峰值荷载,即试件所能抵抗的最大水平力;P_u 为极限荷载;Δ_u 为极限位移,取骨架曲线上水平荷载下降至最大值的 85%时所对应的位移;μ_Δ 为位移延性系数。

4)延性性能

由表 7-5 可知,各试件均具有较好的延性性能。试件 C-GS-ST4 和试件 C-GS-ST8 位移延性系数相较于试件 C-GS-ST0 分别减小了 10%和 11.8%,较试件 C-CP-ST0 分别减小了 21.05%和 22.63%。这是因为增设钢管后增大了试件的极限位移,但其存在也延缓了墩身的屈服过程使得试件屈服位移增大。试件 C-GS-ST8 较试件 C-GS-ST4 屈服位移增大了 24.5%,位移延性减小了 2.0%,表明随着外包钢管厚度的增大,位移延性逐步减小。

5)刚度退化

取各级位移下三次循环的刚度平均值作为刚度代表值,各试件的刚度退化曲线对比如图 7-21 所示。

由图 7-21 可见:加载初期,各试件墩身材料均处于线弹性阶段,墩身塑性变

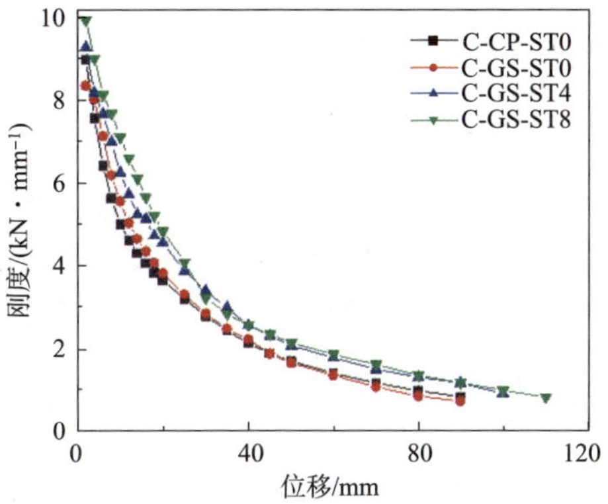

图 7-21　各试件刚度退化曲线(二)

形较少,墩身初始刚度较大。试件 C-GS-ST4 和试件 C-GS-ST8 墩身外包钢管,发挥了钢管刚度大的特点,墩身初始切线刚度较试件 C-CP-ST0 和试件 C-GS-ST0 明显增大,外包钢管厚度的增加对墩身初始刚度产生进一步的积极影响。相较于试件 C-CP-ST0,试件 C-GS-ST4 和试件 C-GS-ST8 的初始切线刚度分别增大了 8.26%和 15.95%;与试件 C-GS-ST0 相比,试件 C-GS-ST4 和试件 C-GS-ST8 的初始切线刚度分别增大了 4.85%和 12.29%。往复荷载作用下,各试件墩身裂缝数量和宽度逐渐增加,使得墩身刚度产生明显退化,且退化速率较快。随着荷载的不断增大,试件墩身材料进入塑性阶段,墩身产生塑性变形逐渐增多,试件薄弱截面钢筋陆续达到屈服强度,墩身损伤逐渐累积,墩身整体刚度进一步退化,退化速率有所减小,刚度退化曲线逐渐放缓。加载后期,墩身产生大量塑性变形,墩身薄弱截面逐渐发展成为塑性铰,试件刚度退化曲线斜率进一步减小。试件 C-GS-ST8 较试件 C-GS-ST4 墩身外包钢板,对墩身混凝土产生一定的套箍作用,一定程度上延缓了墩身整体刚度退化,增大了极限状态下墩身剩余刚度,且外包钢板厚度的增加,对墩身刚度产生的积极影响愈加明显。试件 C-GS-ST4 最终刚度较试件 C-CP-ST0 和试件 C-GS-ST0 分别增大了 14.11%和 29.33%;与试件 C-GS-ST4 相比,试件 C-GS-ST8 的最终刚度增长了 8.25%。各桥墩刚度特征值见表 7-6。

表 7-6　各试件刚度特征值(二)

试件编号	C-CP-ST0	C-GS-ST0	C-GS-ST4	C-GS-ST8
K_0/(kN · mm^{-1})	8.59	8.87	9.30	9.96
K_f/(kN · mm^{-1})	0.85	0.75	0.97	1.05

注:K_0 为初始刚度;K_f 为最终刚度。

6)耗能特性

各试件滞回耗能对比如图 7-22 所示。由图 7-22 可知,当墩身处于弹性阶段或墩身局部进入塑性工作阶段时,各试件滞回性能处于较低水平,耗能曲线增长较缓慢。随着水平位移增大和滞回循环次数增加,墩身进入塑性工作阶段,弹性变形不变,混凝土和钢材的塑性变形吸收大量能量,耗能能力开始稳定增长。

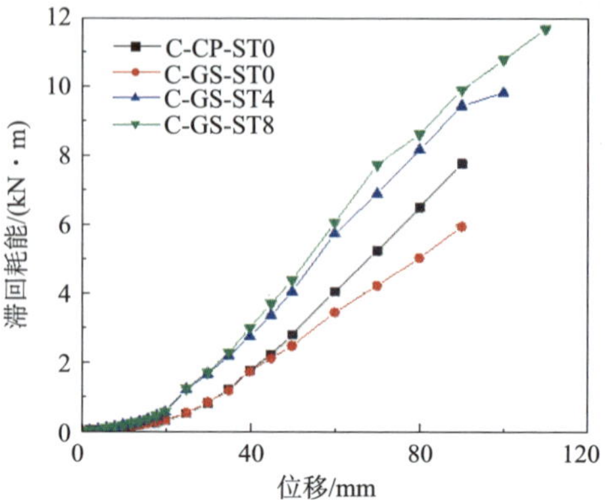

图 7-22　各试件滞回耗能对比

在拟静力试验初期,各试件墩身塑性变形较少,基本处于线弹性阶段,滞回耗能处于较低水平,耗能曲线基本重合且增长较缓慢。随着加载位移增大和滞回循环次数增加,墩身进入塑性工作阶段,墩身塑性变形逐渐增多,试件塑性耗能能力逐渐增强,耗能曲线斜率逐渐增大,不同试件之间的耗能能力差异愈加明显。由于外包钢管具有延性好、变形能力强的特点,对墩身混凝土起到套箍作用,并与墩身钢筋混凝土协同工作、共同变形,可有效提高预制装配式桥墩的耗能能力,且外包钢板厚度的增加对试件耗能能力进一步产生积极影响。试件 C-GS-ST4 和试件 C-GS-ST8 的耗能能力较试件 C-GS-ST0 分别提高了 58.7%和 87.3%,较试件 C-CP-ST0 分别提高了 26.5%和 50.4%。试件 C-GS-ST8 较试件 C-GS-ST4 的滞回耗能提高了 18.9%,装配钢管约束混凝土桥墩的耗能能力明显优于现浇强度桥墩和装配式钢筋混凝土桥墩,可以显著改善装配式桥墩在高烈度地震区耗能能力不足的问题。

7)残余位移

各试件残余位移随加载位移的变化曲线如图 7-23 所示。由图 7-23 可知,加载初期,屈服位移之前,各试件基本处于弹性阶段,墩身塑性变形较少,各试件的残余位移较小,且增长缓慢;随着加载位移增大,试件进入塑性工作状态,塑性变形占比逐渐增大,墩身刚度产生退化,墩身损伤逐渐增多,试件残余位移逐渐增大,且增长迅速。加载后期,墩身塑性损

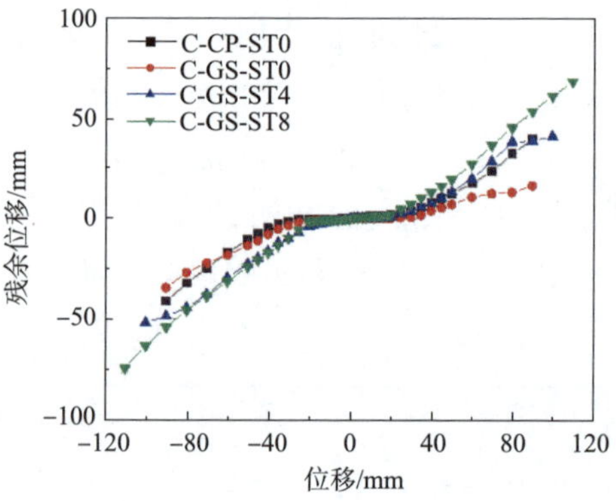

图 7-23　各试件残余位移曲线(二)

伤大量累积，试件刚度进一步退化，墩身产生大量塑性变形，各试件残余位移不断增大。往复荷载作用下，墩身外包钢管产生较多不可恢复的塑性变形，使得试件 C-GS-ST4 和试件 C-GS-ST8 整体残余位移较试件 C-CP-ST0 和试件 C-GS-ST0 明显增大，且随着钢板厚度的增大，墩身塑性变形累积进一步增多，试件残余位移进一步增大。与试件 C-CP-ST0 相比，试件 C-GS-ST0 在低周往复荷载作用下的残余位移较小，有利于震后恢复。试件 C-GS-ST4 的残余位移较试件 C-CP-ST0 和试件 C-GS-ST0 分别增长了 26.6%和 50.4%，试件 C-GS-ST8 的残余位移较试件 C-CP-ST0 和试件 C-GS-ST0 分别增长了 82.3%和 98.4%。此外，试件 C-GS-ST8 的残余位移较试件 C-GS-ST4 增长了 65.8%，表明钢管约束装配式桥墩的自复位能力不如现浇桥墩和装配式混凝土桥墩，且钢管厚度越大，残余位移越大。

8)墩身曲率

通过对桥墩塑性铰区布置位移计来实测各级荷载作用下墩身的曲率分布变化，图 7-24 所示为各试件典型位移等级下墩身实测曲率分布曲线。

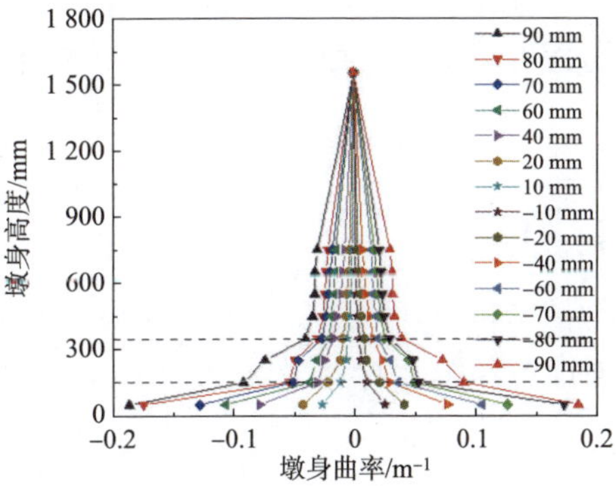

(a)试件 C-CP-ST0

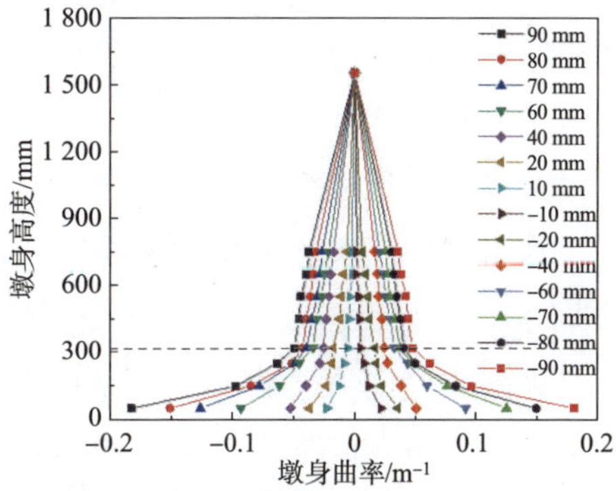

(b)试件 C-GS-ST0

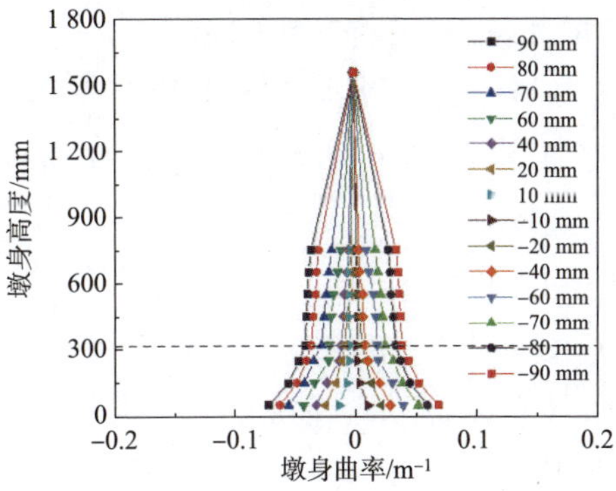

(c)试件 C-GS-ST4

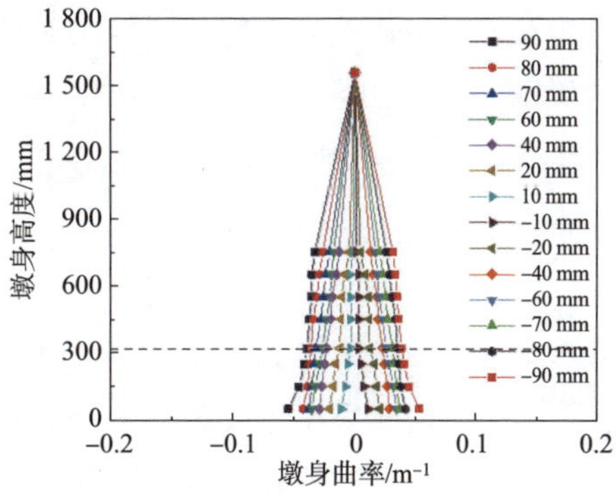

(d)试件 C-GS-ST8

图 7-24　各试件墩身曲率(二)

由图 7-24 可知，加载初期，各桥墩处于线弹性工作阶段，墩身曲率变化较小，随着水平位移的增大，桥墩进入弹塑性或者塑性工作阶段，墩身曲率曲线出现明显的转折。

墩身曲率均表现为自墩底向墩顶逐渐减小，4 个试件在桥墩与承台接缝处曲率变化最大，说明在往复荷载作用下桥墩与承台接缝处连接薄弱。试件 C-CP-ST0 自墩底向上 150～350 mm 范围内，发生两处较大转折，如图 7-24(a)所示，表明该两处截面易发展成为塑性铰。试件 C-GS-ST0 墩身曲率分布曲线在自墩底上方约 320 mm(灌浆套筒长度)位移左右发生第二大转折，如图 7-24(b)所示，原因是灌浆套筒所在范围内墩身刚度增大，使得墩身刚度在灌浆套筒顶部产生变化，塑性铰易在该位置出现，即灌浆套筒抬高了塑性铰的位置。试件 C-GS-ST4 和试件 C-GS-ST8 墩身曲率分布曲线除了自墩底上方约 320 mm(灌浆套筒长度)有些许转折，曲线整体平滑，如图 7-24(c)、(d)所示，说明外包钢管的存在使得墩身刚度分布平均，墩身刚度不易发生突变。进一步地，试件 C-GS-ST8 的墩身曲率转折程度与试件 C-GS-ST4 相当，说明钢管厚度增大后对墩身曲率变化影响较小。总体来说，地震作用下装配式钢管约束混凝土桥墩的外套钢管可以减小墩身曲率的大幅度变化，使得墩身曲率更加分布均匀。

9)试件纵筋应变曲线

选取 4 个桥墩试件纵向钢筋 L1 的测点，绘制的纵向钢筋应变曲线如图 7-25 所示。

由图 7-25 可知，加载初期钢筋均处于弹性工作阶段，钢筋的应变随着水平位移的增大而增大。水平加载位移达到 20 mm 时，试件 C-CP-ST0 中钢筋 L1 的 L1-1处率先进入屈服工作状态，随后 L1-2、L1-4 相继屈服，如图 7-25(a)所示，塑性铰高度为自墩底向上 50 cm 范围内。试件 C-GS-ST0 中钢筋 L1 的 L1-3 处率先进入屈服工作状态，随着水平加载位移的增大，L1-2、L1-5 和 L1-6 处均发生屈服，如图 7-25(b)所示。可见试件 C-GS-ST0 纵筋 L1 自灌浆套筒上端面开始向上全部屈服，说明灌浆套筒的存在增大了截面刚度，使得塑性铰上移至距墩底 64 cm 范围。

对于试件 C-GS-ST4 和试件 C-GS-ST8，纵筋 L1 并未进入屈服状态，如图 7-25(c)、(d)所示，可见外包钢管延缓了纵筋屈服。其中试件 C-CP-ST0 和试件 C-GS-ST0 纵筋应变增长速率相当，试件 C-GS-ST4 和试件 C-GS-ST8 纵筋应变增长速率明显缓于前两者，试件 C-GS-ST8 纵筋应变速率增长最为缓慢，说明由于外包钢管共同参与受力，增大钢管厚度可以进一步减缓钢筋屈服。

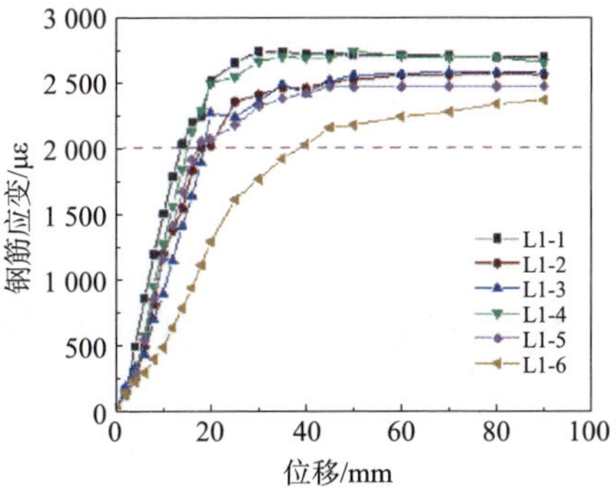

(a)试件 C-CP-ST0

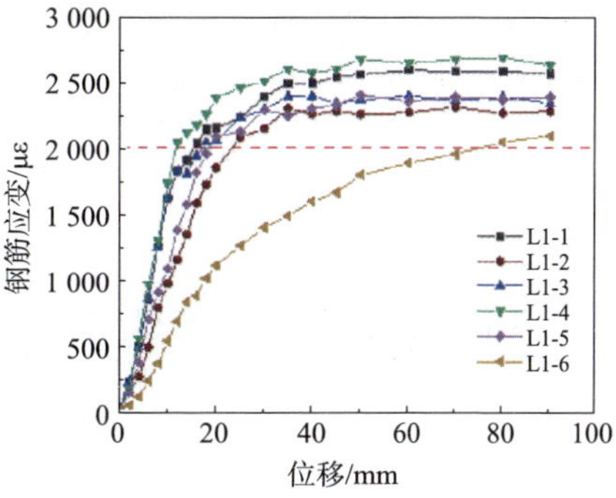

(b)试件 C-GS-ST0

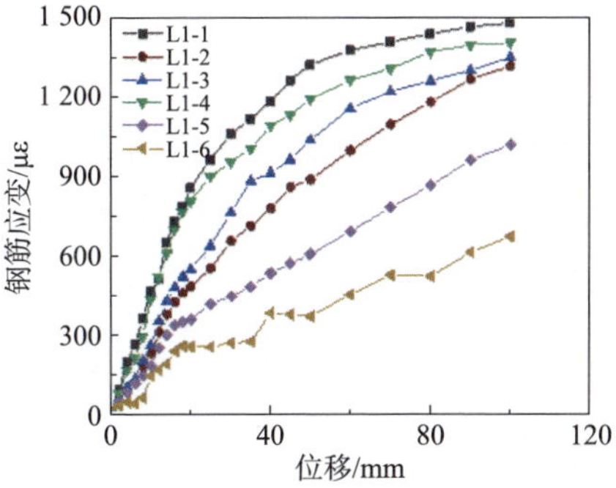

(c)试件 C-GS-ST4

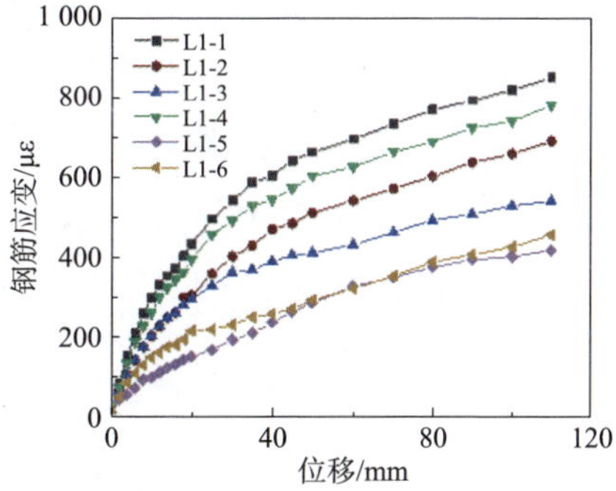

(d)试件 C-GS-ST8

图 7-25　各试件钢筋位移—应变曲线

10)钢管约束混凝土装配式圆形桥墩外包钢管应变曲线

依据试件 C-GS-ST4 和试件 C-GS-ST8 外包钢管的测点 VS1～VS7 的实测应变值,绘制的外包钢管应变曲线如图 7-26 所示。

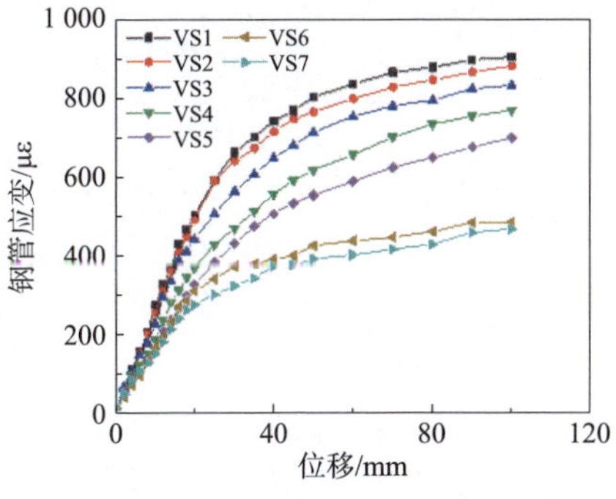

(a)C-GS-ST4

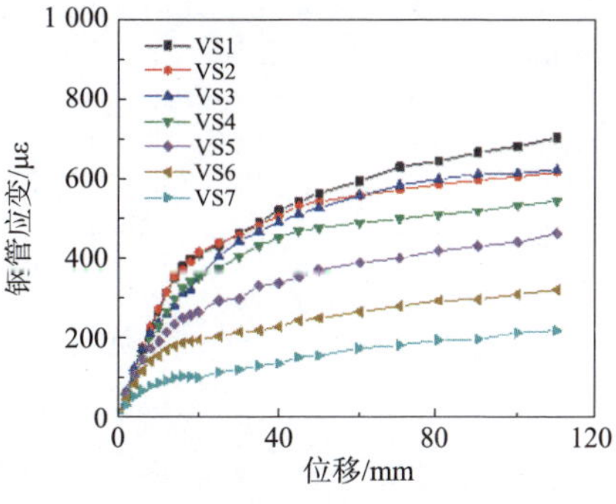

(b)C-GS-ST8

图 7-26　钢管约束混凝土圆形桥墩应变曲线

当水平加载位移小于 20 mm 时,外包钢管处于弹性工作阶段,两个试件应变增长速率相当，加载后期两个试件外包钢管应变增长速率缓慢，试验结束时两个试件外包钢管最大应变分别为900 $\mu\varepsilon$ 和700 $\mu\varepsilon$，由于钢管在柱底部断开，钢管在加载过程中均未发生屈服，有效避免了钢管产生局部损伤。

7.3 预制装配式钢管约束混凝土桥墩拟静力试验有限元分析

7.3.1 材料本构模型

1. 钢筋、钢管和套筒材料本构模型

外包钢管单向拉伸的应力—应变关系采用五线段模型，如图7-27所示。钢管的应力—应变关系曲线分为弹性段（oa）、弹塑性段（ab）、塑性段（bc）、强化段（cd）和二次塑流段（de）五个阶段，数学表达式见式（7-1）。图7-27中，f_y 为钢材屈服强度；f_u 为钢材的极限强度；f_p 为钢材的比例极限；$\varepsilon_e=0.8f_y/E_s$；$\varepsilon_{e1}=0.8f_y/E_s$；$\varepsilon_{e2}=10\varepsilon_{e1}$；$\varepsilon_{e3}=100\varepsilon_{e1}$；$A=0.2f_y/(\varepsilon_{e1}-\varepsilon_e)^2$；$B=2A\varepsilon_{e1}$；$C=0.8f_y+A\varepsilon_e^2-B\varepsilon_e$。

$$\sigma_s=\begin{cases} E_s\varepsilon_s & \varepsilon_s\leqslant\varepsilon_e \\ -A\varepsilon_s^2+B\varepsilon_s+C & \varepsilon_e<\varepsilon_s\leqslant\varepsilon_{e1} \\ f_y & \varepsilon_{e1}<\varepsilon_s\leqslant\varepsilon_{e2} \\ f_y[1+0.6(\varepsilon_s-\varepsilon_{e2})/(\varepsilon_u-\varepsilon_{e2})] & \varepsilon_{e2}<\varepsilon_s\leqslant\varepsilon_{e3} \\ 1.6f_y & \varepsilon_s>\varepsilon_{e3} \end{cases} \tag{7-1}$$

钢筋和灌浆套筒的应力—应变关系采用双折线模型，如图7-28所示。根据钢材试验确定钢筋和套筒的弹性模量 E_b，强化段弹性模量取 $0.01E_b$，泊松比取0.3。

当 $\varepsilon_s\leqslant\varepsilon_y$ 时，$\sigma_s=E_s\varepsilon_s$；当 $\varepsilon_y\leqslant\varepsilon_s\leqslant\varepsilon_{s,k}$ 时，$\sigma_s=f_y$。其中，f_y 为钢筋、灌浆套筒的屈服强度。

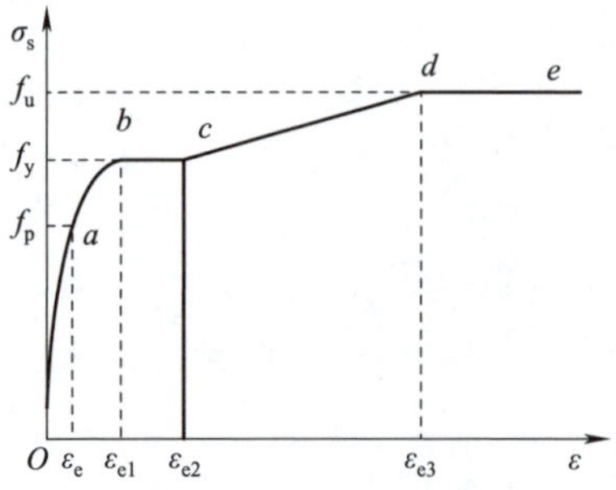

图7-27 钢管本构模型

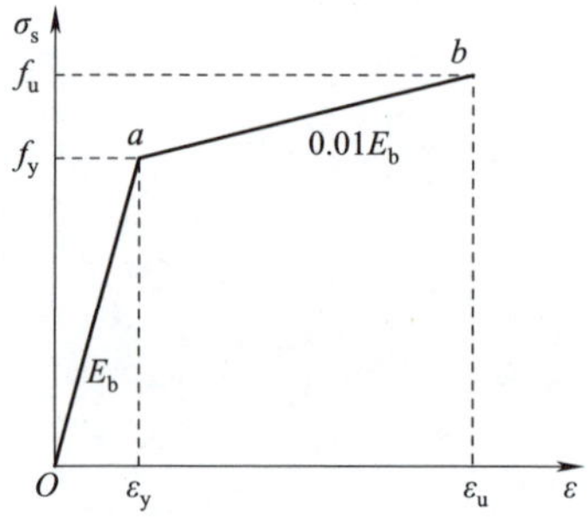

图7-28 钢筋及套筒本构模型

2. 核心混凝土材料本构模型

在初始加载阶段，核心混凝土通常处于单轴压缩状态。随着侧向变形的发展，核心混凝土的横向变形系数超过了钢材的横向变形系数，钢管开始发生侧向压缩。核心混凝土随后进入三轴压缩的应力状态。随着侧向变形的增加，钢与钢筋混凝土之间的法向相互作用力保持被动变化。在足够的约束条件下，核心混凝土的应力—应变模型中可能会出现“应变硬化”状态，该状态受到试样约束因子的影响。

韩林海等人推荐的受压约束圆形或矩形混凝土的应力—应变关系适用于本章有限元模型，可写成

$$\frac{\sigma}{\sigma_0}=\begin{cases}2\cdot(\varepsilon/\varepsilon_0^r)-(\varepsilon/\varepsilon_0^r)^2 & \varepsilon\leqslant\varepsilon_0^r\\ \dfrac{\varepsilon/\varepsilon_0^r}{\beta_0(\varepsilon/\varepsilon_0^r-1)^\eta+\varepsilon/\varepsilon_0^r} & \varepsilon>\varepsilon_0^r\end{cases}\tag{7-2}$$

$$\beta_0=\begin{cases}(2.36\times10^{-5})^{[0.25+(\xi-0.5)^7]}\cdot(f_c')^{0.5}\cdot0.5\geqslant0.12 & \text{圆形截面}\\ \dfrac{(f_c')^{0.1}}{1.2\cdot\sqrt{1+\xi}} & \text{方形截面}\end{cases}\tag{7-3}$$

$$\eta=\begin{cases}2 & \text{圆形截面}\\ 1.6+1.5\varepsilon/\varepsilon_0^r & \text{方形截面}\end{cases}\tag{7-4}$$

$$\varepsilon_0^r=(\varepsilon_c+800\cdot\xi^{0.2}\cdot10^{-6})\cdot\left(1+\frac{r}{\beta}\right)\tag{7-5}$$

$$\beta=65.715\cdot r^2-109.43\cdot r+48.989\tag{7-6}$$

$$\varepsilon_c=(1\,300+12.5\cdot f_c)\cdot10^{-6}\tag{7-7}$$

式中，σ 和 ε 分别为压缩工程应力和应变；σ_0 为核心混凝土的峰值应力；ε_0^r 对应于应变；f_c' 为混凝土的圆柱体压缩应力。

$$\frac{\sigma}{\sigma_p}=\begin{cases}1.2\cdot(\varepsilon/\varepsilon_p)-(\varepsilon/\varepsilon_p)^6 & \varepsilon\leqslant\varepsilon_p\\ \dfrac{\varepsilon/\varepsilon_p}{0.31\varepsilon_p^2(\varepsilon/\varepsilon_p-1)^{1.7}+\varepsilon/\varepsilon_p} & \varepsilon>\varepsilon_p\end{cases}\tag{7-8}$$

$$\sigma_p=0.26\cdot(1.25f_c')^{2/3}\tag{7-9}$$

$$\varepsilon_p=43.1\cdot\sigma_p(\mu\varepsilon)\tag{7-10}$$

式中，σ_p 为核心混凝土的峰值抗拉强度；ε_p 为 σ_p 的应变。

考虑核心混凝土在循环荷载下的累积损伤，采用混凝土损伤塑性模型来反映循环损伤导致的混凝土强度和刚度退化。对于压缩损伤系数，按下式计算：

$$d_c=1-\frac{\sigma E_c^{-1}}{\varepsilon_c^{pl}(1/b_c-1)+\sigma E_c^{-1}}\tag{7-11}$$

式中，b_c 为塑性应变与非弹性应变之比，在该模型中，$b_c=0.7$；E_c 为混凝土的弹性模量。

拉伸损伤系数按下式计算：

$$d_t=\frac{1.24k_t}{\sigma_{t0}}\mu_t^{ck}\leqslant 0.99 \tag{7-12}$$

式中，σ_{t0} 为混凝土的拉伸应力；k_t 为拉伸应力与开裂位移的斜率；μ_t^{ck} 为开裂位移。

循环荷载下核心混凝土的详细本构模型如图 7-29 所示。

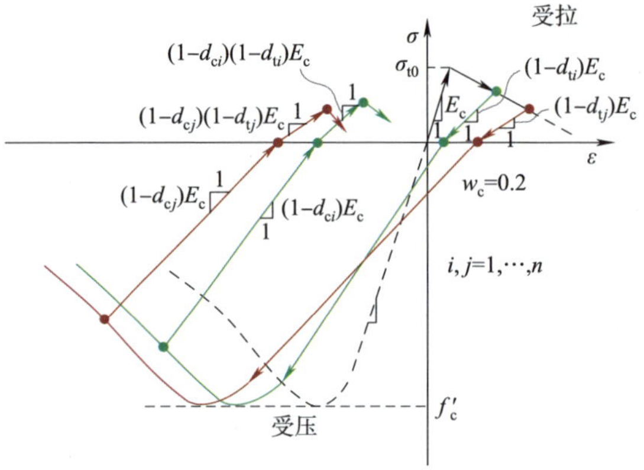

图 7-29 核心混凝土本构模型

7.3.2 材料参数取值

方形钢管约束钢筋混凝土桥墩的基本参数取值如下：混凝土强度为 40 MPa；方钢管厚度 $t=4$ mm，屈服强度为 235 MPa，抗拉极限强度为屈服强度的 1.5 倍；纵筋和箍筋 HRB400，屈服强度为 437 MPa；混凝土的保护层厚度为 25 mm；轴压比 $n=0.1$；桥墩构件尺寸与试验试件尺寸一致。钢筋、钢材以及混凝土材料特性见表 7-7。

表 7-7 材料特性

类　型	弹性模量/GPa	屈服应力/MPa	密度/(kg·m^{-3})	泊松比	抗压强度/MPa	极限强度/MPa
钢筋	200	437.0	7 800	0.3	—	—
钢管	200	313.4	7 900	0.3	—	—
灌浆套筒	200	203.6	7 900	0.3	—	—
核心混凝土	32.6	—	2 500	0.2	45.3	38.5
灌浆料	45.3	—	2 500	0.2	123.6	105.06

7.3.3 有限元模型建立

混凝土柱身、灌浆料、灌浆套筒采用实体结构建模，划分网格时采用 ABAQUS 三维实体单元(Continuum Element)中的 C3D8R(八节点线性减缩积分单元)划分为六面体单元，箍筋和纵筋采用三维线性桁架单元(Truss Element)中的 T3D2(三维两节点桁架单元)模拟，钢管约束混凝土方形桥墩有限元模型如图 7-30 所示。

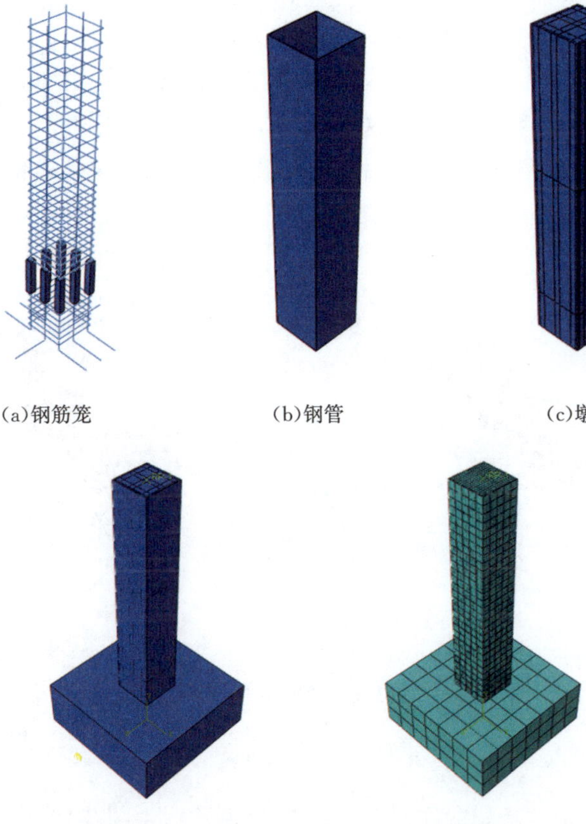

(a)钢筋笼　(b)钢管　(c)墩身

(d)钢管约束混凝土方形桥墩　(e)网格划分

图 7-30　钢管约束混凝土方形桥墩有限元模型

混凝土柱身、灌浆套筒、灌浆料三者之间采用 Tie 进行绑定，三者之间完全粘结。钢筋采用 Embedded Region 的方式内嵌在混凝土和灌浆料中。桥墩底面与承台连接处采用表面与表面接触，设置法向与切向行为。

通过约束基础底面 6 个自由度使底面达到固结的边界条件。墩顶为自由端，加载方式选择为位移单向加载。

7.3.4 有限元分析结果

1. 滞回曲线

对装配式钢管约束混凝土方形桥墩的有限元模型施加与拟静力试验相同的水平往复荷载，得到其有限元分析结果。将试验与数值模拟获得的滞回曲线进行对比，结果如图 7-31 所示，可以发现试验与有限元结果拟合较好，验证了有限元模型的正确性。由图 7-31 可以发现，数值模型和试验模型的滞回曲线基本重合，但是在水平推力方向上试验模型的残余位移稍大于数值模型，相反在水平拉力方向上试验模型的残余位移稍小于数值模型。在位移水平较小时，模型表现出较大的刚度，其后刚度的退化速度较慢，出现这种状况与该模型建立钢筋混凝土关系时采用嵌入式模拟方法有关，后期刚度退化较慢，荷载幅值偏大且无法模拟钢筋断裂的状态，这与输入的钢筋本构有关。

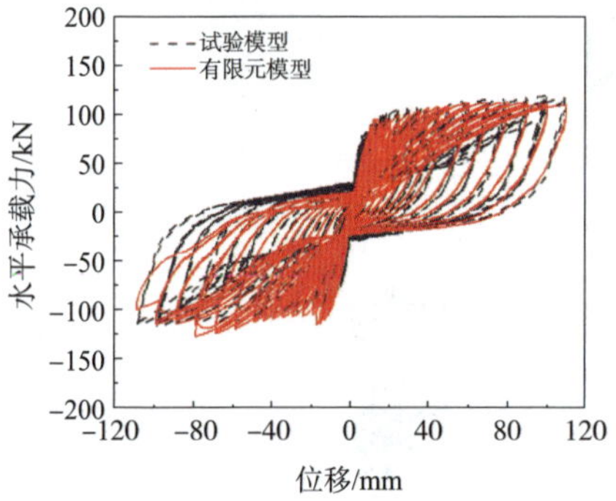

(a)S-GS-ST4

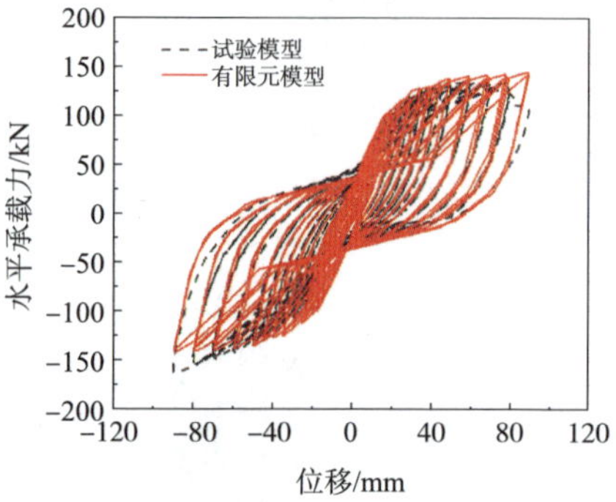

(b)S-GS-ST8

图 7-31 试验与数值模拟滞回曲线对比

2. 骨架曲线

试验与数值模拟的骨架曲线对比如图 7-32 所示。由图 7-32 可知，在前期刚度及峰值承载力方面通过有限元模型得到的骨架曲线与试验模型吻合较好。在推力方向上试验模型墩顶水平推力峰值稍大于数值模型，在拉力方向上试验模型墩顶水平推力峰值稍小于数值模型。

由图 7-32 可以看出，各试件有限元结果在加、卸载两个方向上较为对称，而各试件试验结果在加、卸载两个方向上出现不完全对称现象，这是由于在试验时，各试件本身和加载过程中存在一些不确定因素，例如试件尺寸误差和加载误差等，但在有限元模型中可完全避免这些不确定因素，使得结果较为对称。从有限元结果中可以看出，从进入屈服到加载末期，各试件的骨架曲线相较于试验结果并未出现下降段，这是由于试件在试验加载临近破坏时出现墩底混凝土压碎，使得试件强度快速退化；而有限元模型中将接缝等效为素混凝土柱，接缝模型过刚，无法准确反映试件临近破坏时的强度退化，导致有限元极限荷载偏大。

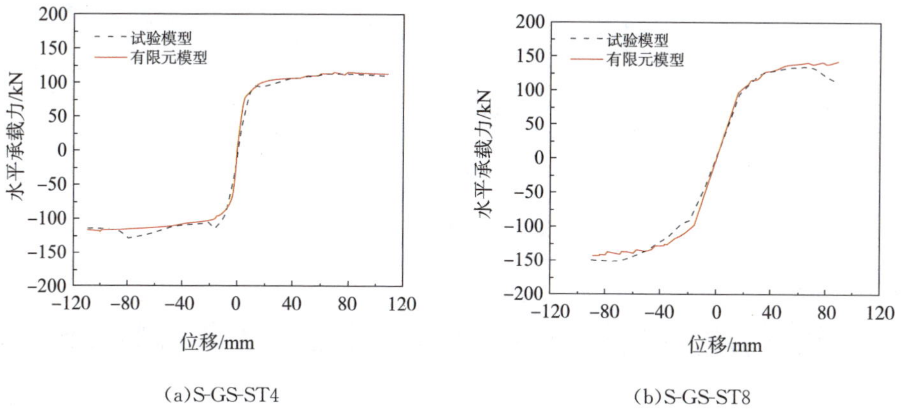

图 7-32 试验与数值模拟骨架曲线对比

为进一步分析各试件试验与有限元结果，将试验与有限元分析获得的骨架曲线特征点列于表 7-8 中。由表 7-8 可以看出，有限元结果中的屈服位移与试验屈服位移一致，但有限元结果中的位移延性系数均大于试验所得结果。这是由于试验时试件在弹塑性阶段刚度逐渐退化，结构变形能力减弱，而有限元模型中在试件进入屈服状态后，其试件刚度衰减相较于试验结果更为缓慢，使得有限元结果中试件延性更强，而试验残余位移与有限元结果较为接近。

表 7-8 方形截面桥墩骨架曲线特征点参数对比

试 件	Δ_y/mm		P_m/kN		Δ_u/mm		P_u/kN		μ_Δ	
	试验	有限元	试验	有限元	试验	有限元	试验	有限元	试验	有限元
S-GS-ST4	17.93	17.68	112.61	119.47	110	109.62	95.71	117.47	6.13	6.20
S-GS-ST8	19.95	19.82	135.28	141.32	90	89.58	114.99	138.11	4.50	4.52

3. 耗能曲线

方钢管约束的装配式混凝土桥墩试件的耗能曲线有限元数值分析与试验结果的对比如图 7-33 所示。由图 7-33 可以看出，耗能曲线的各项特征指标均较为接近。试件 S-GS-ST4 数值模拟得到的总耗能为 69.76 kN·m，试验结果为 70.92 kN·m，相差约为 1.7%；试件 S-GS-ST8 数值模拟得到的总耗能为 84.83 kN·m，试验结果为 85.37 kN·m，相差约为 0.64%，吻合度较高。

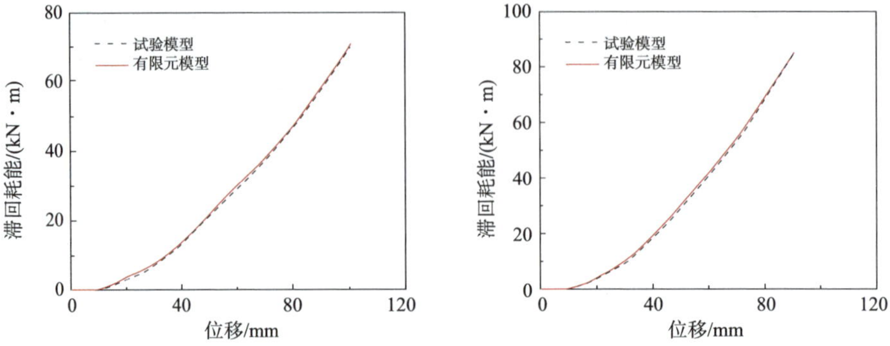

(a)S-GS-ST4　　(b)S-GS-ST8

图 7-33　试验与数值模拟耗能曲线对比

7.4　预制装配式钢管约束混凝土桥墩抗震性能影响参数分析

为进一步分析装配式钢管约束混凝土桥墩的抗震性能，通过改变外包钢管厚度、钢管强度、轴压比和核心混凝土强度，对装配式钢管约束混凝土桥墩施加循环往复荷载，获得不同设计参数下装配式钢管约束混凝土桥墩的响应，分析不同参数对装配式钢管约束混凝土桥墩抗震性能的影响。表 7-9 列出了基准试件的模型参数。

表 7-9　基准试件模型的参数

桥墩高度/mm	2 300	钢材弹性模量/MPa	2.06×10^5
桥墩墩身截面尺寸/mm	400×400	钢材强度/MPa	235
桥墩墩顶高度/mm	300	核心混凝土弹性模量/MPa	326×10^5
外包方钢管厚度/mm	4	混凝土等级	C40
外包方钢管高度/mm	2 300	轴压比	0.1

7.4.1　钢管厚度

不同外包钢管厚度的桥墩试件骨架曲线如图 7-34 所示，特征值见表 7-10。通过对比不同钢管厚度下力—位移曲线可知，随着钢管厚度增加，构件水平抗弯承载力增加的同时，力—位移曲线的下降段变得更平缓。结合图 7-34 与表 7-10 可知，钢管厚度在 2～12 mm 范围内，随着外包钢管厚度的增大，装配式钢管约束混凝土方形桥墩的水平峰值荷载提升明显，增幅分别为 27.06%、11.16%、10.01%、1.77%、3.23%，可见钢管厚度在 2～8 mm 范围内水平峰值荷载增长幅度较大，钢管厚度超过 8 mm，水平抗弯承载力增长幅度不超过 5%。外包钢管厚度对桥墩初始刚度和位移延性系数数值波动范围较大,钢管厚度越大,桥墩初始切线刚度越大,但延性位移系数逐渐降低。

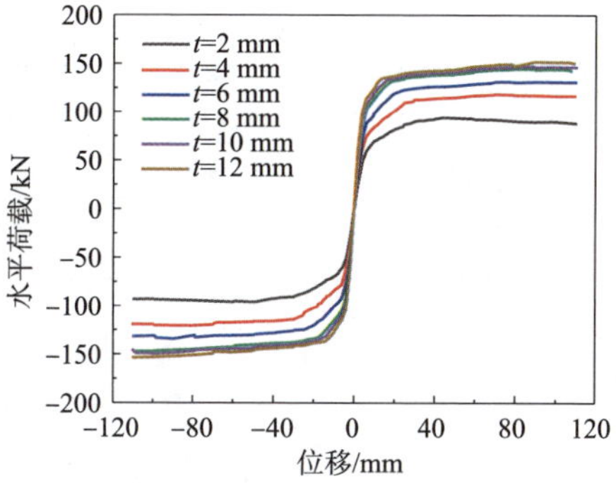

图 7-34　各外包钢管厚度下桥墩试件骨架曲线对比

表 7-10　各外包钢管厚度下桥墩试件骨架曲线特征值

t/mm	Δ_y/mm	P_y/kN	P_m/kN	P_u/kN	μ_Δ	K_0/(kN·m^{-1})
2	15.93	77.17	94.03	79.93	6.90	15 315.79
4	17.68	98.84	119.47	101.55	6.20	18 894.74
6	17.95	117.62	132.33	112.48	6.10	22 989.47
8	19.95	135.28	145.58	123.74	5.40	27 768.42
10	24.61	138.19	148.15	125.93	4.46	30 955.06
12	24.76	141.08	152.94	129.99	4.40	32 798.97

7.4.2　钢管强度

方钢管屈服强度取 Q235、Q345、Q420 三种常见的钢材强度。不同钢管强度下桥墩骨架曲线对比如图 7-35 所示,特征值见表 7-11。结合图 7-35 与表 7-11 可知,随着钢管强度的增大,桥墩的水平抗弯承载力、屈服荷载显著提高,屈服位移略微增大,初始切线刚度明显增大,位移延性略有下降。钢管约束核心混凝土墩身与混凝土共同承受往复荷载,钢管屈服强度增大可提高桥墩抗弯承载力,延缓桥墩进入屈服阶段,增大屈服位移导致桥墩延性系数减小。相较于设置 Q235 钢管的钢管约束装配式混凝土方形桥墩,设置 Q345 和 Q420 外包钢

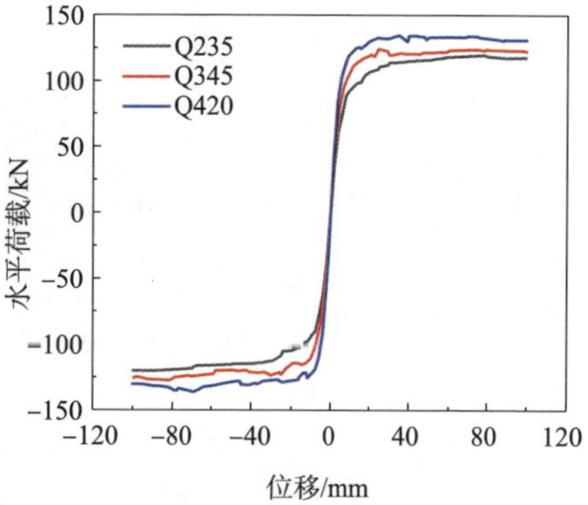

图 7-35　各外包钢管强度下桥墩试件骨架曲线对比

管的桥墩初始切线刚度的增幅分别为 7.67%和 20.30%，水平抗弯承载力的增幅分别为 4.48%和 13.08%。

表 7-11　各外包钢管强度下桥墩试件骨架曲线特征值

钢管种类	Δ_y/mm	P_y/kN	P_m/kN	P_u/kN	μ_Δ	K_0/(kN·m^{-1})
Q235	17.68	98.84	119.47	101.55	6.20	18 894.74
Q345	18.68	119.54	124.82	106.10	5.89	20 343.15
Q420	19.99	130.86	135.10	114.84	5.50	24 553.33

7.4.3 轴压比

轴压比取值范围设定为 0.1～0.5。试件在不同轴压比下的骨架曲线如图 7-36 所示，特征值见表 7-12。由图 7-36 和表 7-12 可知，在加载初期，不同轴压比的桥墩骨架曲线基本重合，各试件初始刚度基本相等，刚度无明显变化。轴压比从 0.1 增大到 0.2，桥墩的水平峰值荷载和初始切线刚度分别提高了 36.34%和 44.69%，位移延性系数减小了 10.16%。达到屈服后，骨架曲线基本平行，屈服后刚度基本相等；轴压比越大，桥墩试件的抗弯承载力越高，位移延性系数越低，且在轴压比为 0.5 时，骨架曲线下降段尤为明显，因为轴压力的增加使得混凝土在往复荷载下碎裂严重，因此试件在高轴压比时下降段比低轴压比下降更快。

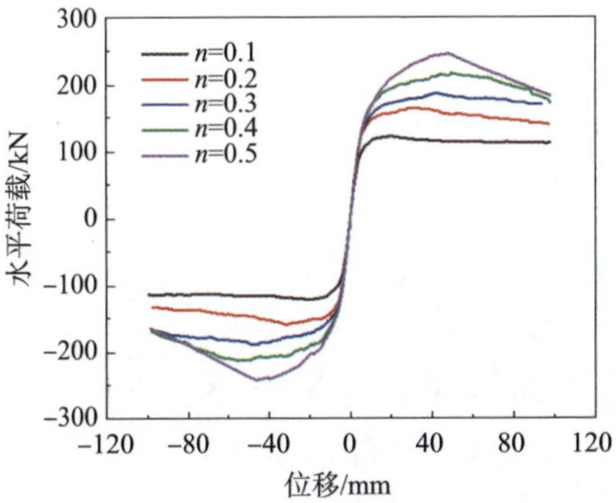

图 7-36　各轴压比下桥墩试件骨架曲线对比

表 7-12　各轴压比下桥墩试件骨架曲线特征值

n	Δ_y/mm	P_y/kN	P_m/kN	P_u/kN	μ_Δ	K_0/(kN·m^{-1})
0.1	17.68	98.84	119.47	101.55	6.20	18 894.74
0.2	19.76	155.08	163.24	138.75	5.57	27 338.71
0.3	22.18	173.59	187.00	158.95	4.96	28 140.70
0.4	24.53	199.55	214.80	182.58	4.48	29 454.05
0.5	29.86	220.33	245.29	208.50	3.68	30 353.04

7.4.4　混凝土强度

核心混凝土强度取值范围为 C30～C60,不同混凝土强度下试件的骨架曲线如图 7-37 所示,特征值见表 7-13。结合图 7-37 与表 7-13 可知,随着混凝土强度的增大,桥墩的参数均有一定程度的提高,但提高并不明显。混凝土强度由 C30 增加到 C40,桥墩的初始切线刚度增大了 2.05%,峰值荷载位移增大了 1.84%,位移延性系数降低了 5.49%;混凝土强度由 C40 增加到 C50,桥墩的初始切线刚度增大了 5.26%,峰值荷载位移增大了 1.56%,位移延性系数降低了 4.52%。说明核心混凝土强度对方形钢管约束的装配式混凝土桥墩抗震性能影响不明显。

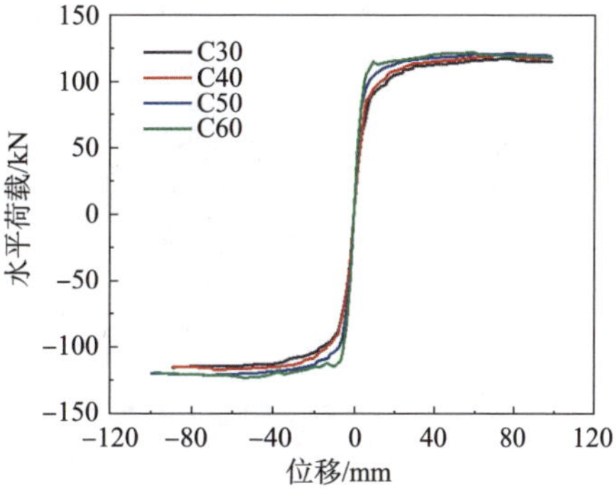

图 7-37　不同混凝土强度下桥墩试件骨架曲线对比

表 7-13　不同混凝土强度下桥墩试件骨架曲线特征值

混凝土强度	Δ_y/mm	P_y/kN	P_m/kN	P_u/kN	μ_Δ	K_0/(kN·m^{-1})
C30	16.76	97.34	117.31	99.71	6.56	18 515.78
C40	17.68	98.84	119.47	101.55	6.20	18 894.74
C50	18.57	111.95	121.33	158.95	5.92	19 889.50
C60	19.78	114.98	122.81	182.58	5.56	20 317.50

7.5　预制装配式钢管约束混凝土圆形实桥桥墩抗震性能分析

7.5.1　实桥桥墩尺寸构造

本节设计了现浇、装配式钢筋混凝土及装配式钢管约束混凝土三类圆形桥墩 1∶5 的足尺有限元模型,其中各桥墩配筋率不变,装配式钢管约束混凝土圆形桥墩外包钢管厚度选取 4 mm。装配式钢管约束混凝土圆形实桥桥墩尺寸如图 7-38 所示,加载制度如图 7-39 所示。

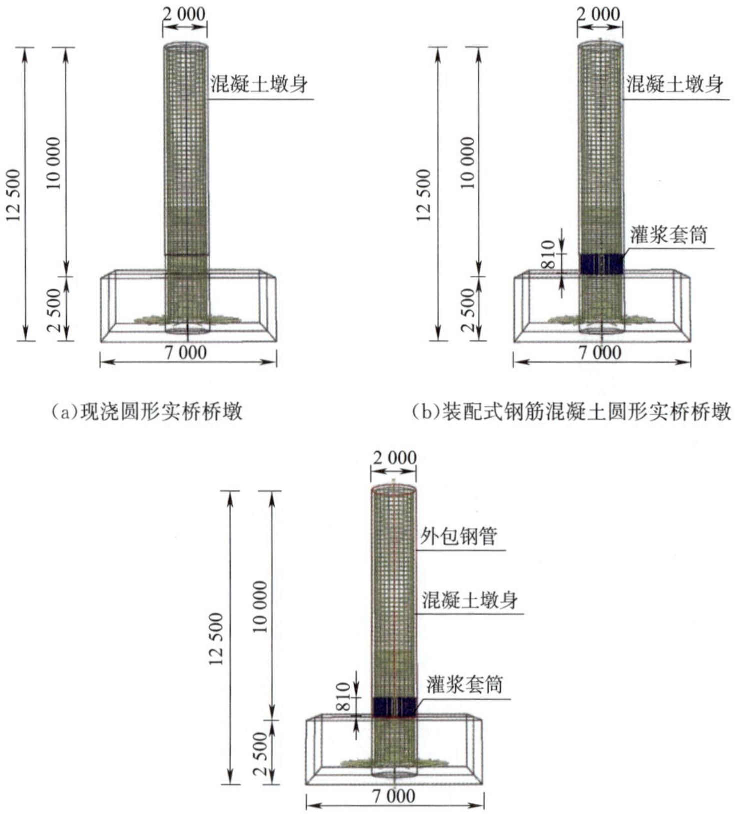

(a)现浇圆形实桥桥墩　　(b)装配式钢筋混凝土圆形实桥桥墩

(c)装配式钢管约束混凝土圆形实桥桥墩

图 7-38　圆形实桥桥墩尺寸(单位:mm)

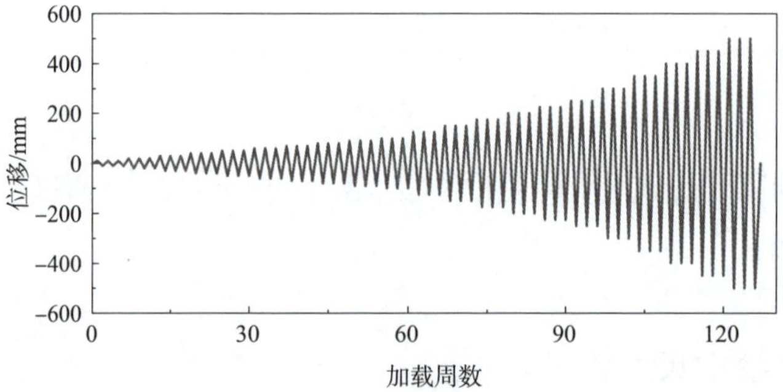

图 7-39　实桥桥墩加载制度

7.5.2　圆形实桥桥墩有限元分析结果

通过对圆形实桥桥墩有限元模型施加低周循环往复荷载,获得相应的滞回曲线和骨架曲线,如图 7-40 所示。各实桥桥墩骨架曲线特征点参数见表 7-14。

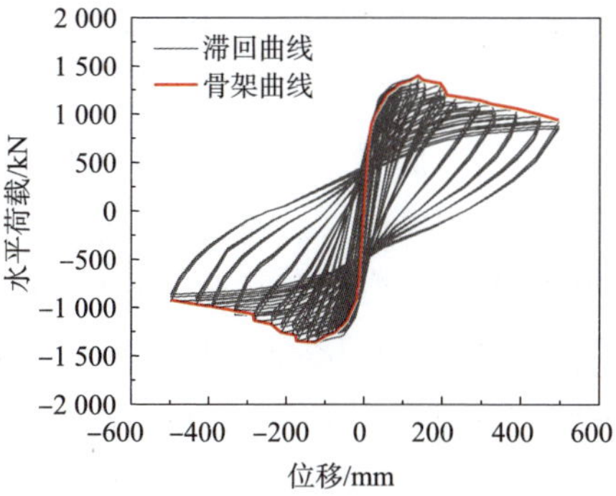

(a)现浇圆形实桥桥墩

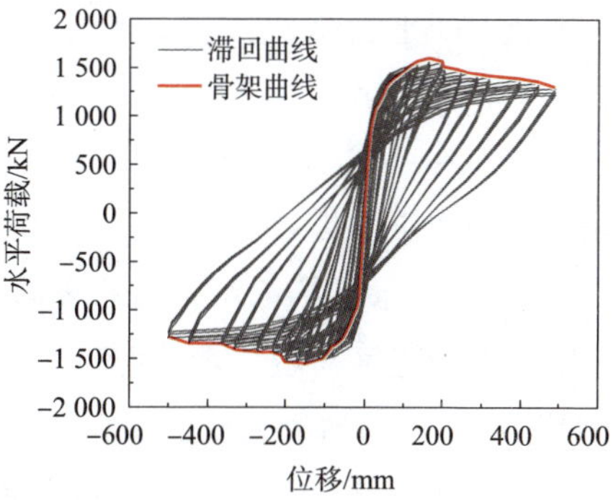

(b)装配式钢筋混凝土圆形实桥桥墩

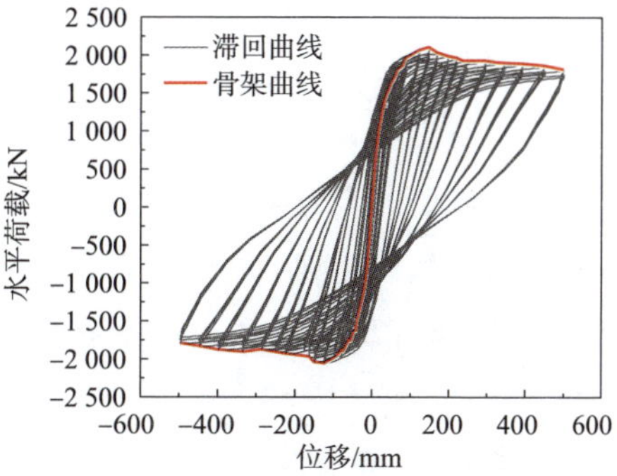

(c)装配式钢管约束混凝土圆形实桥桥墩

图 7-40　实桥桥墩主要曲线对比

表 7-14　各实桥桥墩骨架曲线特征点参数

试件类型	Δ_y/mm	P_y/kN	P_m/kN	P_u/kN	μ_Δ	K_0/(kN·m^{-1})
现浇圆形实桥桥墩	77.32	1 248.41	1 383.64	1 176.09	6.47	23 320.83
装配式圆形实桥桥墩	86.82	1 388.73	1 586.67	1 348.67	5.76	25 312.50
装配式钢管约束混凝土圆形实桥桥墩	93.30	1 848.53	2 089.31	1 775.91	5.35	29 284.48

根据图 7-40 可知，在低周循环往复荷载作用下，各桥墩墩身材料逐渐由弹性阶段进入弹塑性阶段，桥墩滞回曲线斜率逐渐减小，滞回环面积逐渐增大，耗能能力逐渐增强。

根据图 7-40 和表 7-14 可知，实桥桥墩骨架曲线整体趋势分为上升段、强化段和下降段。加载初期，桥墩基本处于弹性状态，墩身塑性变形较少，初始刚度较大。随着墩顶荷载的增加，桥墩的承载力逐渐增大。装配式钢管约束混凝土圆形实桥桥墩由于设置钢管，外包钢管与墩身钢筋混凝土协同工作，对墩身混凝土施加径向约束，提高墩身初始刚度，减少墩身塑性损伤，延缓桥墩进入塑性阶段，对桥墩水平抗弯承载力产生积极影响。装配式钢管约束混凝土圆形实桥桥墩初始切线刚度、屈服位移和水平承载力峰值较现浇(装配式)圆形实桥桥墩分别增大了25.57%(15.69%)、20.37%(7.46%)和51.00%(31.68%)。随着荷载不断增大,桥墩主要纵筋达到屈服强度,墩身损伤逐渐累积,墩身刚度逐渐退化。峰值荷载之后,随着位移的增加,水平抗弯承载力逐渐减小。装配式钢管约束混凝土圆形实桥桥墩由于墩身外包钢管与墩身钢筋混凝土共同受力,一定程度上减少了墩身损伤累积,延缓刚度退化,使得桥墩骨架曲线下降段斜率较现浇和装配式圆形实桥桥墩有所减小。综上所述,在低周循环往复荷载作用下,装配式钢管约束混凝土圆形实桥桥墩滞回曲线饱满,具有较高的水平抗弯承载力和较强的耗能能力,表现出优异的抗震性能。

小　结

采用拟静力试验方法对2个方钢管约束的装配式混凝土桥墩和2个圆钢管约束的装配式混凝土桥墩展开抗震性能研究,并对方钢管约束的装配式混凝土桥墩进行有限元建模数值分析,在验证有限元模型正确性的基础上进一步研究钢管厚度、钢管强度、轴压比及核心混凝土强度对钢管约束的装配式混凝土桥墩抗震性能的影响。结合试验研究和数值分析,得出以下结论:

(1)三类桥墩均为整体压弯破坏形态。整个加载过程中,现浇桥墩在墩底形成塑性铰,破坏最严重;装配式钢筋混凝土桥墩墩底接缝处破坏严重;钢管约束混凝土桥墩墩身在加载方向上发生明显的弯曲现象,但外包钢管均无明显的鼓曲,表明该类装配式混凝土桥墩连接效果良好。

(2)钢管约束装配式混凝土桥墩的滞回曲线较为饱满,其滞回性能优于装配式钢筋混凝土桥墩。与现浇桥墩和装配式钢筋混凝土桥墩相比,钢管约束装配式混凝土桥墩的水平峰值荷载和极限位移显著提高,滞回耗能能力更加优越,强度和刚度退化相近,各桥墩均有很好的延性性能,且均满足一般结构位移延性系数大于3的抗震要求,表明钢管约束装配式混凝土桥墩抗震性能优于现浇桥墩和装配式钢筋混凝土桥墩。

(3)外包钢管厚度、钢管强度及轴压比的增大可显著提高对钢管约束装配式混凝土圆形桥墩的抗弯承载力、屈服荷载、屈服位移和初始切线刚度,对桥墩抗震性能产生积极影响。核心混凝土强度变化对桥墩的骨架曲线影响较小。

(4)通过实桥抗震性能分析,在低周循环往复荷载作用下,钢管约束装配式混凝土实桥桥墩滞回曲线饱满,耗能能力强,抗弯承载力高,具有比现浇桥墩和装配式钢筋混凝土桥墩更好的抗震性能,可将钢管约束装配式混凝土桥墩应用于高烈度地震区。

第8章 中空夹层预制装配式混凝土桥墩构造体系与抗震性能

实际工程中,传统预制装配式桥墩具有施工速度快、构件质量好、对现有交通和环境影响小等优点,但传统预制装配式实心桥墩运输和吊装重量大,经济效益较差,与此同时,传统桥墩墩身核心混凝土在实际工作中发挥作用十分有限。针对传统预制装配式实心桥墩存在的问题,为了提高预制装配式桥墩抗震性能,同时兼顾传统预制装配式桥墩的优势,提出在桥墩墩身核心混凝土部分预埋中空夹层钢管的中空夹层预制装配式混凝土桥墩。将中空钢管预埋在桥墩墩身核心部分来代替核心混凝土,减轻预制装配式桥墩整体重量,提高桥墩经济效益。中空夹层钢管具有较强的刚度和弹性变形能力,且与混凝土之间具有较好的协同工作能力,对桥墩整体强度和刚度起到了有效的补强作用,提高了桥墩墩身整体刚度和抗弯承载力。

8.1 中空夹层预制装配式混凝土桥墩设计构造

预制装配式桥墩普遍存在运输、吊装质量大,核心混凝土发挥作用有限等问题,针对上述问题,提出了一种中空夹层预制装配式桥墩,通过在墩身内一定区段预埋中空夹层钢管来代替核心混凝土,在降低墩身质量的同时,提高了截面的抗弯刚度。

中空夹层预制装配式混凝土方形桥墩墩身设计尺寸为 400 mm×400 mm×2 000 mm,加载段尺寸为 400 mm×400 mm×300 0mm,承台尺寸为 1 400 mm×1 400 mm×500 mm。中空夹层预制装配式混凝土圆形桥墩墩身直径为 400 mm,高度为 2 000 mm,加载段尺寸为 400 mm×400 mm×300 mm,承台尺寸为 1 400 mm×1 400 mm×500 mm。

中空夹层预制装配式混凝土方形、圆形桥墩的加载段、墩身和承台均采用 C40 混凝土,纵筋和箍筋直径、种类及内置钢管参数见表 8-1。桥墩选用灌浆套筒的高度为 320 mm,套筒外径为 42 mm,套筒段钢筋锚固段长度为 130 mm。桥墩墩身内自墩底向上 600～1 700 mm 范围内预埋 Q235 圆形截面中空钢管，如图 8-1 所示。

表 8-1　桥墩配筋参数

试件类型	纵筋		箍筋		内置钢管		
	直径/mm	种类	直径/mm	种类	壁厚/mm	外径/mm	种类
中空夹层预制装配式混凝土方形桥墩	16	HRB400E	8	HRB400E	6	168	Q235
中空夹层预制装配式混凝土圆形桥墩	16	HRB400E	8	HRB400E	6	168	Q235

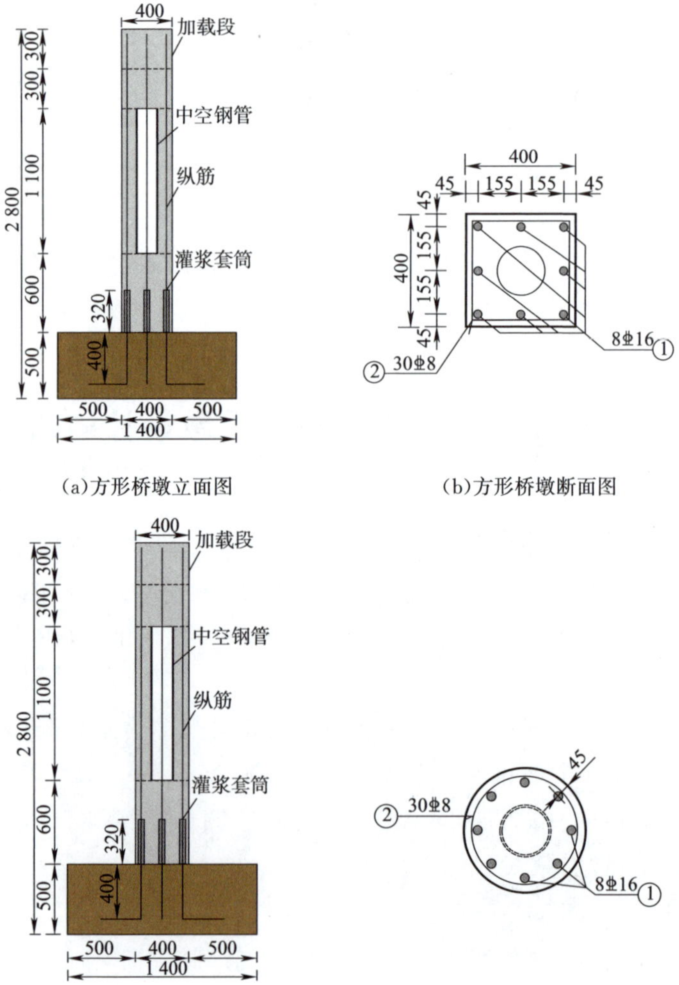

(a)方形桥墩立面图　　(b)方形桥墩断面图

(c)圆形桥墩立面图　　(d)圆形桥墩断面图

图 8-1　中空夹层预制装配式混凝土方形、圆形桥墩设计构造(单位:mm)

8.2　中空夹层预制装配式混凝土桥墩拟静力试验

8.2.1　拟静力试验方案

拟静力试验可以研究桥墩在静力作用下的力学反应和破坏机理，分析桥墩的静力承载力、延性和刚度等基本力学性能。试验过程中，水平荷载采用 MTS 液压伺服作动器来施加，竖向荷载通过液压千斤顶来施加。试验过程中，调节千斤顶油压以保持轴向力的恒定，试验的测试数据主要包括：墩顶水平位移、墩柱与承台界面的相对位移以及钢筋和混凝土应变等，加载示意及实景如图 8-2 所示。

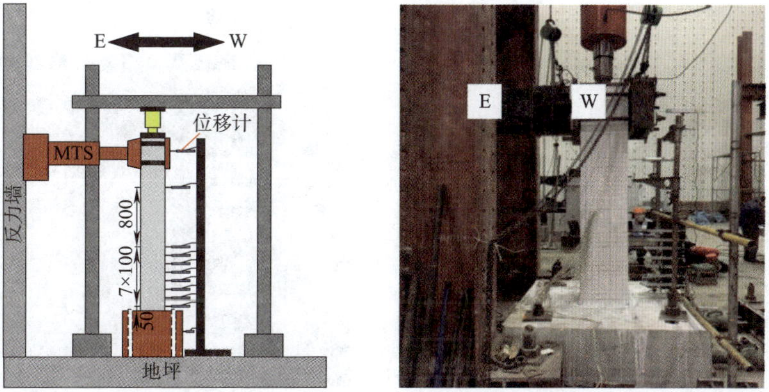

(a)示意图　　(b)实景图

图 8-2　拟静力试验加载示意图及实景图(单位：mm)

8.2.2　试件加工

中空夹层预制装配式混凝土方形、圆形桥墩的加工流程一致，如图 8-3 所示。其加工流程主要包括：钢筋笼绑扎、粘贴应变片、安放中空钢管、立模、浇筑混凝土、墩身与承台装配、灌注超高性能混凝土灌浆料等，如图 8-4 所示。

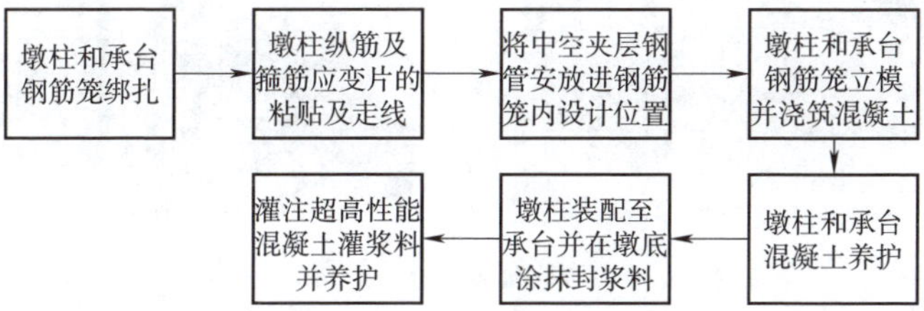

图 8-3　中空夹层预制装配式混凝土桥墩加工流程

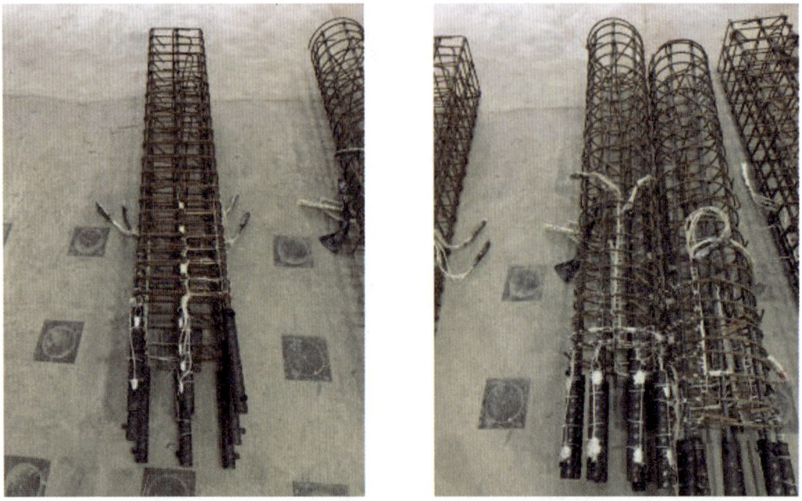

(a)墩柱纵筋及箍筋应变片的粘贴及走线

(b)中空夹层钢管安放进钢筋笼内设计位置

(c)墩柱和承台钢筋笼立模

图 8-4

(d)墩柱和承台混凝土浇筑

(e)墩柱和承台混凝土养护

(f)墩柱装配至承台并在墩底坐浆

图　8-4

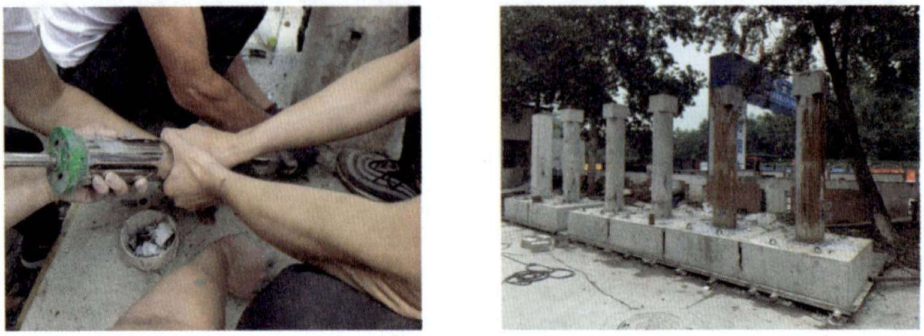

(g)灌注超高性能混凝土灌浆料并养护

图 8-4　中空夹层预制装配式混凝土桥墩加工制作实景

8.2.3　试件测试工况和测点布置

1. 试件测试工况

中空夹层预制装配式混凝土桥墩拟静力试验工况:加载过程竖向荷载轴压比保持为 0.10,水平荷载从零开始逐步递增直至结构或构件破坏。整个水平加载过程均由位移来控制,0～20 mm 为 2 mm 一级进行加载,20～50 mm 为 5 mm 一级进行加载,50～90 mm 为 10 mm 一级进行加载,每一级荷载均持荷三次,拟静力试验加载制度如图 8-5 所示。

试验加载过程中,墩柱垂直于加载方向的两个面分别记为东面和西面,平行于加载方向的两个面分别记为北面和南面,如图 8-6 所示。

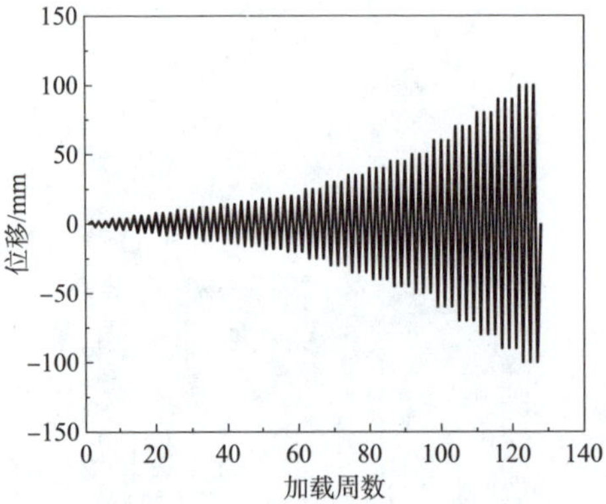

图 8-5　拟静力试验加载制度

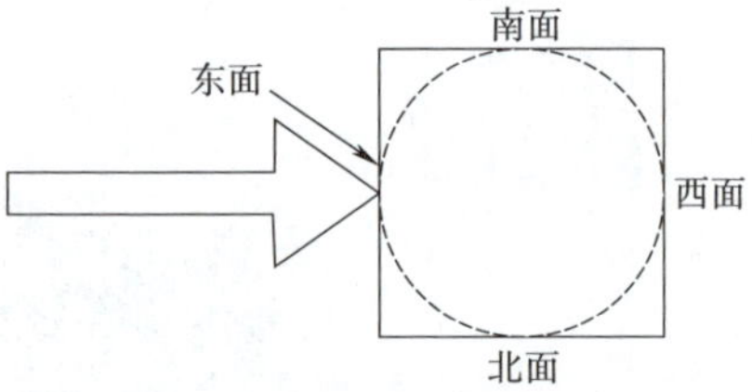

图 8-6　试件标记示意图

2. 试件测点布置

试验过程中,中空夹层预制装配式混凝土桥墩试件量测项目主要包括墩柱钢筋骨架主要受力钢筋应变、试件墩身裂缝宽度、塑性铰区墩身曲率和墩柱侧向位移。通过在墩柱钢筋骨架主要受力钢筋上粘贴应变片来获得加载过程中墩柱主要受力钢筋的应变变化。在垂直加载方向面一侧，墩柱自墩底向上 5 cm 开始每间隔 10 cm 布置一个位移计，共布置 8 个位移计来测量试验过程中墩身变形，以此来获得墩身实测曲率变化。在平行加载方向面一侧，自墩柱加载段顶面向下 45 cm 和 155 cm 处各布置一个位移计来获得两个截面的墩柱侧向位移。应变测点布置和位移计测点布置如图 8-7 和图 8-8 所示。

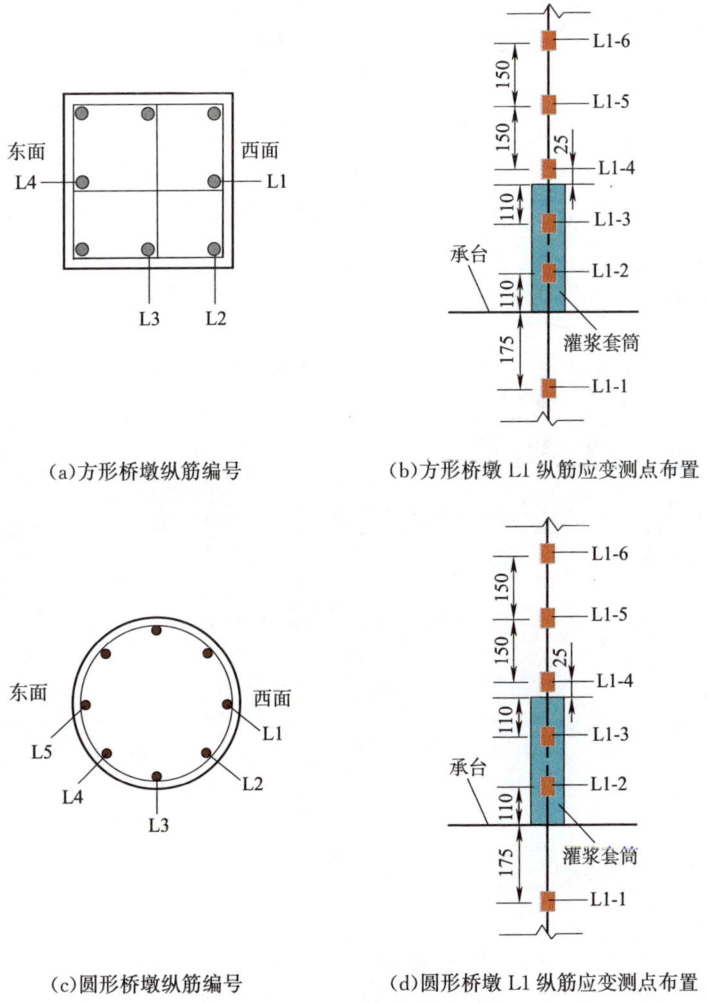

(a)方形桥墩纵筋编号　(b)方形桥墩 L1 纵筋应变测点布置

(c)圆形桥墩纵筋编号　(d)圆形桥墩 L1 纵筋应变测点布置

图 8-7　预制装配式桥墩应变测点布置示意图(单位：mm)

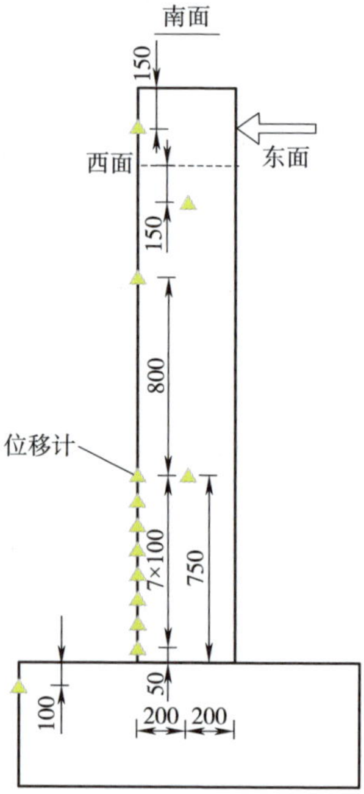

图 8-8　预制装配式桥墩位移计测点布置(单位:mm)

8.2.4　材料性能试验

本章所设计试验构件纵筋采用 HRB400 级钢筋,箍筋采用 HRB400 级钢筋,根据《金属材料　拉伸试验　第 1 部分:室温试验方法》(GB/T 228.1—2010)进行材料静态拉伸力学性能试验,钢筋和灌浆套筒材料荷载—位移曲线如图 8-9 所示。

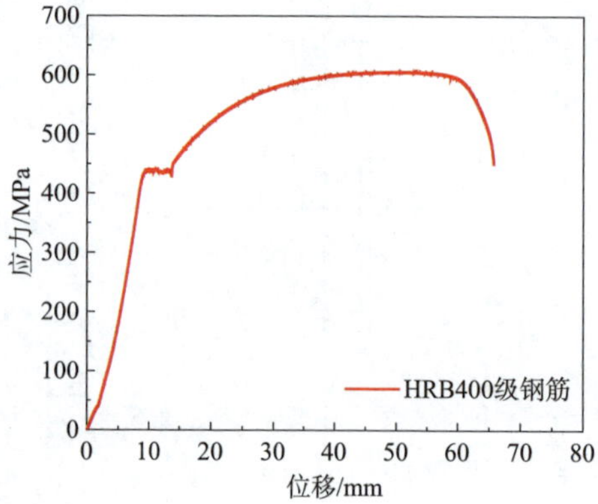

(a)HRB400 级钢筋荷载—位移曲线

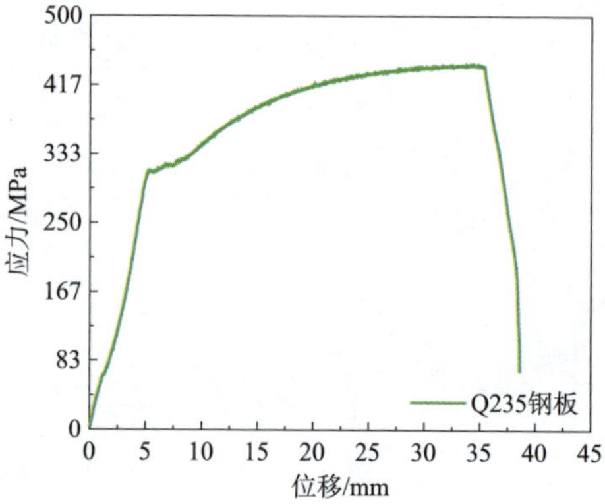

(b)中空钢管荷载—位移曲线

图　8-9

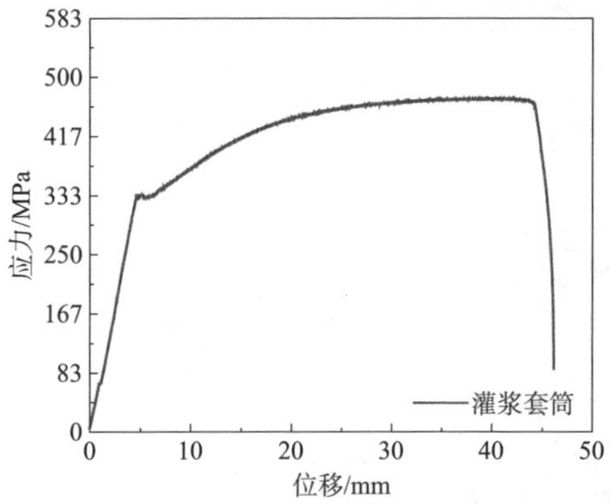

(c)灌浆套筒荷载—位移曲线

图 8-9　材料荷载—位移曲线

超高性能灌浆料抗折强度测试依据《水泥胶砂强度检验方法(ISO 法)》(GB/T 17671)中的规定,制作尺寸为 40 mm×40 mm×160 mm 的棱柱体试件,抗折强度试验设备采用抗折强度试验机进行,如图 8-10(a)所示。抗折强度试验完成后,取出两个半截试体进行抗压强度测试。

超高性能套筒灌浆料抗压强度试验方法符合国家标准《水泥胶砂强度检验方法(ISO 法)》(GB/T 17671)。试验设备采用抗压强度试验机,试验机要求符合现行建材行业标准《水泥胶砂强度自动压力试验机》(JC/T 960)中的有关规定,如图 8-10(b)所示。

C40 混凝土抗压强度试验方法符合国家标准《混凝土物理力学性能试验方法标准》(GB/T 50081—2019),立方体试件尺寸为 150 mm×150 mm×150 mm,试验设备采用 STYE-2000C 全自动压力试验机,试验机量程为 0～2 000 kN,示值精度为±1%,试验机要求符合现行国家标准《液压式万能试验机》(GB/T 3159)和《试验机通用技术要求》(GB/T 2611)的有关规定,如图 8-10(c)所示。

(a)抗折强度试验　　(b)抗压强度试验　　(c)立方体抗压强度试验

图 8-10　材料性能试验

桥墩材料性能参数见表 8-2。

表 8-2 桥墩材料性能参数

材料类别	弹性模量/GPa	屈服强度/MPa	立方体抗压强度/MPa	极限抗拉强度/MPa
C40 混凝土	32.6	—	45.3	—
超高性能灌浆料	45.3	—	123.6	7.9
HRB400 级钢筋	206.0	437.0	—	603.9
中空钢管	206.0	310.9		
灌浆套筒	206.0	330.6	—	310.8

8.2.5 拟静力试验结果分析

1. 中空夹层预制装配式混凝土方形桥墩

1)试验现象

位移控制加载初期,加载位移 6 mm,现浇方形桥墩试件自墩底向上约 32 cm 范围内产生多条水平裂缝,分布间距较均匀,间距 15～20 cm,裂缝宽度约为 0.06 mm。普通预制装配式方形桥墩和中空夹层预制装配式方形桥墩试件首次出现自柱脚向中心发展水平裂缝,裂缝宽度均为 0.02 mm,距墩底的距离分别约为 30 cm 和 31 cm,此处约为普通预制装配式方形桥墩和中空夹层预制装配式方形桥墩试件套筒顶部刚度变化截面附近,如图 8-11 所示。而后普通预制装配式方形桥墩和中空夹层预制装配式方形桥墩试件首条裂缝继续发展至贯通整个东面和西面,并向南面和北面试件中性轴附近水平延伸。继续加载,中空夹层预制装配式方形桥墩试件在首条裂缝上下不断有水平贯穿裂缝出现,各条裂缝分布间距比较均匀,约为 15 cm。当加载位移 8 mm 时,中空夹层预制装配式方形桥墩试件东面自墩底向上约 70 cm 的预埋中空钢管底部刚度变化截面附近出现水平贯穿裂缝,裂缝宽度约为 0.08 mm,并向试件南面和北面中性轴方向水平延伸。加载初期低荷载水平下,普通预制装配式方形桥墩和中空夹层预制装配式方形桥墩试件墩底与承台结合面接缝处均未开裂并张开,说明在较低荷载等级下,普通预制装配式方形桥墩和中空夹层预制装配式方形桥墩试件墩底与承台结合面接缝处不是较薄弱的部位。

随着加载位移不断增大,3 个试件水平承载力逐渐增大到其承载力峰值并开始下降,在其加载过程中,现浇方形桥墩试件在加载初期墩身东面和西面的裂缝开展迅速,宽度发展至 2 mm 以上。普通预制装配式方形桥墩和中空夹层预制装配式方形桥墩试件东面和西面在加载初期套筒顶部以及中空夹层预制装配式方形桥墩试件预埋中空钢管底部墩身刚度变化截面产生的水平裂缝宽度也开展至 2 mm

以上，十分明显。在往复荷载不断作用下，3个试件墩身陆续出现多条弯曲水平裂缝延伸至南面和北面中性轴截面，并在此交汇在一起。加载位移的增大使现浇桥墩试件墩底产生劈裂裂缝，墩底混凝土起皮、剥落，并有少量压碎；普通预制装配式方形桥墩和中空夹层预制装配式方形桥墩试件墩底与承台结合面接缝处均有不同程度的张开，并向结合面内部有一定深度的贯通。

(a)现浇方形桥墩

(b)普通预制装配式混凝土方形桥墩

(c)中空夹层预制装配式混凝土方形桥墩

图8-11 各类方形桥墩裂缝分布及破坏形态

在往复荷载作用下，3个试件损伤逐渐累积，垂直加载方向的东面和西面主要受力纵筋均达到屈服强度，现浇方形桥墩试件墩底混凝土大量压碎、剥落，纵筋屈曲，箍筋外鼓，水平承载力迅速下降；普通预制装配式方形桥墩和中空夹层预制装配式方形桥墩试件塑性铰区柱脚混凝土出现起皮并剥落，墩底接缝处混凝土出现自下而上发展的劈裂裂缝，当加载至 95 mm 和 90 mm 时，普通预制装配式方形桥墩和中空夹层预制装配式方形桥墩试件水平承载力均下降到其承载力峰值的 85%，即停止加载。试验结束清除普通预制装配式方形桥墩和中空夹层预制装配式方形桥墩试件剥落的混凝土保护层及压碎的坐浆料后，2 个试件自墩底向上约 310 mm 刚度增大区段范围的箍筋没有屈曲、外鼓，且墩底接缝逐渐贯通整个结合面，墩底纵筋露出，坐浆层混凝土大量压碎，如图 8-11 所示。

在低周循环往复荷载作用下，现浇方形桥墩墩底陆续产生混凝土压碎、剥落现象，纵筋逐渐达到屈服，整个试件刚度退化速率逐渐增大，墩身产生较大塑性变形。加载后期，现浇方形桥墩试件墩底混凝土保护层完全剥落，纵筋发生屈曲，箍筋外鼓，墩底区域率先发展成为塑性铰区，最终发展高度约为 300 mm。

普通预制装配式方形桥墩墩身底部区段预埋灌浆套筒，该区段刚度明显增大，在低周循环往复荷载作用下，试件灌浆套筒顶部刚度突变截面率先发展成为薄弱截面。随着荷载进一步增大，墩底接缝处发展成为薄弱截面，墩身塑性变形占比增大，纵筋达到屈服强度，墩底与灌浆套筒顶部截面形成塑性铰，塑性铰区最终发展高度约为 450 mm，相较于现浇方形试件，塑性铰区高度明显增大。

中空夹层预制装配式方形桥墩墩身预埋灌浆套筒和中空夹层钢管，灌浆套筒顶部截面和钢管底部截面产生较大的刚度突变。在拟静力试验过程中，试件灌浆套筒顶部薄弱截面混凝土率先达到极限压应变，随着荷载增大，墩底接缝处发展成为薄弱截面，混凝土出现压碎现象。加载过程中，中空夹层钢管与墩身混凝土共同承受荷载，灌浆套筒顶部截面纵筋率先达到屈服，而后套筒内纵筋和接缝处纵筋陆续屈服，接缝张开，灌浆套筒顶部和墩底截面先后形成塑性铰，塑性铰位置较现浇方形桥墩和普通预制装配式方形桥墩试件产生明显上移，最终发展高度约为 600 mm。

2)荷载—位移滞回曲线

滞回曲线是水平往复荷载作用下的荷载—位移曲线，曲线上每点的斜率代表试件刚度，反映结构全过程抗震性能的变化，滞回环面积越大，试件耗能能力越强。加载初期，各试件滞回曲线呈线性发展，滞回环集中且重叠，试件处于线弹性阶段。随着继续加载，中空夹层预制装配式混凝土方形桥墩试件垂直加载方向主要受力纵筋在套筒顶部和套筒内陆续屈服，试件滞回曲线斜率逐渐下降，试件刚度有所减小，且同级荷载下随着循环次数增加，试件滞回曲线斜率逐渐下降，说明同级循环荷载下试件损伤逐渐积累，试件刚度逐渐退化。随着荷载继续增大，中空夹层预制装配式混凝土方形桥墩试件产生较大塑性变形，滞回曲线斜率下降幅度增大，试件刚度退化速度加快，同时钢筋与混凝土之间产生有限的滑移，试件滞回环面积逐渐增大，并呈现出纺锤形，产生一定的捏拢效应，现浇方形桥墩和普通预制装配式混凝土方形桥墩试件滞回曲线发展趋势与中空夹层预制装配式混凝土方形桥墩试件类似，如图 8-12 所示。

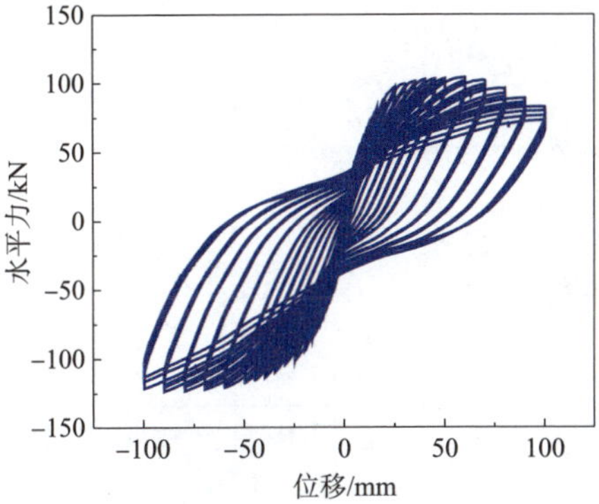

(a)现浇方形桥墩

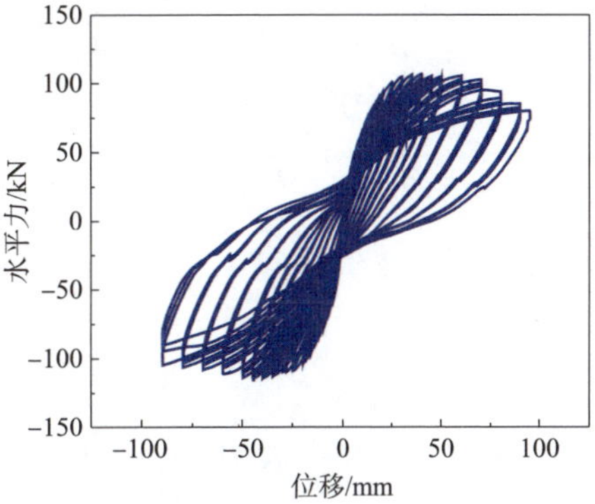

(b)普通预制装配式混凝土方形桥墩

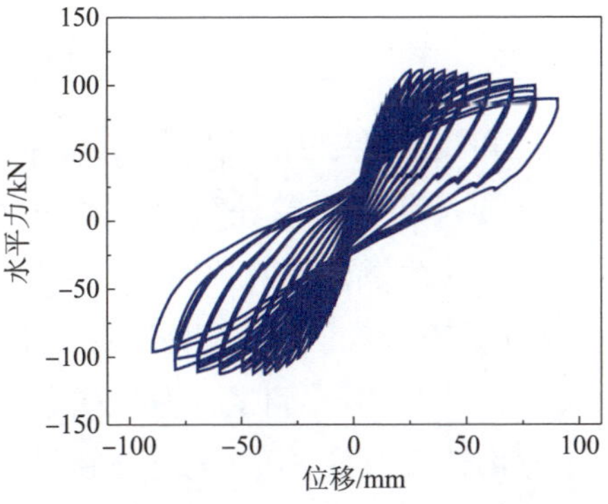

(c)中空夹层预制装配式混凝土方形桥墩

图 8-12　各类方形桥墩滞回曲线

3)骨架曲线

根据 3 个桥墩试件滞回曲线的包络线——骨架曲线(图 8-13)，以试件最大荷载 P_{max} 的 85%确定试件的极限荷载 P_u 和极限位移 Δ_u，利用通用弯矩法确定试件屈服位移 Δ_y 和屈服荷载 P_y，最终得到3 个桥墩试件在轴压比 0.10 条件下的位移延性系数(Δ_u/Δ_y)和初始切线刚度，见表 8-3。

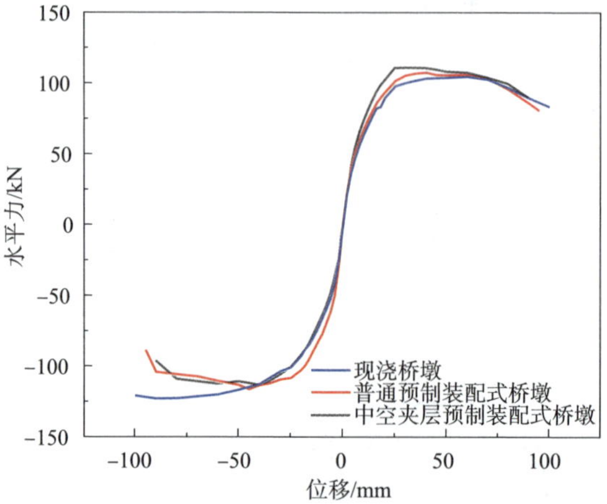

图 8-13 桥墩骨架曲线(一)

表 8-3 骨架曲线特征点参数(一)

试件类型	Δ_y/mm	P_y/kN	P_{max}/kN	Δ_u/mm	P_u/kN	位移延性系数	初始切线刚度/(kN·m^{-1})
现浇方形桥墩	15.49	80.06	106.80	83.90	90.78	5.42	11 200
普装方形桥墩	15.43	91.67	110.90	85.82	94.27	5.56	10 933
中空夹层方形桥墩	15.43	91.67	110.90	85.82	94.27	5.56	10 933

根据图 8-13 和表 8-3 可知,各试件的骨架曲线,其由滞回曲线中各级循环加载的首次循环滞回环的峰值点连接起来形成,能直观地反映结构荷载与位移变化。中空夹层预制装配式混凝土方形桥墩试件骨架曲线正、负两个加载方向均存在上升段、强化段和下降段。试件处于上升段时,刚度较大且几乎没有衰减,承载能力增长迅速,骨架曲线正、负向基本对称,直到试件发生屈服。相较于现浇方形桥墩和普通预制装配式混凝土方形桥墩试件,中空夹层预制装配式混凝土方形桥墩试件由于中空夹层钢管与墩身混凝土协同工作,共同承受荷载,提高了试件抗弯承载力,其屈服荷载和抗弯承载力分别提高了 12.2%和 14.5%,6.7%和 3.8%。相较于现浇方形桥墩和普通预制装配式混凝土方形桥墩试件,利用中空夹层钢管来代替核心混凝土,发挥钢管弹性变形能力强的特点,降低了中空夹层预制装配式混凝土方形桥墩试件初始切线刚度,提高了试件加载初期弹性变形能力。

4)墩身曲率分布曲线

墩身曲率分布曲线如图 8-14 所示。根据图 8-14 可知,往复荷载作用下,各试件墩身曲率沿桥墩向上逐渐减小,整个加载过程中,由于墩身刚度的连续性,现浇方形桥墩试件的曲率分布曲线没有明显的转折。在加载初期,中空夹层预制装配式混凝土方形桥墩试件墩身材料处于弹性阶段，试件刚度较大，在荷载作用下，曲率基本呈线性分布，曲率曲线没有发生非常剧烈的转折，与普通预制装配式桥墩试件类似。随着荷载增大，普通预制装配式桥墩和中空夹层预制装配式桥墩试件逐渐屈服，刚度逐渐减小，墩身不可恢复的塑性变形逐渐增加，塑性变形占比逐渐增大，损伤逐渐累积，曲率分布曲线的转折愈加明显。由于普通预制装配式桥墩和中空夹层预制装配式桥墩试件墩身与承台并非一个整体，试件墩底接缝处曲率分布曲线出现明显转折，其中中空夹层预制装配式桥墩试件墩底曲率曲线转折更加剧烈。普通预制装配式桥墩和中空夹层预制装配式桥墩试件由于预埋灌浆套筒，使得试件在距墩底 300～320 mm 范围内刚度明显增大，试件曲率分布曲线在灌浆套筒顶部截面处产生明显转折，使得该截面容易发展成塑性铰。中空夹层预制装配式桥墩试件墩身内预埋中空夹层钢管，试件中空夹层段刚度较其他区段有所增大，试件曲率分布曲线在自墩底向上 700 mm 刚度变化处产生轻微的转折。

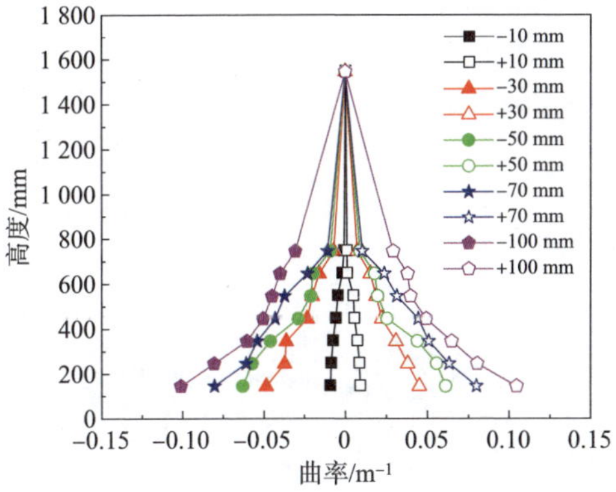

(a)现浇桥墩

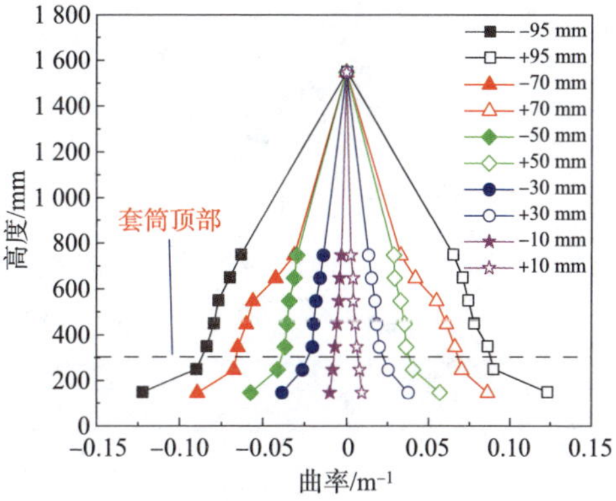

(b)普通预制装配式桥墩

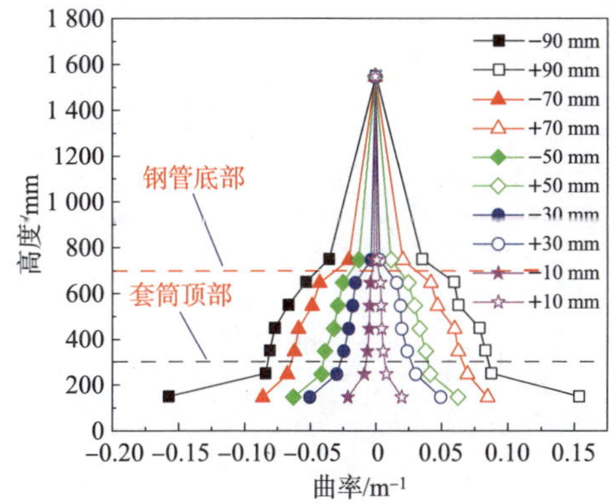

(c)中空夹层预制装配式桥墩

图 8-14　桥墩墩身曲率分布曲线(一)

5)纵筋应变曲线

为探讨三类不同结构桥墩在往复荷载作用下的塑性铰区高度，在主要纵筋上布置应变片来测量整个试验过程中纵筋的应变变化。3 个试件纵筋编号、应变片编号及布置如图 8-7 所示。

各类试件的纵筋应变曲线如图 8-15 所示。根据图 8-15 可知，加载初期，墩身材料处于线弹性阶段，中空夹层预制装配式方形桥墩纵筋所有应变片的应变均大致呈线性增长。当加载位移至 20～30 mm 时，普通预制装配式方形桥墩和中空夹层预制装配式方形桥墩纵筋 L1-4 和 L1-5 测点应变值陆续超过屈服应变，应变值增幅减小，L1 纵筋在这两个截面处已达到屈服，灌浆套筒的存在增大了套筒段墩身刚度，使得 L1 纵筋套筒顶部墩身刚度变化截面附近首先屈服，墩柱塑性铰有所上移，塑性铰区高度有增大的趋势。随着加载位移继续增大，普通预制装配式方形桥墩和中空夹层预制装配式方形桥墩 L1 纵筋 L1-2～L1-6 测点应变均陆续接近或

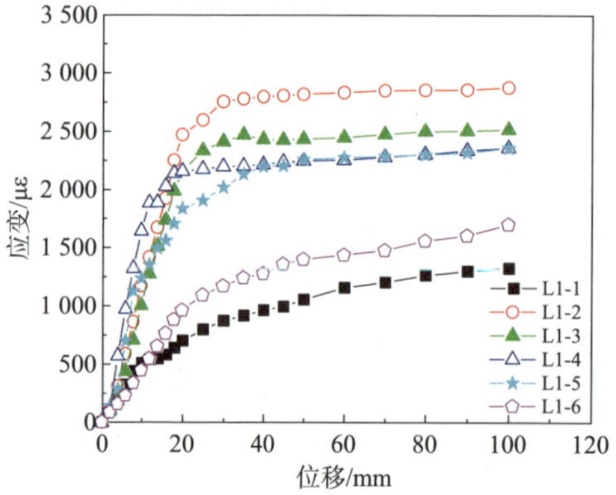

(a)现浇桥墩

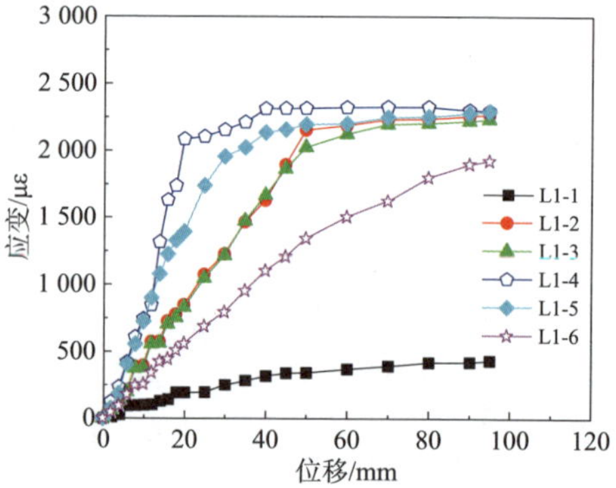

(b)普通预制装配式桥墩

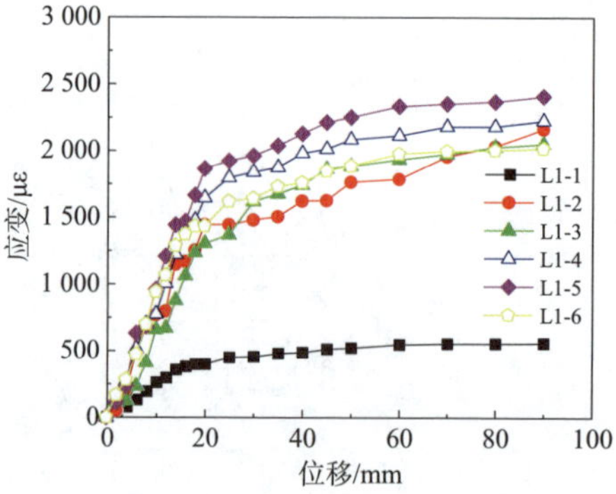

(c)中空夹层预制装配式桥墩

图 8-15　桥墩纵筋应变曲线(一)

超过屈服应变，L1纵筋在墩身套筒段及套筒顶部附近已全面屈服，墩底接缝张开并贯通，墩身出现大量水平贯穿裂缝，混凝土保护层起皮、剥落，墩身自墩底向上逐渐发展成为塑性铰区。

6)耗能曲线

各类试件的耗能曲线如图8-16所示。根据图8-16可知，屈服位移之前，中空夹层预制装配式方形桥墩试件基本处于弹性阶段，塑性变形较少，耗能曲线斜率较小，耗能能力增长较为缓慢，3个试件耗能曲线基本重合。屈服位移之后，随着加载位移的增大，中空夹层预制装配式方形桥墩试件从弹性阶段逐渐进入弹塑性阶段，塑性变形不断增大且增长速率逐渐增大，弹性变形维持不变，其塑性变形耗能占试件滞回总耗能的比例也在不断增大，试件刚度逐渐减小，试件耗能能力逐渐增大且耗能曲线斜率逐渐增大，滞回耗能变化规律与现浇桥墩和普通预制装配式桥墩试件类似。当3个试件的水平位移达到100 mm、90 mm和90 mm时，其耗能曲线均达到峰值。与普通预制装配式桥墩相比，中空夹层预制装配式方形桥墩由于中空夹层钢管的存在，发挥钢管延性好的优势，一定程度上提高了试件滞回耗能，其最大值提高了约14.1%，略差于现浇桥墩试件。总体而言，3个试件耗能曲线整体趋势类似。

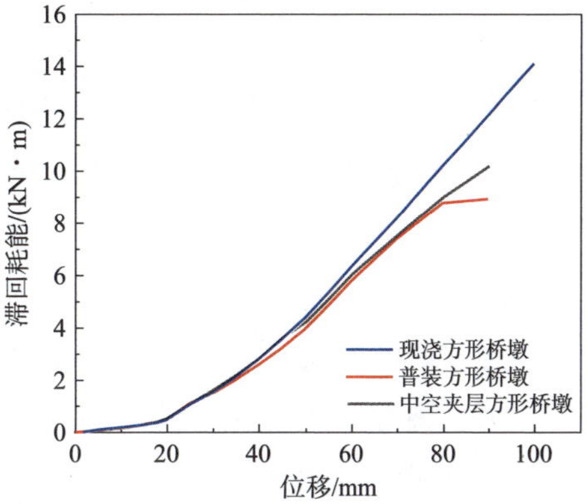

图8-16　桥墩耗能曲线(一)

7)残余位移曲线

各类试件的残余位移曲线如图8-17所示。根据图8-17可知，加载初期，屈服位移之前，中空夹层预制装配式方形桥墩试件具有较大的刚度，且基本处于弹性阶段，不可恢复的塑性变形较少且增长速率较小，试件残余位移曲线正、负向斜率较小，残余位移值较小，发展趋势与现浇桥墩和普通预制装配式桥墩试件类似。随着荷载的不断增大，中空夹层预制装配式方形桥墩试件刚度逐渐退化，钢筋屈服，试件损伤逐渐累积，试件逐渐进入弹塑性阶段，塑性变形逐渐增多且增长速率逐渐增大，试件残余位移曲线正、负向斜率逐渐增大，残余位移值逐渐增大，说明试件自复

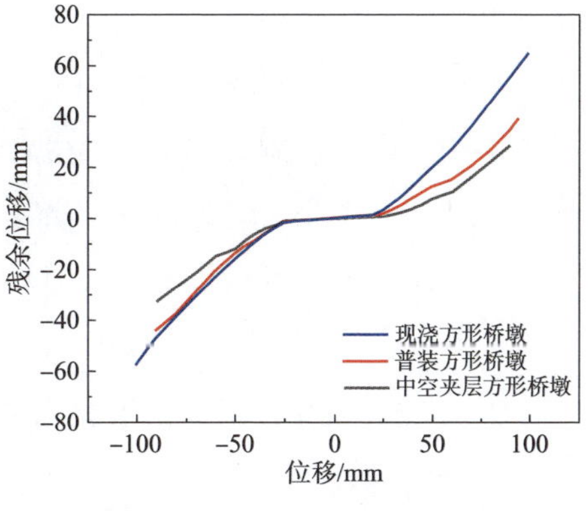

图8-17　桥墩残余位移曲线(一)

位能力较差。屈服位移后，相较于现浇桥墩和普通预制装配式桥墩试件，中空夹层预制装配式方形桥墩试件由于墩身内预埋中空夹层钢管，一定程度上发挥了中空夹层钢管刚度大、延性好和刚度退化慢等优势，使得其残余位移曲线斜率较小，残余位移量较少。总体而言，3 个试件残余位移曲线整体趋势相近，由于普通预制装配式方形桥墩和中空夹层预制装配式方形桥墩试件在加载后期墩底接缝张开，随着荷载的增大，普通预制装配式方形桥墩和中空夹层预制装配式方形桥墩试件残余位移曲线斜率较现浇桥墩试件小，两者残余位移与现浇桥墩试件残余位移差值逐渐增大。

8)刚度退化曲线

各类试件的刚度退化曲线如图 8-18 所示。根据图 8-18 可知，加载初期，各试件处于弹性阶段，塑性变形少，试件损伤小，刚度大，正、负向刚度退化速率较大，中空夹层预制装配式方形桥墩试件的正向初始刚度与现浇桥墩试件接近，约为普通预制装配式桥墩试件的 95%，说明中空夹层预制装配式方形桥墩试件中空夹层钢管与墩身混凝土协同工作，一定程度上降低了试件的初始刚度，具有更好的初始变形能力。随着荷载增大，中空夹层预制装配式方形桥墩试件塑性变形占比增大，损伤逐渐累积，刚度退化速率减小，正、负向刚度退化曲线斜率逐渐减小。相较于现浇桥墩和普通预制装配式桥墩试件，由于中空夹层预制装配式方形桥墩试件墩身内预埋的中空夹层钢管加载后期刚度退化较慢，一定程度上减小了中空夹层预制装配式方形桥墩试件加载后期的刚度退化速率，其正、负向刚度退化曲线斜率小于现浇桥墩和普通预制装配式桥墩试件刚度退化曲线斜率，中空夹层预制装配式方形桥墩试件的最终正、负刚度分别降低到其初始正、负刚度的 7.82%和 9.72%。

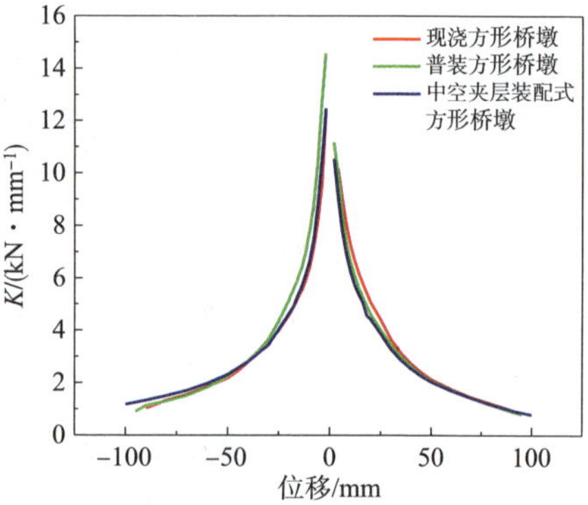

图 8-18　桥墩刚度退化曲线(一)

2. 中空夹层预制装配式混凝土圆形桥墩

1)试验现象

位移控制加载初期，加载位移 6 mm 时，2 个试件墩身首次出现水平贯穿裂缝，裂缝宽度均为 0.02 mm，距墩底的距离分别约为 36.5 cm 和 35 cm，此处约为 2 个试件套筒顶部刚度变化截面附近，如图 8-19 所示。而后 2 个试件墩身首条裂缝继续发展，并向南面和北面的试件中性轴附近水平延伸。继续加载，2 个试件墩身在首条裂缝上下不断有水平裂缝出现，各条裂缝分布间距比较均匀，约为 13 cm，且各条水平裂缝均逐渐水平延伸，逐渐贯穿整个截面。当加载位移 8 mm 时，中空夹层预制装配式混凝土圆形桥墩试件西面自墩底向上约 60 cm 处（预埋中空钢管底部刚度变化截面附近）出现水平贯穿裂缝，裂缝宽度约为 0.12 mm，并向试件南面和北面中性轴方向水平延伸。加载初期低荷载水平下，2 个试件墩底与承台结合面接缝处均未开裂并张开，说明在较低荷载等级下，2 个预制装配式圆形桥墩试件墩底与承台结合面接缝处不是较薄弱的部位。

(a)普通预制装配式混凝土圆形桥墩

(b)中空夹层预制装配式混凝土圆形桥墩

图 8-19　各类圆形桥墩裂缝分布及破坏形态

随着加载位移不断增大，2 个试件水平承载力逐渐增大到其承载力峰值并开始下降，试件墩身各条水平裂缝逐渐贯穿整个截面，并逐渐向南面和北面的试件中性轴附近水平延伸，且宽度逐渐增大。加载位移 60 mm 时，2 个试件东面和西面在加载初期套筒顶部及中空夹层预制装配式混凝土圆形桥墩试件预埋中空钢管底部墩身刚度变化截面产生的水平裂缝宽度开展至 2 mm 以上，其余墩身各条水平贯穿裂缝宽度均发展至 0.5～1 mm，其中加载位移 70 mm 时，中空夹层预制装配式混凝土圆形桥墩试件墩底柱脚产生多条自下而上发展的劈裂裂缝，套筒顶部附近裂缝发展宽度十分大，并有混凝土脱落，露出箍筋，墩身多条弯曲水平贯穿裂缝延伸到南面和北面中性轴附近，并在此交汇在一起。加载后期，普通预制装配式圆形桥墩和中空夹层预制装配式混凝土圆形桥墩试件墩身水平贯穿裂缝距各自墩底最大发展高度分别约为 126 cm 和 73 cm。加载位移的增大使得 2 个试件墩底与承台结合面接缝处均有不同程度的张开，并向结合面内部有一定深度的贯通。

在低周循环往复荷载作用下，2 个试件损伤逐渐累积，垂直加载方向的东面和西面主要受力纵筋均达到屈服强度，2 个试件塑性铰区混凝土陆续出现起皮、剥落现象，其中普通预制装配式圆形桥墩试件西面墩底柱脚混凝土大量压碎，普通预制装配式圆形桥墩试件东面和西面自墩底向上 30 cm 范围内混凝土大面积剥落，并伴随墩底接缝处混凝土大量压碎。当加载至 90 mm 时，普通预制装配式圆形桥墩和中空夹层预制装配式混凝土圆形桥墩试件水平承载力均下降到其承载力峰值的 85%，即停止加载。试验结束清除 2 个试件剥落的混凝土保护层及压碎的坐浆料后，2 个试件自墩底向上约 310 mm 刚度增大区段范围的箍筋没有屈曲、外鼓，且墩底接缝逐渐贯通整个结合面，墩底纵筋露出，坐浆层混凝土大量压碎，如图 8-19 所示。

2)荷载—位移滞回曲线

圆形桥墩滞回曲线如图 8-20 所示。根据图 8-20 可知，在加载初期的低荷载等级下，中空夹层预制装配式桥墩试件墩身材料均基本处于线弹性阶段，墩身变形以弹性变形为主，墩身初始刚度较大，桥墩变形能力较弱，使得桥墩滞回曲线斜率较大，滞回环包围面积较小，且滞回环分布集中、重叠。随着荷载逐渐增大，桥墩墩身混凝土开裂，产生多条水平贯穿裂缝，主要受力纵筋应变逐渐达到其屈服应变，墩身进入塑性变形逐渐增多，桥墩塑性损伤逐渐累积，墩身刚度产生退化，桥墩变形能力逐渐增强，同时钢筋与混凝土之间产生有限的滑移，滞回曲线斜率有所减小，滞回环逐渐发展成为梭形并出现一定的捏拢效应，且包围面积逐渐增大。两类桥墩的滞回曲线整体发展趋势和滞回环整体形状及变化趋势类似。当加载至 90 mm 时，两类桥墩承载力骤然下降到水平承载力峰值的 85%。总体而言，由于墩身内预埋中空夹层钢管，其与墩身外包钢筋混凝土协同工作，共同承受荷载，充分发挥钢管变形能力大等优势，使得中空夹层预制装配式桥墩滞回曲线较普通装配式桥墩滞回曲线更加饱满，最大水平承载力与普通预制装配式桥墩相当，表现出优异的抗震性能。

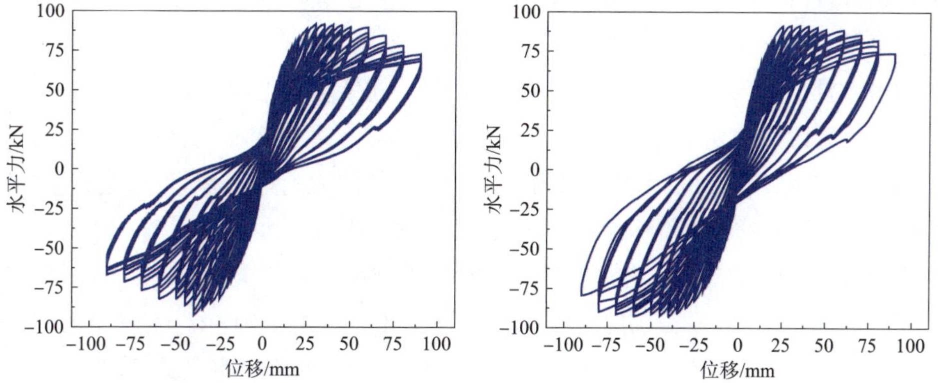

(a)普通预制装配式圆形桥墩　　(b)中空夹层预制装配式圆形桥墩

图 8-20　圆形桥墩滞回曲线

3)骨架曲线

位移延性系数为结构极限位移与屈服位移的比值,可以很好地衡量不同结构形式桥墩的延性性能。根据桥墩试件滞回曲线的包络线——骨架曲线(图 8-21),以试件最大荷载 P_{max} 的 85%确定试件的极限荷载 P_u 和极限位移 Δ_u,利用通用弯矩法确定试件屈服位移 Δ_y 和屈服荷载 P_y,最终得到桥墩试件在轴压比 0.10 条件下的位移延性系数(Δ_u/Δ_y)和初始切线刚度,见表 8-4。

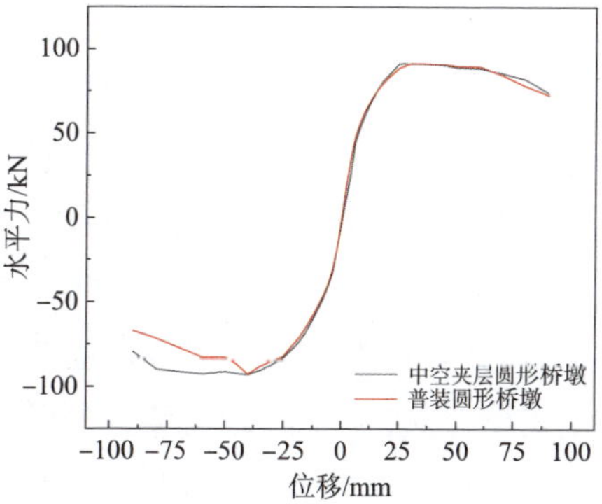

图 8-21　桥墩骨架曲线(二)

表 8-4　骨架曲线特征点参数(二)

试件类型	Δ_y/mm	P_y/kN	P_{max}/kN	Δ_u/mm	P_u/kN	位移延性系数	初始切线刚度/(kN·m^{-1})
普装圆形桥墩	14.71	73.85	91.44	80.51	77.75	5.46	8 325
中空夹层圆形桥墩	15.93	76.56	91.25	85.12	77.56	5.34	7 791

根据图 8-21 和表 8-4 可知,两类结构构造不同的预制装配式圆形桥墩骨架曲线整体发展趋势相似。加载初期,中空夹层预制装配式桥墩墩身变形以弹性变形为主,墩身塑性变形较少,桥墩整体初始刚度较大,抵抗变形能力较强,桥墩骨架曲线斜率较大,其水平承载能力增长迅速。随着荷载的增大,桥墩墩身混凝土出现较多水平裂缝,主要受力纵筋应变持续增大,桥墩墩身总变形中塑性变形占比逐渐增

大，墩身塑性损伤逐渐累积，桥墩整体刚度逐渐退化，桥墩骨架曲线斜率逐渐减小，其水平承载力持续增大至峰值，增长速率有所减小。加载后期，墩身塑性损伤大量累积，桥墩墩底接缝张开，墩底结合面贯通，墩身进入塑性摇摆状态，墩底截面处纵筋承受主要水平弯矩和剪力，桥墩水平承载力持续下降，且下降速率逐渐增大。整体而言，两类桥墩特征点中荷载峰值 P_{max} 和极限荷载 P_u 相差不大，但中空夹层预制装配式圆形桥墩的极限位移 Δ_u 比普通装配式圆形桥墩增大了 5.7%。对比图 8-21 中两类桥墩的骨架曲线得出，相较于普通装配式圆形桥墩，中空夹层预制装配式圆形桥墩屈服荷载和屈服位移分别提高了 3.7%和 8.3%。墩身内预埋中空钢管，一定程度上发挥了钢管变形能力强的特点，使得加载初期中空夹层预制装配式桥墩墩身初始刚度减小约 6.4%，增大了加载初期的墩身柔度，提高了荷载作用下墩身的初始变形能力。与此同时，2 个桥墩试件位移延性系数相近，说明预埋中空夹层钢管对试件的位移延性影响不大。

4)墩身曲率分布曲线

各类桥墩的墩身曲率分布曲线如图 8-22 所示。由图 8-22 可知，两类桥墩墩身曲率分布曲线及发展趋势较为相近。加载初期，中空夹层桥墩墩身材料处于线弹性阶段，此时在荷载作用下，墩身曲率变化较小，曲率分布曲线没有十分剧烈的转折，随着位移等级的增大，中空夹层预制装配式桥墩墩身出现不可恢复的塑性变形，墩身混凝土逐渐开裂，纵筋逐渐屈服，墩身塑性损伤逐渐累积，桥墩整体刚度产生退化，荷载作用下，墩身塑性变形逐渐增多，桥墩整体曲率有所增大，且曲率分布曲线转折愈发明显。加载后期，中空夹层预制装配式桥墩墩身产生大量塑性变形，桥墩塑性损伤累积较多，墩身整体刚度明显退化，变形能力持续增强，墩底接缝张开，往复荷载作用下，桥墩墩身逐渐摇摆，桥墩接缝处曲率变化十分剧烈，桥墩墩底接缝处为薄弱部位。两类桥墩在自墩底向上约 300～320 mm 范围内(约为灌浆套筒顶部)曲率分布曲线均发生较大转折，说明灌浆套筒的存在使得该区域刚度显著增大，灌浆套筒顶部刚度产生较大变化，进而导致曲率分布曲线在此截面处出现较为剧烈的转折，使得该截面易发展成为塑性铰。预埋中空钢管一定程度上增大了中空段的刚度，使得中空夹层预制装配式桥墩墩身曲率曲线在自墩底向上约 700 mm 处(约为预埋中空夹层钢管底部)有小幅度的转折。

5)纵筋应变曲线

为探讨中空夹层预制装配式桥墩和普通预制装配式桥墩在往复荷载作用下的塑性铰区高度，在主要纵筋上布置应变片来测量整个试验过程中纵筋的应变变化。纵筋编号、应变片编号及布置如图 8-7 所示。

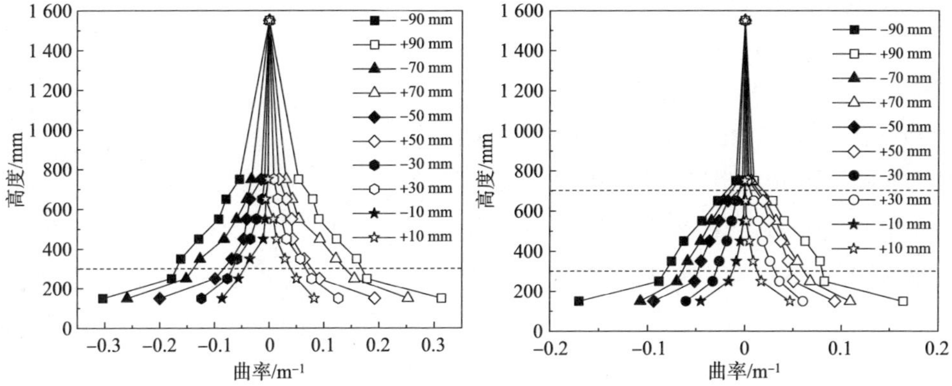

(a)普通预制装配式圆形桥墩　　(b)中空夹层预制装配式圆形桥墩

图 8-22　桥墩墩身曲率分布曲线(二)

桥墩纵筋应变曲线如图 8-23 所示。根据图 8-23 可知,加载初期,墩身材料处于线弹性阶段,两个试件 L1 纵筋所有应变片的应变均大致呈线性增长,其中 L1-4 测点应变增长较其他测点快。当加载位移至 20～30 mm 时,两个试件 L1-4 测点应变值超过屈服应变,应变值增幅减小。L1 纵筋在此截面处已达到屈服,说明灌浆套筒的存在增大了套筒段墩身刚度,使得 L1 纵筋套筒顶部墩身刚度变化截面附近首先屈服,墩柱塑性铰有所上移,塑性铰区高度有增大的趋势。随着加载位移继续增大,两个试件 L1 纵筋 L1-2～L1-6 测点应变均陆续接近或超过屈服应变,L1 纵筋在墩身套筒段及套筒顶部附近已全面屈服,墩底接缝张开并贯通,墩身出现大量水平贯穿裂缝,混凝土保护层起皮、剥落,墩身自墩底向上逐渐发展成为塑性铰区。

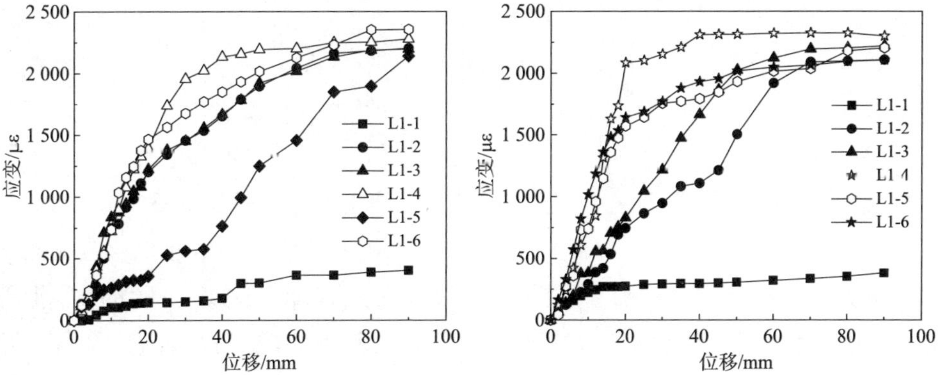

(a)普通预制装配式圆形桥墩　　(b)中空夹层预制装配式圆形桥墩

图 8-23　桥墩纵筋应变曲线(二)

6)耗能曲线

各类桥墩的耗能曲线如图 8-24 所示。根据图 8-24 可知,加载初期,屈服位移之前,两类桥墩试件墩身基本出现弹性阶段,桥墩整体刚度较大,往复荷载作用下,墩身变形能力较弱,其滞回环面积均较小,两者耗能曲线基本重合。随着加载位移的增大,两个桥墩试件墩身塑性变形逐渐增多,桥墩整体刚度产生退化,塑性耗能能力有所增强,两个试件耗能曲线斜率逐渐增大,两者的耗能曲线逐渐分开,中空夹层预制装配式混凝土圆形桥墩耗能增长速率较普通装配式桥墩略大。当加载位移至 90 mm 时,两类桥墩耗能曲线均达到峰值点,其中中空夹层预制装配式混凝土圆形桥墩耗能曲线斜率在 80 mm 处骤然减小。总体而言,墩身内预埋中空夹层钢管,与墩身混凝土协同工作,共同承受荷载,且充分发挥了钢管变形能力强的特点,相较于普通预制装配式圆形桥墩,中空夹层预制装配式混凝土圆形桥墩耗能曲线峰值增大约 22%,预埋中空夹层钢管的存在显著提高了试件耗能能力。

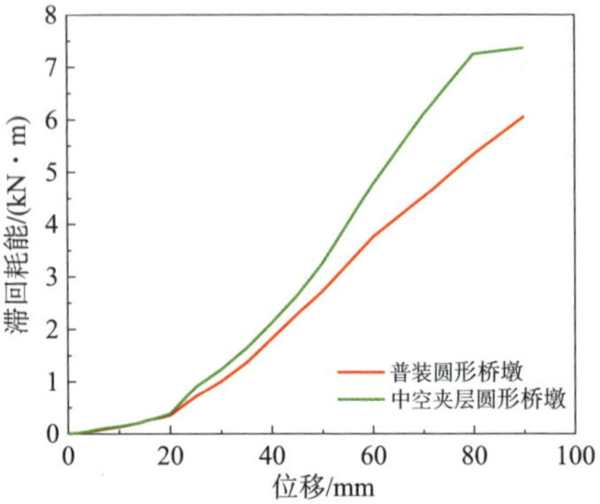

图 8-24 桥墩耗能曲线(二)

7)残余位移曲线

各类桥墩的残余位移曲线如图 8-25 所示。根据图 8-25 可知,中空夹层预制装配式混凝土圆形桥墩试件的残余位移总体趋势与普通预制装配式混凝土圆形桥墩试件一致,两个桥墩试件均没有自复位的能力。在屈服位移之前,中空夹层预制装配式混凝土圆形桥墩试件墩身基本处于弹性工作状态,桥墩刚度较大,墩身变形能力较小,且以弹性变形为主,桥墩整体残余位移较小,与普通预制装配式混凝土圆形桥墩试件相近。随着荷载的不断增大,中空钢管与墩身混凝土协同工作,一定程度上提高了桥墩的变形能力,相较于普通钢筋预制装配式桥墩,中空夹层预制装配式桥墩的残余位移增长速率较快,且两者之间的残余位移相差逐渐增大。说明在达到屈服位移之后,中空夹层预制装配式桥墩墩身具有更好的变形能力。

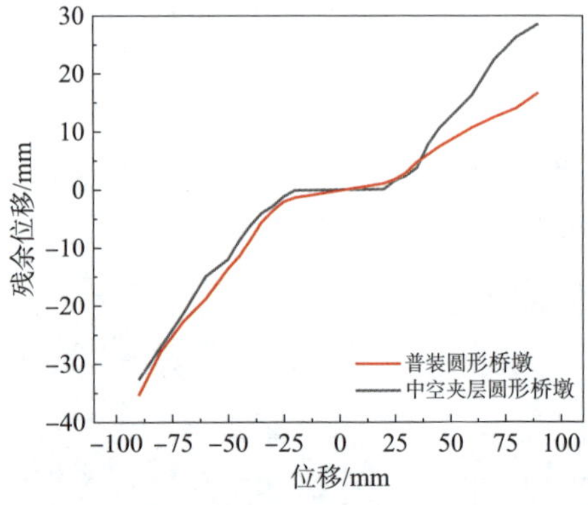

图 8-25 桥墩残余位移曲线(二)

8)刚度退化曲线

各类桥墩的刚度退化曲线如图 8-26 所示。根据图 8-26 可知,加载初期,中空夹层预制装配式混凝土圆形桥墩试件的正、负向初始刚度均比普通预制装配式混凝土圆形桥墩试件小,分别约为普通预制装配式混凝土圆形桥墩试件的 79%和 91%,说明预埋中空钢管一定程度上降低了试件的初始刚度。整个加载过程中,中空夹层预制装配式混凝土圆形桥墩试件的刚度退化曲线与普通预制装配式混凝土圆形桥墩试件的刚度退化曲线基本重合,说明预埋中空钢管对试件整个试验过程中刚度退化影响不大。加载结束后,中空夹层预制装配式圆形桥墩试件的最终正、负向刚度相差不大,分别下降到正、负向初始刚度的 8.2%和 10.7%,与普通预制装配式试件相当。

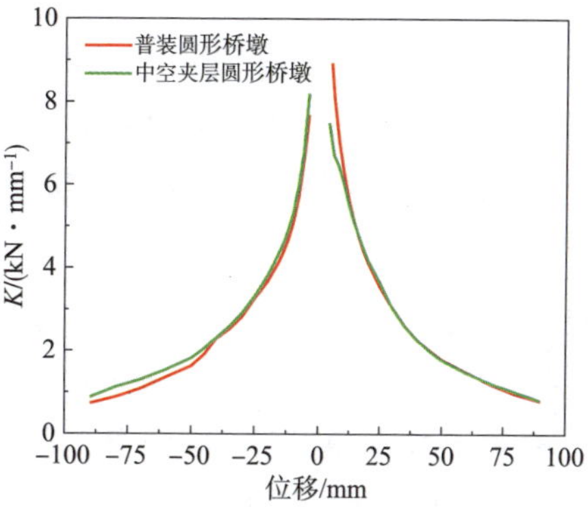

图 8-26　桥墩刚度退化曲线(二)

8.3　中空夹层预制装配式混凝土桥墩拟静力试验有限元分析

8.3.1　材料本构模型

1. 混凝土本构模型

混凝土选用损伤塑性本构,本构模型与 6.3.1 节保持一致,其本构曲线见 6.3.1 节。

2. 超高性能灌浆料本构模型

超高性能灌浆料本构模型与 6.3.1 节保持一致,其受压、受拉本构曲线见 6.3.1 节。

3. 钢材本构模型

普通钢筋、高强钢筋、灌浆套筒和中空夹层钢管均选用理想弹塑性本构,与 6.3.1 节保持一致,其本构曲线见 6.3.1 节。

8.3.2　有限元模型建立

基于 ABAQUS 有限元软件建立不同类型桥墩的有限元模型,混凝土和灌浆料等选用 C3D8R 实体单元模拟,钢筋选用 T3D2 桁架单元模拟,灌浆套筒选用

S4R 壳单元模拟。

中空夹层预制装配式方形、圆形桥墩有限元模型中钢筋骨架与混凝土实体部分采用内置区域的相互作用方式。在低周循环往复荷载作用下，超高性能灌浆料、灌浆套筒及墩柱三者之间滑移可忽略不计，故三者之间采用绑定（Tie）的相互作用方式，墩身与预埋中空钢管间滑移也可忽略不计，同样采用绑定（Tie）的相互作用方式。墩底与承台顶面采用表面与表面接触（surface-to-surface）的相互作用方式，通过设定墩底与承台顶面的切向行为选用“罚”函数，摩擦系数为 0.5；法向行为设定为硬接触。承台底面选择完全固结的边界条件。中空夹层预制装配式方形、圆形桥墩有限元模型网格划分时，混凝土和超高性能灌浆料划分网格类型为 C3D8R，纵筋和箍筋划分网格类型为 T3D2，中空夹层钢管和灌浆套筒划分网格类型为 S4R。普通预制装配式桥墩材料本构、相互作用和边界条件与中空夹层预制装配式桥墩完全一致，试件有限元模型如图 8-27 所示。

(a)方形钢筋骨架

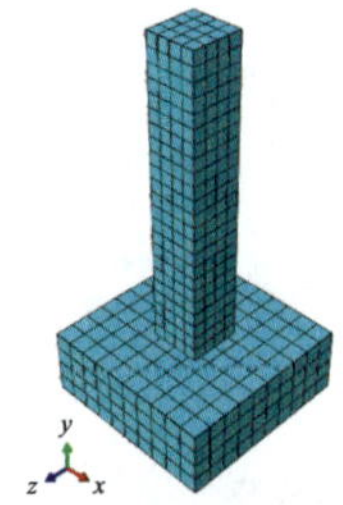

(b)方形桥墩网格划分

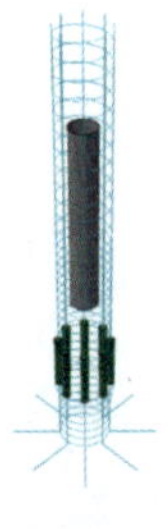

(c)圆形钢筋骨架

(d)圆形桥墩网格划分

图 8-27　中空夹层预制装配式混凝土方、圆形桥墩有限元模型

8.3.3　有限元分析结果

1. 中空夹层预制装配式混凝土方形桥墩

1)中空夹层预制装配式混凝土方形桥墩试验曲线拟合

将试验与数值模拟获得的滞回曲线和骨架曲线进行拟合对比，结果如图 8-28、

图 8-29 所示，骨架曲线特征点参数见表 8-5。

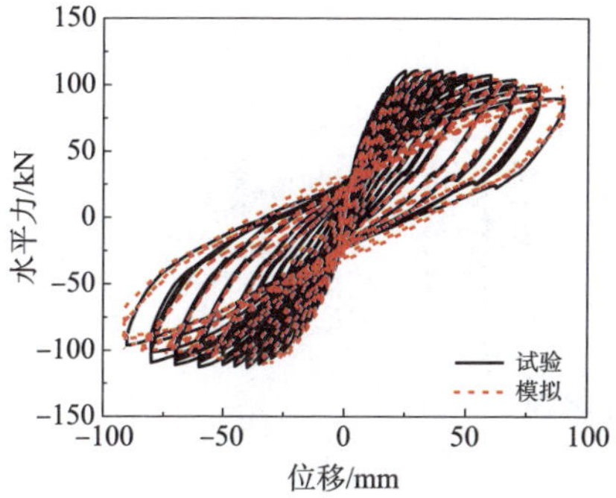

图 8-28　滞回曲线拟合(一)

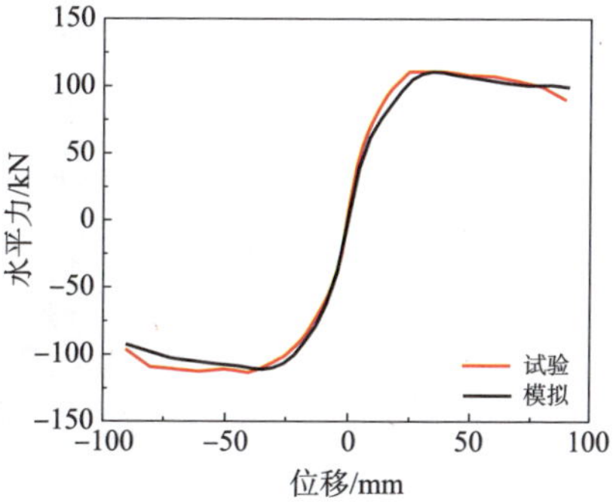

图 8-29　骨架曲线拟合(一)

表 8-5　骨架曲线特征点参数(三)

试件类型		Δ_y/mm	P_y/kN	P_{max}/kN	Δ_u/mm	P_u/kN	位移延性系数	初始切线刚度/($kN \cdot m^{-1}$)
中空夹层方形桥墩	试验	15.43	91.67	110.90	85.82	94.27	5.56	10 933
	模拟	15.25	90.88	110.80	85.86	94.18	5.63	10 635

2)中空夹层预制装配式混凝土方形桥墩破坏形态

通过对中空夹层预制装配式方形桥墩有限元模型施加低周循环往复荷载，获得其在整个加载过程中桥墩墩身破坏形态的发展历程，并与试验现象进行对比分析。根据桥墩墩身破坏的严重程度，主要分为三个阶段：轻微损伤阶段、中等损伤阶段和严重损伤阶段，通过有限元模型 DAMAGEC 云图和 DAMAGET 云图来表征，并与试验现象图片相对照。中空夹层预制装配式方形桥墩有限元模型整个加载过程破坏形态发展历程及相应试验图片如图 8-30 所示。

(a)轻微损伤阶段 DAMAGEC 云图

(b)中等损伤阶段 DAMAGET 云图

图　8-30

(c)严重损伤阶段 DAMAGET 云图

图 8-30　中空夹层预制装配式混凝土方形桥墩试件破坏形态

轻微损伤阶段:当加载位移为 18 mm 时,根据 DAMAGET 图可知,中空夹层预制装配式方形桥墩墩身自墩底向上约 860 mm 范围内混凝土出现拉伸损伤,墩身产生裂缝,主要受力纵筋逐渐达到屈服强度。实际试验中,在往复荷载作用下,墩身刚度变化截面及墩底截面首先出现水平贯穿裂缝,且裂缝开展较快,随着荷载增大,墩身上下陆续出现多条水平裂缝,主要受力纵筋达到屈服强度。

中等损伤阶段:当加载位移为 60 mm 时,根据 DAMAGEC 图可知,中空夹层预制装配式方形桥墩墩身在墩柱底部向上 320 mm 套筒段刚度增大,在往复荷载作用下,墩身塑性铰明显上移,墩底和套筒顶部两个截面部分混凝土几乎同时出现压缩损伤,部分混凝土受压破坏,且塑性铰区不断扩展。实际试验中,墩身在套筒顶部及墩底两个截面处陆续出现混凝土保护层起皮、剥落,且剥落范围逐渐扩展。

严重损伤阶段:当加载位移为 90 mm 时,根据 DAMAGEC 图可知,中空夹层预制装配式方形桥墩墩底至预埋中空钢管底部区段内墩身混凝土几乎全部达到极限压应变,混凝土压缩损伤充满整个区段,墩底混凝土被压碎。实际试验中,加载后期,墩身套筒区段混凝土大面积剥落,墩身裂缝开展十分明显,开展宽度较大,墩底接缝张开,墩身损伤累积较多。

2. 中空夹层预制装配式混凝土圆形桥墩

1)中空夹层预制装配式混凝土圆形桥墩试验曲线拟合

将试验与数值模拟获得的滞回曲线和骨架曲线进行拟合对比,结果如图 8-31、图 8-32 所示,骨架曲线特征点参数见表 8-6。

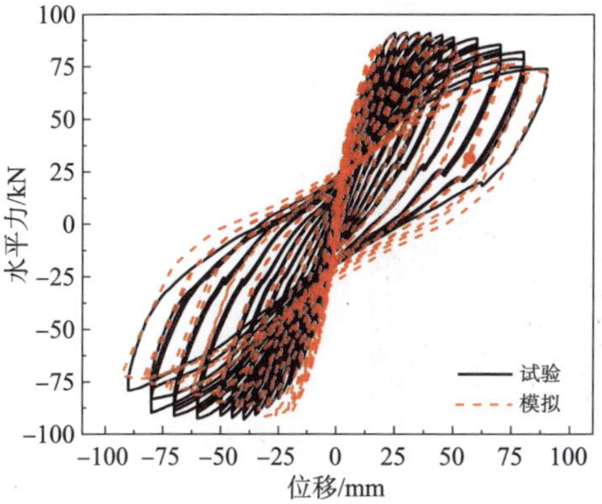

图 8-31　滞回曲线拟合(二)

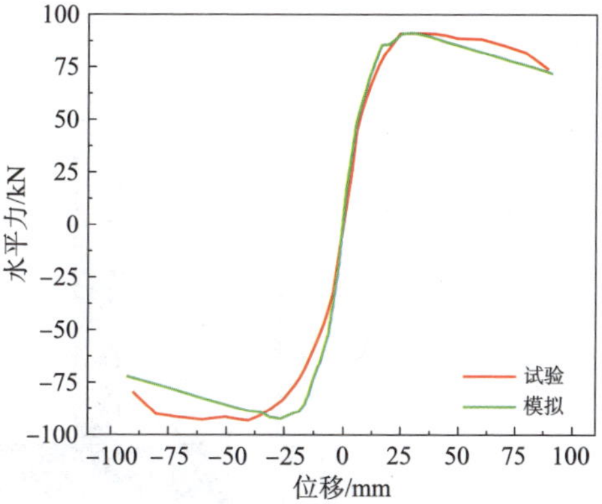

图 8-32　骨架曲线拟合(二)

表 8-6　骨架曲线特征点参数(四)

试件类型		Δ_y/mm	P_y/kN	P_{max}/kN	Δ_u/mm	P_u/kN	位移延性系数	初始切线刚度/(kN·m^{-1})
中空夹层圆形桥墩	试验	14.39	76.31	90.61	89.79	77.02	6.24	9 049
	模拟	15.93	76.56	91.25	85.12	77.56	5.34	7 791

2)中空夹层预制装配式混凝土圆形桥墩破坏形态

通过对中空夹层预制装配式圆形桥墩有限元模型施加低周循环往复荷载,获得其在整个加载过程中桥墩墩身破坏形态的发展历程,并与试验现象进行对比分析。通过有限元模型 DAMAGEC 云图和 DAMAGET 云图来表征,并与试验现象图片相对照。中空夹层预制装配式圆形桥墩有限元模型整个加载过程破坏形态发展历程及相应试验图片如图 8-33 所示。

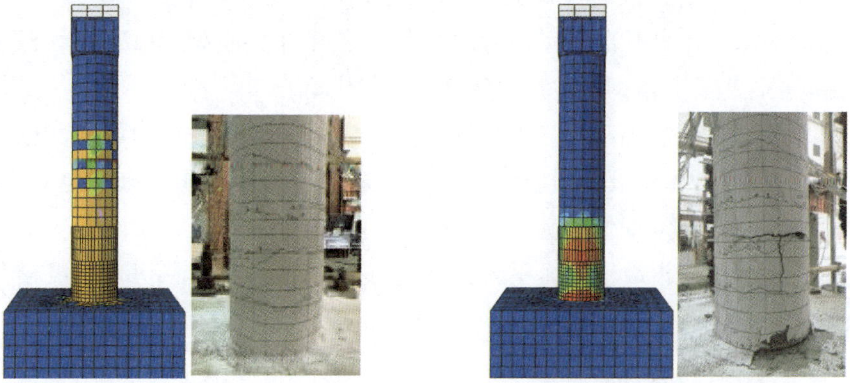

(a)轻微损伤阶段 DAMAGEC 云图　　(b)中等损伤阶段 DAMAGET 云图

图　8-33

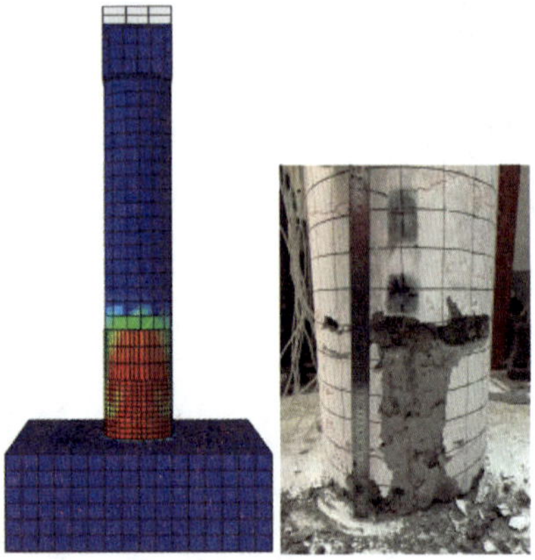

(c)严重损伤阶段 DAMAGET 云图

图 8-33 中空夹层预制装配式混凝土圆形桥墩试件破坏形态

轻微损伤阶段：当加载位移为 20 mm 时，根据 DAMAGET 图可知，中空夹层预制装配式圆形桥墩墩身自墩底向上约 900 mm 范围内混凝土出现受拉破坏，墩身产生裂缝，主要受力纵筋逐渐达到屈服强度，随着荷载增大，破坏区域继续扩展。实际试验中，往复荷载作用下，墩身刚度变化截面及墩底截面首先出现水平贯穿裂缝，且裂缝开展较快，随着荷载增大，墩身上下陆续出现多条水平裂缝，主要受力纵筋达到屈服强度。

中等损伤阶段：当加载位移为 60 mm 时，根据 DAMAGEC 图可知，灌浆套筒的存在使得中空夹层预制装配式圆形桥墩墩身在墩柱底部向上 320 mm 范围内刚度增大，从而使套筒顶部墩柱截面出现较大的刚度突变，从而导致塑性铰明显上移，墩底和套筒顶部两个截面部分混凝土几乎同时出现压缩损伤，部分混凝土受压破坏，且塑性铰区不断扩展。实际试验中，墩身在套筒顶部及墩底两个截面处陆续出现混凝土保护层起皮、剥落，且剥落范围逐渐扩展。

严重损伤阶段：当加载位移为 90 mm 时，根据 DAMAGEC 图可知，中空夹层预制装配式圆形桥墩墩底至预埋中空钢管底部区段内墩身混凝土几乎全部达到极限压应变，混凝土压缩损伤充满整个区段，墩底混凝土被压碎。实际试验中，加载后期，墩身套筒区段混凝土大面积剥落，墩身裂缝开展十分明显，开展宽度较大，墩底接缝张开，墩身损伤累积较多。

8.4　中空夹层预制装配式混凝土桥墩抗震性能影响参数分析

8.4.1　中空夹层预制装配式混凝土桥墩墩身中空率参数分析

1. 中空夹层预制装配式混凝土方形桥墩

为了进一步研究中空夹层钢管对预制装配式桥墩承载力和整体受力性能的影响，以试验中空夹层预制装配式混凝土方形桥墩为基准，利用 ABAQUS 有限元软件，采用控制变量的方法，在满足试件构造要求的前提下，通过改变钢管直径和钢管高度来改变中空夹层预制装配式桥墩墩身中空率，并对其施加与试验相同的低周循环往复荷载，获得不同钢管高度和钢管直径下中空夹层预制装配式桥墩在往复荷载作用下的响应，分别研究钢管高度和钢管直径变化对中空夹层预制装配式桥墩整体受力性能的影响。以试验中空夹层预制装配式混凝土方形桥墩为基准，共设计了 9 个工况，见表 8-7。通过对不同工况下的中空夹层预制装配式方形桥墩施加往复荷载，分别获得各自相应的骨架曲线、刚度退化曲线和骨架曲线特征点参数。

表 8-7　参数分析工况

高度/mm	直径/mm	材　料	厚度/mm
1 100	168	Q235	6
	190	Q235	6
	200	Q235	6
1 690	168	Q235	6
	190	Q235	6
	200	Q235	6
2 000	168	Q235	6
	190	Q235	6
	200	Q235	6

当中空夹层钢管直径为 200 mm 时，钢管高度分别取 1 100 mm、1 690 mm 和 2 000 mm 时的预制装配式方形桥墩分析结果如图 8-34 和图 8-35 所示，9 个工况下的骨架曲线特征点参数见表 8-8。

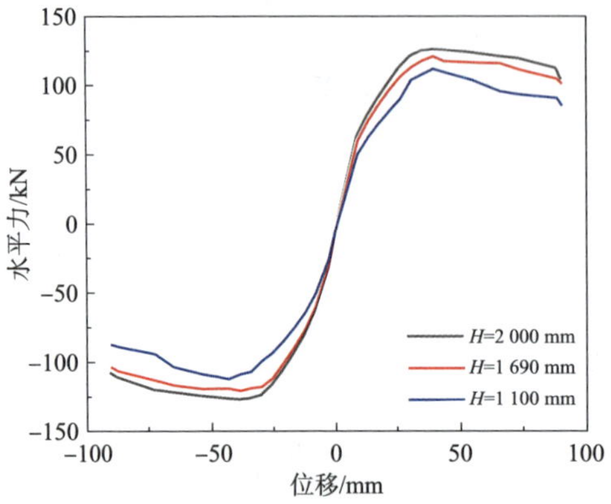

图 8-34　中空钢管直径 200 mm 骨架曲线

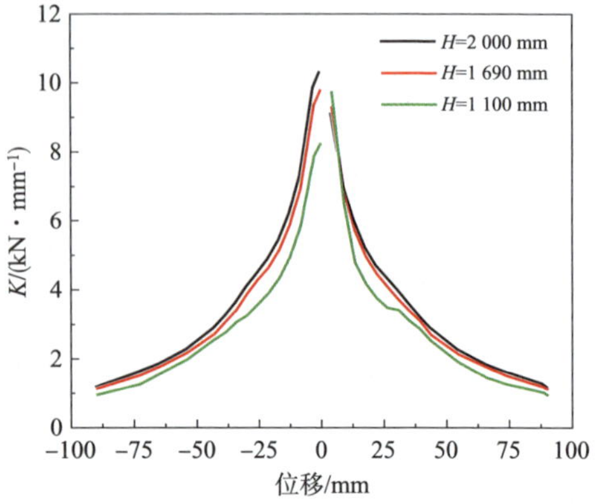

图 8-35　中空钢管直径 200 mm 刚度退化曲线

表 8-8　试件骨架曲线特征点参数

钢管直径/mm	钢管高度/mm	Δ_y/mm	P_y/kN	P_{max}/kN	Δ_u/mm	P_u/kN	位移延性系数	初始切线刚度/(kN · m^{-1})
168	1 100	15.25	90.88	110.80	85.86	94.18	5.63	10 635
	1 690	18.67	99.09	116.34	89.85	98.89	4.81	9 856
	2 000	18.73	99.35	122.07	89.86	103.76	4.80	9 743
190	1 100	17.75	92.28	112.79	87.47	95.87	4.92	10 141
	1 690	18.95	101.31	119.74	89.79	101.78	4.73	9 511
	2 000	20.78	106.99	124.63	89.78	105.94	4.32	9 357
200	1 100	18.22	97.38	112.91	88.00	95.21	4.82	9 866
	1 690	19.50	103.07	120.93	89.00	102.79	4.56	9 327
	2 000	20.83	104.91	126.25	90.28	107.31	4.33	9 135

当中空夹层钢管直径为 200 mm 时，随着中空夹层钢管高度的不断增大，钢管体积占比逐渐增大，钢管与墩身混凝土协同工作，共同承受荷载，可以提高桥墩抗弯承载力，相较于钢管高度 1 100 mm 和 1 690 mm，中空夹层钢管高度为 2 000 mm 时，桥墩水平承载力峰值分别提高 12.7%和 4.4%，屈服荷载分别提高 14.3%和 6.8%。其中，当中空夹层钢管高度由 1 690 mm 增大至 2 000 mm，桥墩承载力峰值提高十分有限，这是由于预制装配式桥墩底部区段预埋灌浆套筒，使得该区段强度和刚度明显增大，设置钢管对该区段强度和刚度影响较小。同时当中空夹层钢管高度为 1 690 mm，可使桥墩墩身具有更均匀的刚度变化，减少刚度突变。桥墩中钢管体积占比的增大，更好地发挥了钢管变形能力强的优势，使得试件在加载初期初始切线刚度有所降低，骨架曲线上升段斜率有所减小，提高了试件的初始弹性变形能力。由于钢管刚度退化较混凝土刚度退化慢，随着钢管体积增大，试件在整个加载过程中产生的塑性变形少，试件累积损伤小，整体刚度退化速率逐渐减小。在加载后

期，随着钢管体积的增大，试件墩身剩余刚度增大，抵抗变形能力逐渐增强。相较于钢管高度 1 100 mm 和 1 690 mm，钢管高度为 2 000 mm 时，桥墩位移延性系数分别减小 10.2%和 5.0%。

当中空夹层钢管高度为 2 000 mm 时，以钢管直径分别取 168 mm、190 mm 和 200 mm 的预制装配式桥墩为例，通过对其施加与试验相同的低周循环往复荷载，获得三种设计参数下的骨架曲线和刚度退化曲线，如图 8-36 和图 8-37 所示。

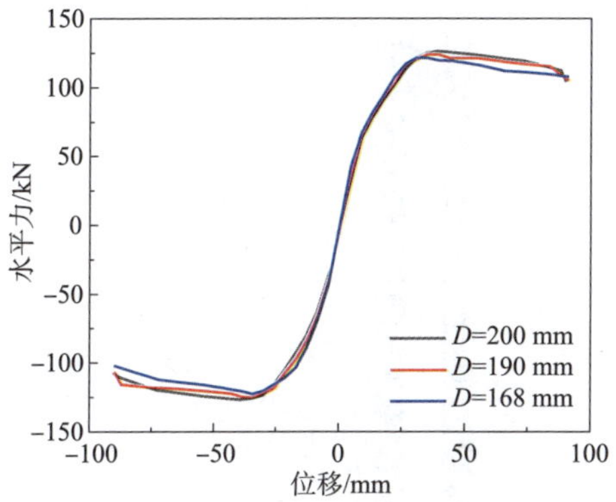

图 8-36　中空钢管高度 2 000 mm 骨架曲线

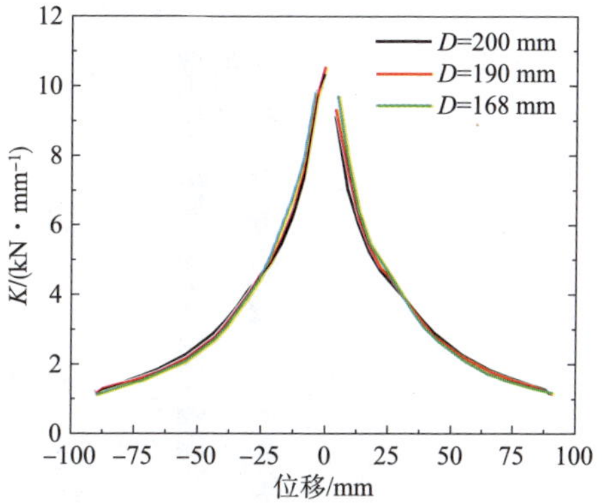

图 8-37　中空钢管高度 2 000 mm 刚度退化曲线

当中空夹层钢管高度为 2 000 mm 时，相较于钢管直径 168 mm 和 190 mm，钢管直径为 200 mm 时的桥墩水平承载力峰值分别提高 1.3%和 3.4%，说明在钢管高度一定的前提下，钢管直径的增大对桥墩抗弯承载力提高十分有限。相较于钢管直径 168 mm 和 190 mm，钢管直径 200 mm 时的桥墩初始切线刚度分别降低 6.2%和 2.3%，说明桥墩中钢管直径的增大对墩身初始刚度提高幅度有限，影响较小。随着钢管直径的增大，不同钢管直径的桥墩正、负向刚度退化曲线基本重合，位移延性系数相差不大，说明在钢管高度不变的前提下，改变钢管直径对桥墩墩身刚度退化速率和桥墩在加载后期墩身剩余刚度影响较小。

综上所述，中空夹层预制装配式桥墩一定程度上可减轻预制装配式桥墩运输、吊装质量，提高预制装配式桥墩整体受力性能。为了更好地发挥中空夹层预制装配式桥墩的优势，可选用较大直径的中空夹层钢管以减轻桥墩自重。考虑桥墩整体受力性能和墩身刚度分布、变化规律以及桥墩制作、构造要求，根据对中空夹层钢管高度和直径设计参数对桥墩整体受力性能参数分析结果可以得出：中空夹层钢管直径为 200 mm，钢管高度为 1 690 mm 时，墩身中空率为 16.5%时，即在满足构造要求的前提下选取较大直径的钢管，且中空钢管设置在墩顶至灌浆套筒顶部墩身范围内时最优。

2. 中空夹层预制装配式混凝土圆形桥墩

以试验中空夹层预制装配式混凝土圆形桥墩为基准，在预埋中空钢管直径和厚度不变的前提下，通过改变中空钢管的高度来改变中空夹层预制装配式圆形桥墩墩身中空率，使其中空率由 9.7%增大为 14.8%和 17.6%，见图 8-38 和表 8-9。通过对不同中空率的中空夹层预制装配式圆形桥墩有限元模型施加相同的低周循环往复荷载，获得相应的骨架曲线和骨架曲线特征点参数，见图 8-39 和表 8-10。

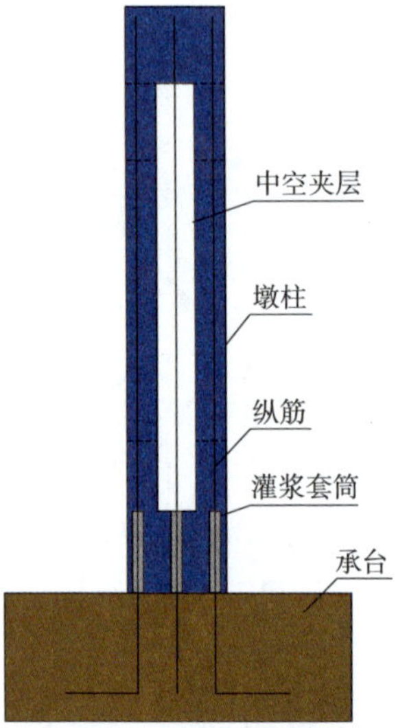

(a)中空率 14.8%

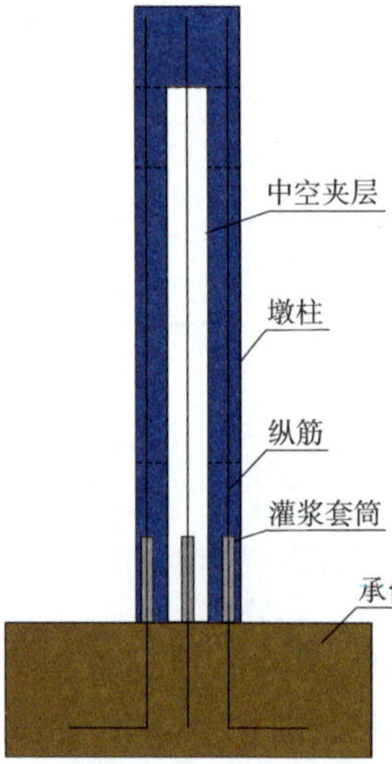

(b)中空率 17.6%

图 8-38　不同中空率试件示意图

表 8-9　内置中空钢管参数

中空率/%	钢管外径/mm	钢管长度/mm	钢管厚度/mm
9.7	168	1 100	6
14.8	168	1 690	6
17.6	168	2 000	6

表 8-10　不同中空率试件骨架曲线特征点参数

中空率/%	Δ_y/mm	P_y/kN	P_{max}/kN	Δ_u/mm	P_u/kN	位移延性系数	初始切线刚度/(kN·m^{-1})
9.7	15.64	79.53	91.39	82.53	77.68	5.28	7 838
14.8	14.36	81.55	105.10	74.24	89.34	5.17	8 671
17.6	14.01	90.57	114.24	71.43	97.10	5.10	10 702

根据图 8-39 和表 8-10 可知，随着中空夹层预制装配式圆形桥墩墩身中空率的增大，其骨架曲线总体趋势相近。中空夹层钢管体积的增大一定程度上增强了钢

管与墩身外包钢筋混凝土协同工作、共同承受荷载能力，提高墩身初始刚度，使得桥墩水平承载能力有所提高。相较于中空率 9.7%，中空率为 14.8%和 17.6%时，中空夹层预制装配式圆形桥墩水平承载力峰值分别增大了 15.0%和 25.0%，墩身初始切线刚度分别增大了 10.6%和 36.5%，位移延性系数分别减小了 2.08%和 3.4%，对其影响不大，说明墩身中空率的增大一定程度上提高了中空夹层预制装配式圆形桥墩的水平承载能力，提高了中空夹层预制装配式圆形桥墩在加载初期墩身的抗变形能力，但对其位移延性影响较小。

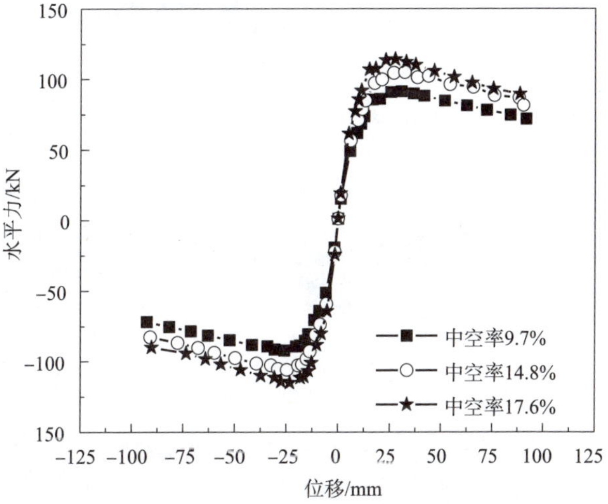

图 8-39　不同中空率试件骨架曲线

8.4.2　中空夹层预制装配式混凝土桥墩墩身轴压比参数分析

中空夹层预制装配式圆形桥墩试件有限元模型的轴压比 n 分别取 0.1、0.2 和 0.3，其他参数均与试验试件保持一致，获得不同轴压比下中空夹层预制装配式圆形桥墩有限元模型的骨架曲线和相应的特征点参数，见图 8-40 和表 8-11。

表 8-11　不同轴压比下骨架曲线特征点参数

轴压比 n	Δ_y/mm	P_y/kN	P_{max}/kN	Δ_u/mm	P_u/kN	位移延性系数	初始切线刚度/(kN·m^{-1})
0.1	15.64	79.53	91.39	82.53	77.68	5.28	7 838
0.2	12.65	88.53	107.92	55.97	91.73	4.42	8 997
0.3	15.03	99.80	122.05	63.99	103.74	4.25	9 702

根据图 8-40 和表 8-11 可知，随着轴压比的增大，中空夹层预制装配式圆形桥墩骨架曲线总体趋势相似。轴压比的增大一定程度上提高了墩身整体刚度，减弱了桥墩变形能力和位移延性。相较于轴压比 0.1，轴压比取 0.2 和 0.3 时的试件水

平承载力峰值分别增大了 18.08%和 33.54%,水平承载力峰值增长明显。随着轴压比的增大,中空夹层预制装配式圆形桥墩位移延性系数和初始切线刚度分别有较大幅度的减小和较大幅度的增大。相较于轴压比 0.1,轴压比取 0.2 和 0.3 时试件位移延性系数分别降低了 15.28%和 19.50%,初始切线刚度分别增大了 14.79%和 23.78%。

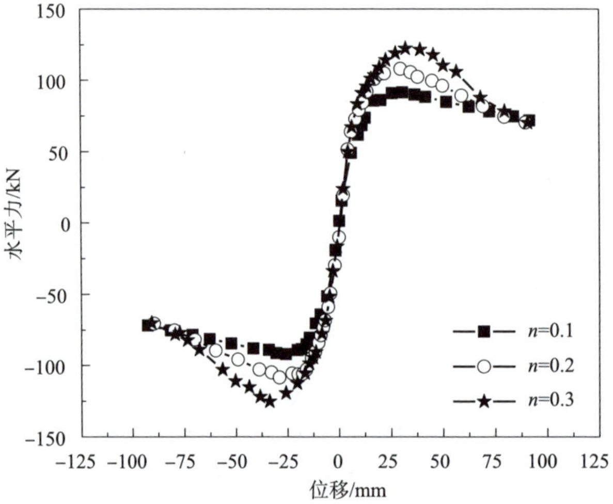

图 8-40　不同轴压比下试件骨架曲线

8.5　中空夹层预制装配式混凝土圆形实桥桥墩抗震性能分析

8.5.1　中空夹层预制装配式圆形实桥桥墩构造尺寸

根据中空夹层预制装配式圆形桥墩设计尺寸,将中空夹层钢管预埋至实际工程的预制装配式圆形桥墩墩身内,使得预制装配式圆形实桥桥墩的墩身中空率与中空夹层预制装配式圆形桥墩试件保持一致。中空夹层预制装配式圆形实桥桥墩构造及尺寸如图 8-41 所示。

8.5.2　中空夹层预制装配式圆形实桥桥墩加载制度

基于 ABAQUS 有限元分析软件,建立中空夹层预制装配式圆形实桥桥墩的有限元模型,且对其施加低周循环往复荷载,使得中空夹层预制装配式圆形实桥桥墩在往复荷载作用下的墩顶漂移率与拟静力试验中中空夹层预制装配式圆形桥墩试件的墩顶漂移率保持一致,加载制度如图 8-42 所示。

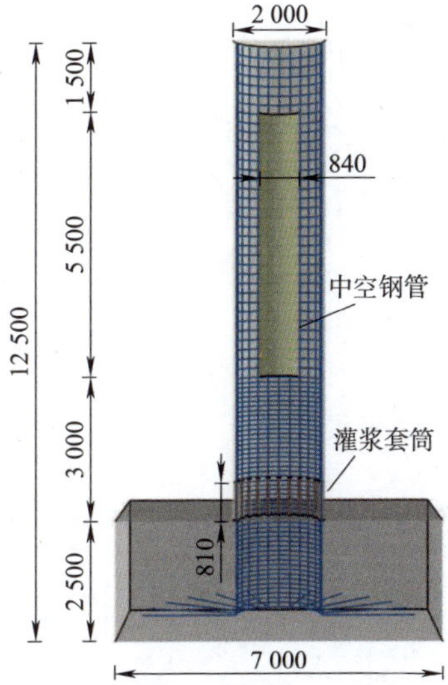

图 8-41　中空夹层预制装配式圆形实桥桥墩构造及尺寸(单位:mm)

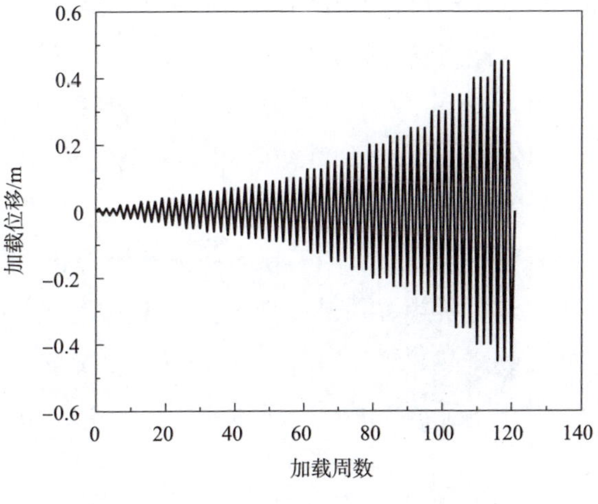

图 8-42　预制装配式实桥桥墩加载制度

8.5.3　中空夹层预制装配式圆形实桥桥墩有限元分析结果

通过对中空夹层预制装配式圆形实桥桥墩有限元模型施加低周循环往复荷载,获得相应的滞回曲线和骨架曲线,如图 8-43 和图 8-44 所示。实桥桥墩骨架曲线特征点参数见表 8-12。

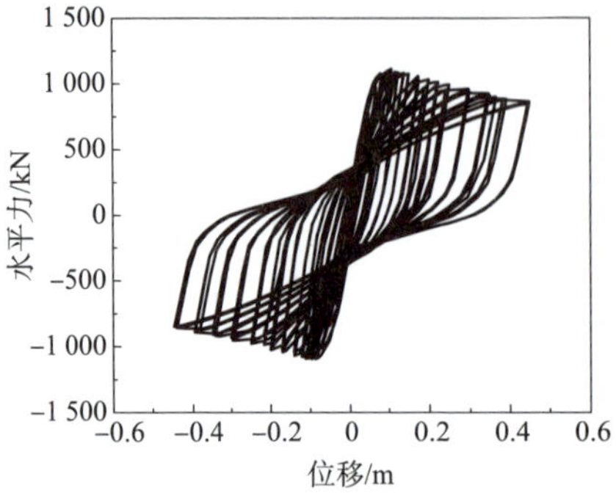

图 8-43 实桥桥墩滞回曲线

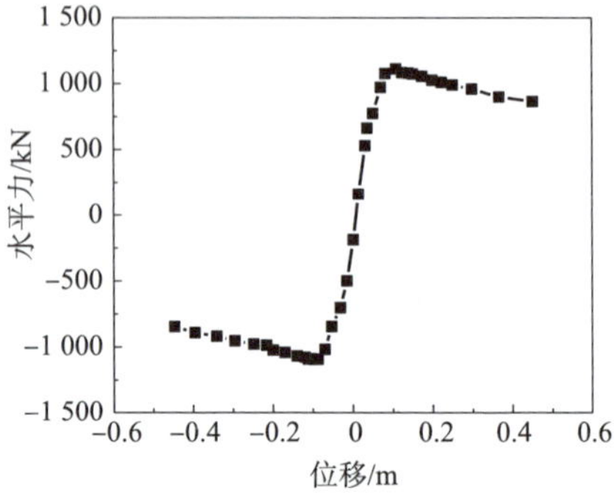

图 8-44 实桥桥墩骨架曲线

表 8-12 实桥桥墩骨架曲线特征点参数

Δ_y/m	P_y/kN	P_{max}/kN	Δ_u/m	P_u/kN	位移延性系数	初始切线刚度/(kN·m^{-1})
0.05	804.51	1 111.96	0.32	945.17	6.40	22 716

根据图 8-43 可知，在低周循环往复荷载作用下，中空夹层预制装配式圆形实桥桥墩墩身材料逐渐由弹性阶段进入弹塑性阶段，桥墩滞回曲线斜率逐渐减小，滞回环面积逐渐增大，耗能能力逐渐增强。

根据图 8-44 和表 8-12 可知，中空夹层预制装配式圆形实桥桥墩骨架曲线整体趋势分为上升段、强化段和下降段。加载初期，中空钢管的加入使得桥墩墩身刚度较大，墩身塑性变形较少，水平抗弯承载力增长迅速。随着荷载不断增大，桥墩主要纵筋达到屈服强度，墩身损伤逐渐累积，墩身刚度逐渐退化，水平抗弯承载力达到其峰值后逐渐下降。综上所述，在低周循环往复荷载作用下，中空夹层预制装配式圆形实桥桥墩滞回曲线滞回环较为饱满，具有较高的水平抗弯承载力，中空夹层钢管对其抗震性能产生积极影响，桥墩位移延性系数大于 5，满足工程抗震要求，整体抗震性能优良。

小　结

(1)在低周往复荷载作用下，中空夹层预制装配式方形、圆形桥墩滞回曲线较为饱满，滞回环出现明显的捏拢效应。由于墩身内预埋中空夹层钢管，使得中空夹层预制方形、圆形桥墩的抗弯承载力较普通预制装配式方形、圆形桥墩略有增大，初始切线刚度略有减小，桥墩最终整体破坏模式均为弯曲破坏。

(2)往复荷载作用下，墩身内预埋中空夹层钢管使得中空夹层预制装配式桥墩墩身曲率分布曲线在刚度变化截面产生明显转折，灌浆套筒顶部纵筋应变发展较快，率先达到屈服应变，桥墩塑性铰区出现明显上移。

(3)中空夹层预制装配式方形、圆形桥墩耗能能力较预制装配式实心桥墩有所提高，但略差于现浇桥墩。相较于普通预制装配式方形、圆形桥墩，墩身内预埋中空夹层钢管一定程度上提高了中空夹层预制装配式桥墩在加载后期的变形能力，且具有更大的残余变形，刚度退化整体趋势与普通预制装配式桥墩相近。

(4)中空夹层钢管的直径和高度对中空夹层预制装配式方形、圆形桥墩整体受力性能产生不同程度的影响。钢管直径相同时，增大钢管高度可较为显著地提高桥墩整体抗弯承载力，提高桥墩初始变形能力，增大桥墩屈服荷载和屈服位移，减缓墩身刚度退化，减少加载后期墩身残余变形，一定程度上降低桥墩位移延性。钢管高度相同，增大钢管直径对中空夹层预制装配式方形桥墩整体抗震性能影响较小。

(5)随着轴压比的增大，中空夹层预制装配式圆形桥墩水平承载力峰值增长明显，相较于轴压比 0.1，轴压比取 0.2 和 0.3 时，试件位移延性系数分别减小了 15.28%和 19.50%，初始切线刚度分别增大了 14.79%和 23.78%，说明轴压比的增大降低了中空夹层预制装配式圆形桥墩的位移延性，增大了加载初期墩身的刚度，降低了加载初期墩身的变形能力。

(6)在往复荷载作用下，中空夹层预制装配式圆形实桥桥墩滞回曲线滞回环较为饱满，具有良好的耗能能力。实桥桥墩墩身内预埋中空钢管，使得中空夹层预制装配式圆形实桥桥墩墩身具有较大的抗弯刚度，提高了桥墩抗侧极限承载能力，使桥墩具有较好的水平抗弯承载力，整体抗震性能良好。

第9章 全中空预制装配式混凝土桥墩构造体系与抗震性能

在实际工程中，预制装配式桥墩需采用专门交通工具运到施工现场，并利用吊机进行吊装，其运输和吊装重量较大，且墩柱核心混凝土发挥作用十分有限，抗震性能有待进一步提升。为了降低预制装配式桥墩的吊装重量，通过对预制装配式桥墩配置高强钢筋，且对墩柱核心混凝土部分进行一定程度的掏空，以减小墩柱的重量，实现装配式桥墩的轻型化。

9.1 全中空预制装配式混凝土桥墩设计构造

全中空预制装配式混凝土方形桥墩墩身尺寸为 400 mm×400 mm×2 000 mm，加载段尺寸为 400 mm×400 mm×300 mm，承台尺寸为 1 400 mm×1 400 mm×500 mm，其中墩身内部通长设有截面尺寸为 160 mm×160 mm 的方形中空层。全中空预制装配式混凝土圆形桥墩墩身直径为 400 mm，高度为 2 000 mm，加载段尺寸为 400 mm×400 mm×300 mm，承台尺寸为 1 400 mm×1 400 mm×500 mm，其中墩身内部通长设有截面直径为 160 mm 的圆形中空层。

全中空预制装配式混凝土方形、圆形桥墩加载段、墩身和承台均采用 C40 混凝土，纵筋和箍筋直径、种类见表 9-1。桥墩选用灌浆套筒的高度为 320 mm，套筒外径为 42 mm，套筒段钢筋锚固长度为 130 mm，如图 9-1 所示。

表 9-1 桥墩配筋参数

试件类型	纵筋		箍筋	
	直径/mm	种类	直径/mm	种类
全中空预制装配式混凝土方形桥墩	16	HTRB600E	8	HRB400E
全中空预制装配式混凝土圆形桥墩	16	HTRB600E	8	HRB400E

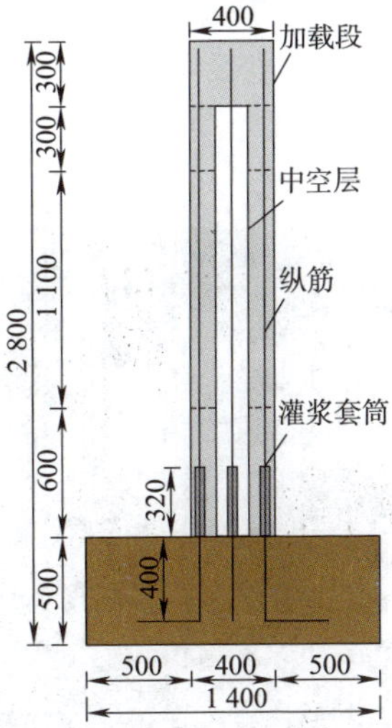

(a)方形桥墩立面图

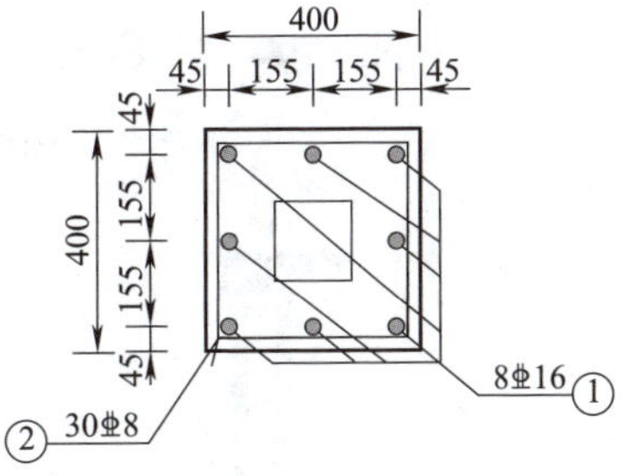

(b)方形桥墩断面图

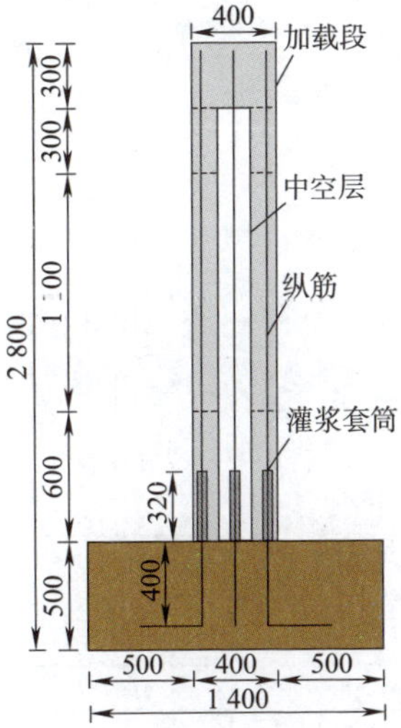

(c)圆形桥墩立面图

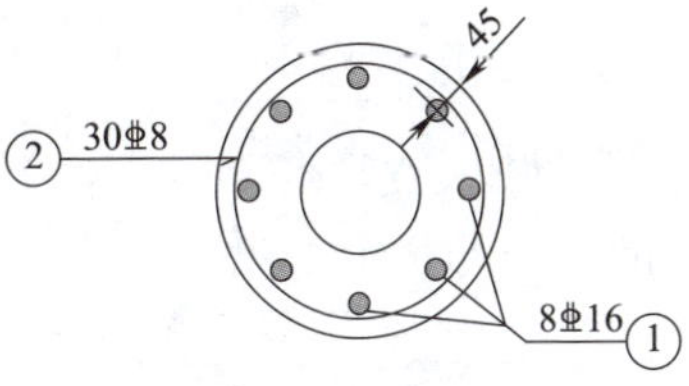

(d)圆形桥墩断面图

图 9-1　全中空预制装配式混凝土方形、圆形桥墩设计构造(单位:mm)

9.2　全中空预制装配式混凝土桥墩拟静力试验

9.2.1　拟静力试验方案

拟静力试验可以研究桥墩在静力作用下的力学反应和破坏机理,分析桥墩的静力承载力、延性和刚度等基本力学性能。试验过程中,水平荷载采用 MTS 液压伺服作动器来施加，竖向荷载通过液压千斤顶来施加。试验过程中，调节千斤顶油压以保持轴向力的恒定，试验的测试数据主要包括：墩顶水平位移、墩柱与承台界面的相对位移以及钢筋和混凝土应变等，加载示意及实景如图 9-2 所示。

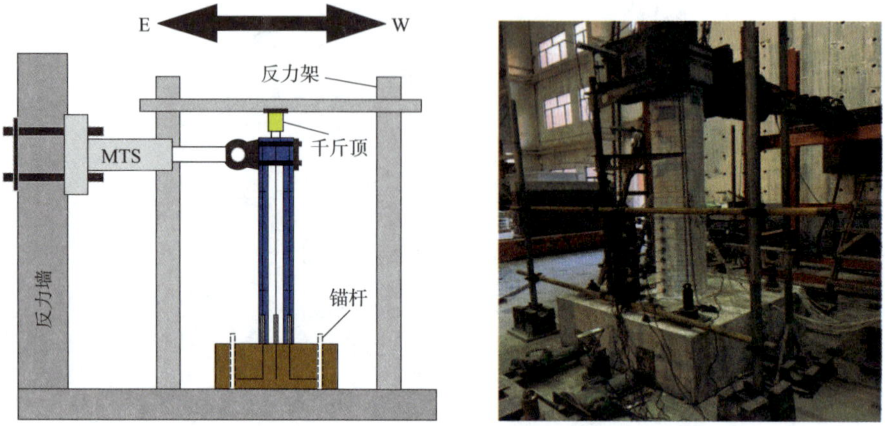

(a)示意图　　(b)实景图

图 9-2　拟静力试验加载示意图及实景图

9.2.2　试件加工

全中空预制装配式混凝土方形、圆形桥墩的加工流程一致，如图 9-3 所示。其加工流程主要包括：钢筋笼绑扎、粘贴应变片、安放内模、立模、浇筑混凝土、墩身与承台装配、灌注超高性能混凝土灌浆料等，试件加工、制作实景见图 8-4。

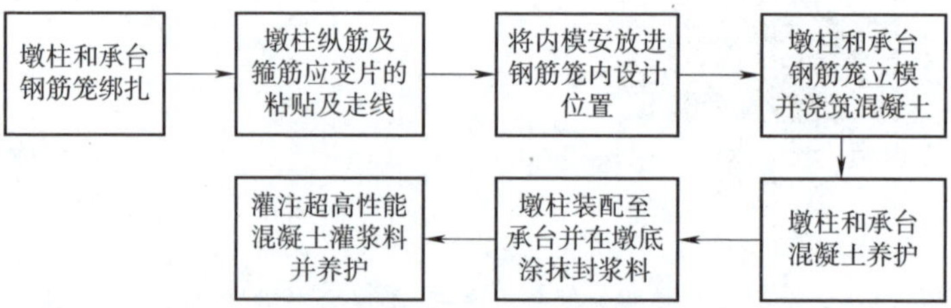

图 9-3　全中空预制装配式混凝土桥墩加工流程

9.2.3　试件测试工况和测点布置

1. 试件测试工况

全中空预制装配式混凝土桥墩拟静力试验工况、拟静力加载制度与中空夹层预制装配式桥墩拟静力试验工况、拟静力加载制度保持一致，详见 8.2.3 节。

拟静力试验过程中，全中空预制装配式混凝土桥墩试件加载标记与中空夹层预制装配式桥墩试件加载标记保持一致，详见 8.2.3 节。

2. 试件测点布置

全中空预制装配式混凝土桥墩试件量测项目和测点布置与中空夹层预制装配式桥墩试件量测项目和测点布置完全相同，量测项目和测点布置详见 8.2.3 节。

9.2.4　材料性能试验

本章所设计试验构件纵筋采用 HTRB600 级钢筋，箍筋采用 HRB400 级钢筋，根据《金属材料　拉伸试验　第 1 部分：室温试验方法》(GB/T 228.1—2010)进行材料静态拉伸力学性能试验，钢筋和灌浆套筒材料荷载—位移曲线如图 9-4 所示。

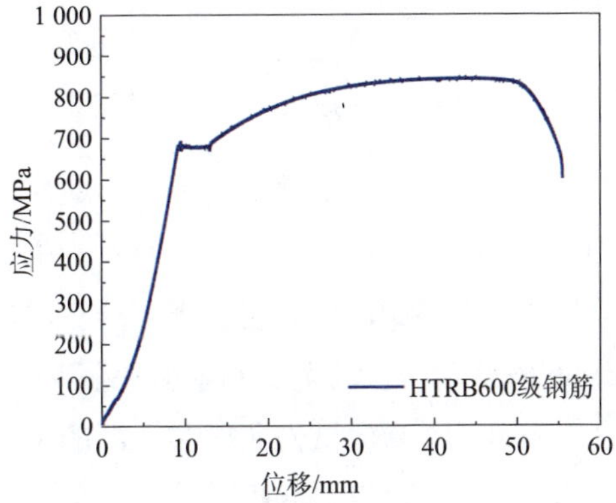

(a) HTRB600 级钢筋荷载—位移曲线

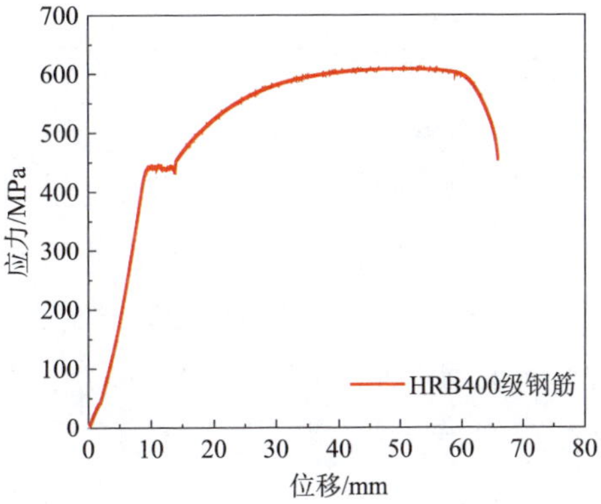

(b) HRB400 级钢筋荷载—位移曲线

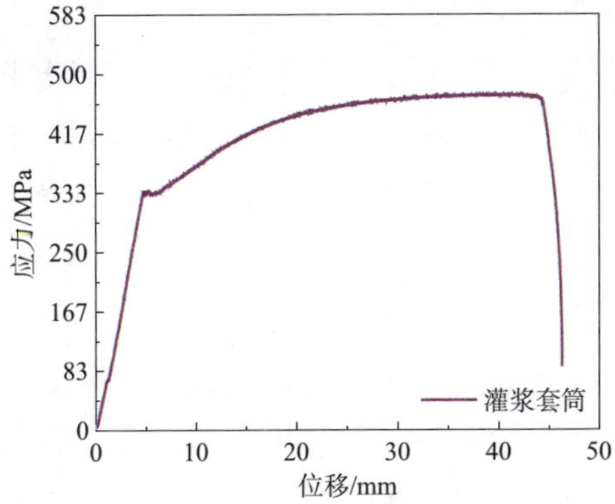

(c) 灌浆套筒荷载—位移曲线

图 9-4　材料荷载—位移曲线

超高性能混凝土灌浆料抗折、抗压试验和 C40 混凝土立方体抗压试验与 8.2.4

节中材料性能试验保持一致，详见 8.2.4 节。桥墩材料性能参数见表 9-2。

表 9-2 桥墩材料性能参数

材料类别	弹性模量/GPa	屈服强度/MPa	立方体抗压强度/MPa	极限抗拉强度/MPa
C40 混凝土	32.6	—	45.3	—
超高性能灌浆料	45.3	—	123.6	7.9
HRB400E 钢筋	206.0	437.0	—	603.9
HTRB600E 钢筋	206.0	675.2		836.6
灌浆套筒	206.0	330.6	—	310.8

9.2.5 拟静力试验结果分析

1. 全中空预制装配式混凝土方形桥墩

1)试验现象

拟静力试验加载初期，加载位移 6 mm 时，现浇方形桥墩试件东面和西面墩底出现首条水平贯穿裂缝，裂缝宽度约为 0.1 mm；普通预制装配式混凝土方形桥墩、配置高强钢筋的预制装配式混凝土方形实心桥墩和全中空预制装配式混凝土方形桥墩试件墩身东面和西面在距墩底 30～32 cm 的截面(灌浆套筒顶部墩身刚度变化截面)均产生首条水平贯穿裂缝，裂缝宽度 0.02～0.06 mm，且不断向试件北面和南面的中性轴附近水平延伸，如图 9-5 所示。随着加载位移的增大，现浇方形桥墩试件墩身陆续出现更多的水平贯穿裂缝，且各条水平裂缝间距 15～20 cm，墩底裂缝宽度开展较大。普通预制装配式混凝土方形桥墩、配置高强钢筋的预制装配式混凝土方形实心桥墩和全中空预制装配式混凝土方形桥墩试件墩身在首条裂缝上下也陆续产生更多的水平贯穿裂缝，各条水平裂缝分布间距 20～25 cm。在低位移水平下，3 类不同的预制装配式桥墩墩底接缝坐浆料均未开裂，墩底接缝未张开，墩底接缝并非薄弱部位。

拟静力试验加载中期，加载位移 50 mm 时，现浇方形桥墩试件墩身底部大量混凝土开裂起皮，且墩底柱脚产生多条自下而上发展的劈裂裂缝，发展高度约为 8 cm。普通预制装配式混凝土方形桥墩、配置高强钢筋的预制装配式混凝土方形实心桥墩和全中空预制装配式混凝土方形桥墩试件墩身灌浆套筒段陆续出现混凝土起皮、剥落，同时墩底坐浆料开裂，墩底接缝张开，并有一定的贯通深度。4 个不同类型试件主要受力纵筋逐渐达到屈服强度，在加载初期墩身东面和西面产生的水平裂缝宽度均大于 2 mm，裂缝开展十分明显，同时各条水平裂缝均延伸至北面和南面中性轴附近，并相互交汇在一起。

(a)现浇方形桥墩

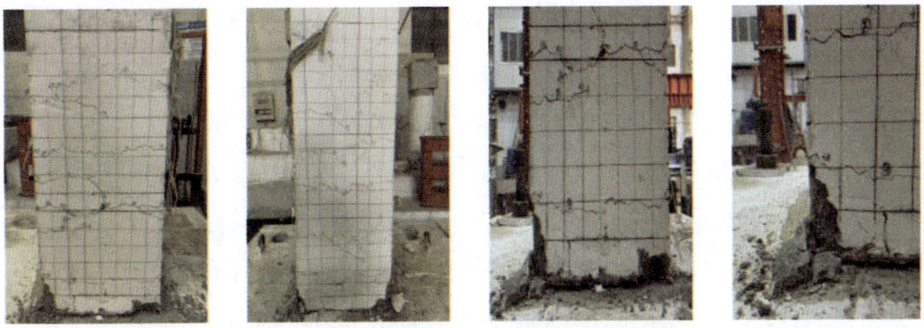

(b)配置普通钢筋的预制装配式混凝土方形实心桥墩

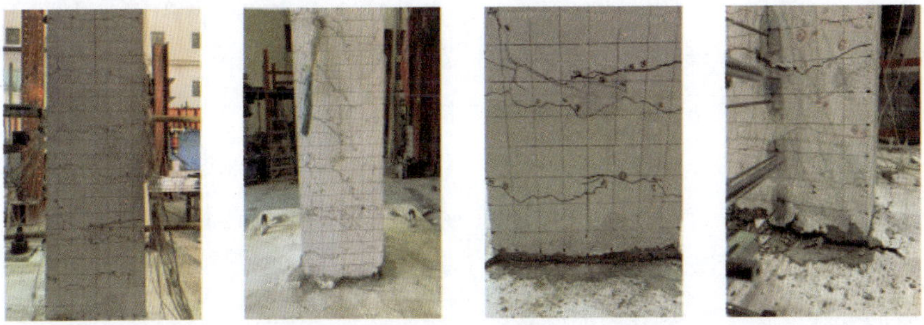

(c)配置高强钢筋的预制装配式混凝土方形实心桥墩

(d)全中空预制装配式混凝土方形桥墩

图 9-5　各类方形桥墩裂缝分布及破坏形态

拟静力试验加载后期,4 个不同类型试件墩身损伤逐渐累积,加载位移 80 mm 时,现浇方形桥墩试件墩身混凝土大量剥落,最大剥落高度约为 50 cm,墩底大量混凝土压碎,同时试件东面和西面主要受力纵筋发生屈曲,箍筋外鼓。加载位移 80～100 mm 时,普通预制装配式混凝土方形桥墩、配置高强钢筋的预制装配式混凝土方形实心桥墩和全中空预制装配式混凝土方形桥墩试件墩底接缝张开较大,并逐渐贯通整个结合面,墩底坐浆料大量压碎,墩身大量混凝土剥落。其中,全中空预制装配式混凝土方形桥墩试件墩底和灌浆套筒顶部截面混凝土保护层大量剥落,露出箍筋。加载后期,4 个试件水平承载力逐渐下降至其承载力峰值的 85%,即停止试验。试验结束后,清除试件剥落、压碎的混凝土,3 类不同类型的预制装配式桥墩试件主要受力纵筋均没有屈曲,箍筋没有外鼓。

在拟静力试验中,随着荷载增大,现浇桥墩墩身产生大量塑性变形,墩身刚度退化十分明显,墩底混凝土保护层完全剥落,纵筋屈曲,箍筋外鼓,墩底区域率先发展成为塑性铰区。由于 3 类不同类型的预制装配式桥墩墩身底部区段预埋灌浆套筒,使得灌浆套筒顶部截面产生较大的刚度突变。在往复荷载作用下,墩身塑性变形逐渐增大,墩身损伤逐渐累积,试件灌浆套筒顶部刚度突变截面率先发展成为薄弱截面,随着荷载进一步增大,墩底接缝处发展成为薄弱截面。加载后期,墩底接缝张开,两个薄弱截面处纵筋率先屈服,墩底与灌浆套筒顶部截面率先发展成为塑性铰区,塑性铰区位置较现浇桥墩明显上移。墩底塑性铰向上发展,套筒顶部塑性铰分别向上和向下发展,试件预埋灌浆套筒区段和套筒顶部部分区段最终全部发展成为塑性铰区,发展速度较快。其中配置高强钢筋的预制装配式实心桥墩和全中空预制装配式桥墩由于墩身内配置高强钢筋,使得柱身延性较现浇桥墩和普通预制装配式桥墩有所减小,墩身水平裂缝发展高度有所增大,墩底截面和墩身刚度变化截面混凝土保护层剥落更加明显。

2)荷载—位移滞回曲线

桥墩滞回曲线如图 9-6 所示。根据图 9-6 可知,在拟静力试验加载初期,全中空预制装配式混凝土方形桥墩墩身材料处于线弹性阶段,墩身变形以弹性变形为主,桥墩整体刚度较大,墩身变形能力较弱,滞回曲线斜率较大,滞回环包围面积较小且滞回环分布比较集中、互相重叠。随着荷载持续增大,墩身混凝土产生裂缝,受力钢筋屈服,墩身塑性变形逐渐增多,塑性损伤逐渐累积,墩身整体刚度产生退化,桥墩整体变形能力有所增强,钢筋与混凝土间产生有限的滑移,试件滞回曲线斜率逐渐减小,滞回环逐渐被拉开,逐渐发展为较为饱满的梭形,包围面积逐渐增大,并产生了一定的捏拢效应,滞回耗能能力逐渐增强。整体而言,现浇方形桥墩、普通预制装配式混凝土方形桥墩、配置高强钢筋的预制装配式混凝土方形实心桥墩试件的荷载—位移滞回曲线发展趋势与全中空预制装配式混凝土方形桥墩试件相似。当4个桥墩试件的加载位移为100 mm、90 mm、80 mm和90 mm时，水平承载力均逐级下降到各自承载力峰值的85%，即停止加载。总体而言，全中空预制装配式混凝土方形桥墩滞回环较为饱满，抗震性能良好，与配置高强钢筋的预制装配式方形实心桥墩相近，略差于现浇方形桥墩和普通预制装配式方形桥墩。

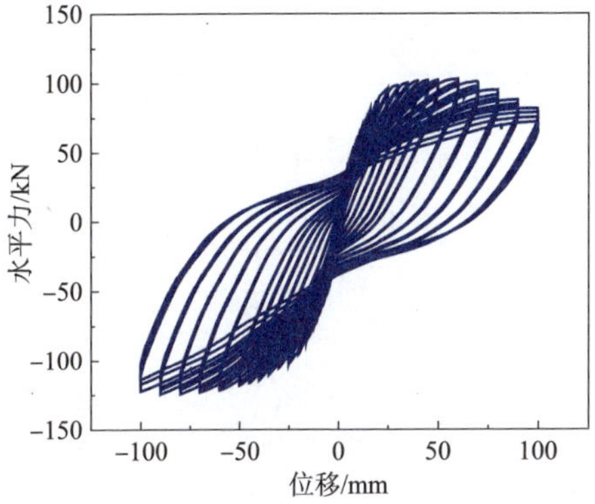

(a)现浇方形桥墩

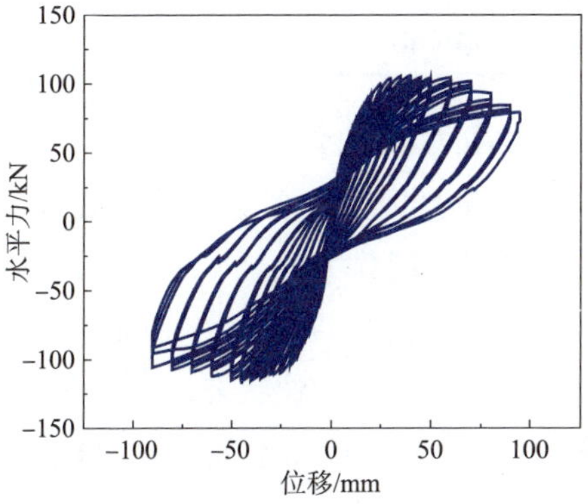

(b)普通钢筋装配式方形实心桥墩

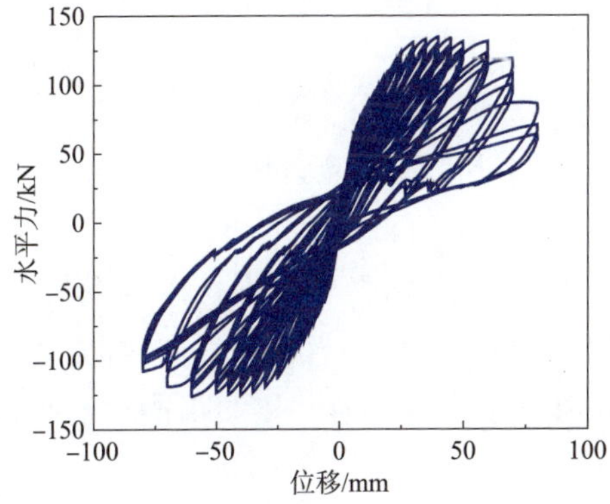

(c)高强钢筋装配式方形实心桥墩

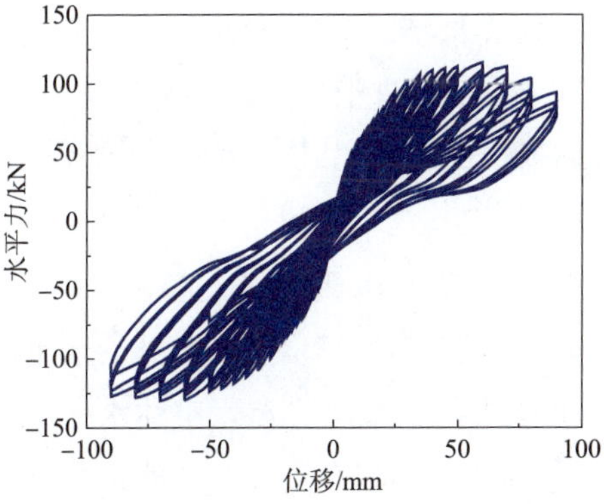

(d)全中空预制装配式混凝土方形桥墩

图9-6　桥墩滞回曲线

3)骨架曲线

位移延性系数为结构极限位移与屈服位移的比值，可以很好地衡量不同结构形式桥墩的延性性能。根据桥墩试件滞回曲线的包络线——骨架曲线，以试件最大荷载P_{max}的85%确定试件的极限荷载P_u和极限位移Δ_u，利用通用弯矩法确定试件屈服位移Δ_y和屈服荷载P_y，最终得到桥墩试件在轴压比0.10条件下的位移延性系数(Δ_u/Δ_y)和初始切线刚度，见表9-3。

表 9-3 骨架曲线特征点参数(一)

试件类型	Δ_y/mm	P_y/kN	正向 P_{max}/kN	负向 P_{max}/kN	Δ_u/mm	P_u/kN	位移延性系数	初始切线刚度/(kN·m^{-1})
现浇方形桥墩	16.41	81.73	103.90	−123.60	90.91	88.31	5.54	11 525
普装方形桥墩	15.49	80.06	106.80	−117.00	83.90	90.78	5.42	11 200
高强钢方形桥墩	17.05	104.91	135.60	−125.40	76.38	115.26	4.48	11 900
全中空方形桥墩	19.33	88.27	116.10	−129.60	86.14	98.69	4.45	11 520

桥墩骨架曲线如图 9-7 所示。根据图 9-7 可知,4 个桥墩试件的骨架曲线整体趋势类似。加载初期,全中空预制装配式混凝土方形桥墩墩身基本处于弹性工作状态,墩身塑性变形较少,桥墩整体刚度较大,抵抗变形能力较强,桥墩骨架曲线斜率较大,墩身水平承载能力增长迅速。随着荷载增大,全中空预制装配式混凝土方形桥墩墩身塑性变形逐渐增多,塑性损伤逐渐累积,桥墩整体刚度逐渐退化,桥墩骨架曲线整体走势逐渐放缓,墩身水平承载力增长速率有所减小。加载后期,墩身塑性损伤大量累积,桥墩整体刚度产生明显退化,墩身剩余刚度较小,塑性变形能力显著提高,骨架曲线下降段斜率逐渐增大,桥墩整体水平抗弯承载能力下降明显。墩身内配置高强钢筋,较为明显地提高了预制装配式方形桥墩抗弯承载能力,一定程度上减弱了墩身位移延性,使得初始切线刚度有小幅度提高,降低了加载初期墩身变形能力。相较于配置普通钢筋的预制装配式方形实心桥墩,配置高强钢筋的装配式实心桥墩和全中空预制装配式桥墩试件正向 P_{max}分别增大了 27.0%和 8.7%,负向 P_{max}分别增大了 7.2%和 10.8%,极限荷载 P_u和屈服荷载 P_y也分别相应提高了 31.0%和 10.3%,位移延性系数分别减小了 17.3%和 17.9%,初始切线刚度分别增大了 6.3%和 2.9%。相较于配置高强钢筋的预制装配式方形实心桥墩,全中空预制装配式桥墩正、负向 P_{max}绝对值中的较大值减小了 4.4%,两者相差不大,极限荷载 P_u和屈服荷载 P_y也分别减小了 14.3%和 15.9%,两者位移延性系数和初始切线刚度相近,说明在低周循环往复荷载作用下,试件中空率为 16%时,配置高强钢筋

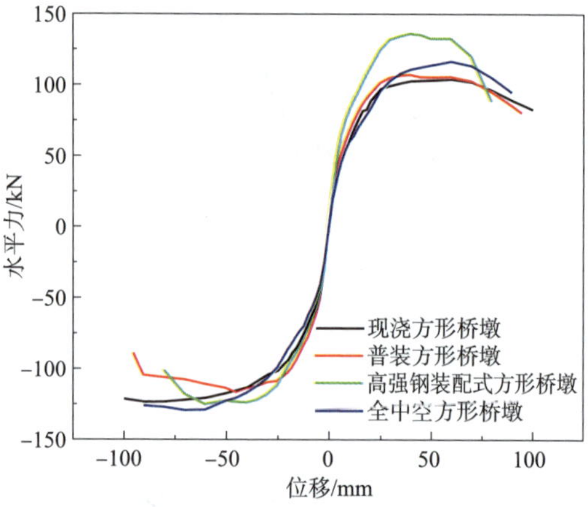

图 9-7 桥墩骨架曲线

的预制装配式方形桥墩核心混凝土发挥作用有限，对其抗弯承载力、位移延性和加载初期墩身变形能力影响较小。

4）墩身曲率分布曲线

各类桥墩墩身曲率分布曲线如图 9-8 所示。根据图 9-8 可知，拟静力试验加载初期，4 个桥墩墩身材料基本处于线弹性阶段，墩身刚度较大，在低周循环往复荷载作用下，桥墩整体变形能力较弱，试件墩身曲率变化较小，墩身曲率沿墩高没有明显而剧烈的转折。随着加载位移的增大，4 个桥墩墩身产生不可恢复的塑性变形，桥墩整体刚度有所退化，墩身变形能力逐渐增强，墩身曲率分布曲线沿墩高产生较为剧烈的转折。在各典型位移下，4 个桥墩的墩身曲率沿墩高逐渐减小，墩身曲率分布曲线在墩底截面均发生较为明显的转折，说明在低周循环往复荷载作用下，随着加载位移的增大，不同类型的桥墩墩底截面接缝处为薄弱部位，极易发展成为塑性铰，与试件试验现象相对应。由于在墩身底部预埋灌浆套筒，使得自墩底向上 320 mm 墩身区段刚度显著增大，进而导致装配式桥墩墩身曲率分布曲线在

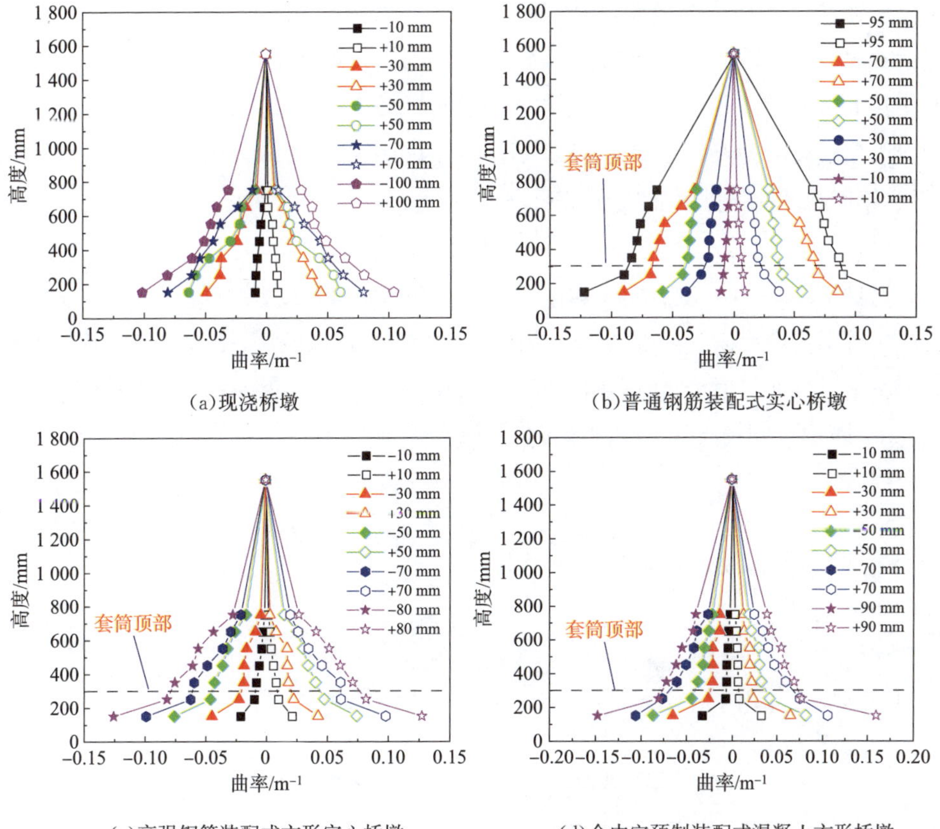

（a）现浇桥墩

（b）普通钢筋装配式实心桥墩

（c）高强钢筋装配式方形实心桥墩

（d）全中空预制装配式混凝土方形桥墩

图 9-8　桥墩墩身曲率分布曲线

灌浆套筒顶部墩身刚度变化截面产生较为明显而剧烈的转折，说明在低周循环往复荷载作用下，灌浆套筒顶部墩身刚度变化截面较为薄弱，易发展成为塑性铰，预埋灌浆套筒使得不同类型的预制装配式方形桥墩塑性铰有明显上移的趋势。相较于配置普通钢筋的现浇桥墩和普通装配式桥墩，配置高强钢筋的装配式实心方形桥墩和全中空方形桥墩墩身曲率分布曲线沿墩高转折更加剧烈。

5)纵筋应变曲线

为探讨四类不同结构桥墩在往复荷载作用下的塑性铰区高度，在主要纵筋上布置应变片来测量整个试验过程中纵筋的应变变化。4个试件纵筋编号、应变片编号及布置如图8-7所示。

桥墩纵筋应变分布曲线如图9-9所示。根据图9-9可知，在拟静力试验加载初期，4个试件墩身L1纵筋处于线弹性阶段，钢筋各测点应变均大致呈线性增长。随着加载位移的继续增大，L1纵筋进入弹塑性阶段，钢筋各测点应变曲线的斜率逐渐减小。在各级荷载作用下，配置普通钢筋的现浇方形实心桥墩L1纵筋墩底测点(L1-2)应变增长速率最大，率先达到屈服应变，随后L1-3～L1-5测点均达到和接近屈服应变，墩柱自墩底向上约500 mm范围内发展成为塑性铰区。当加载位移20～40 mm时，全中空预制装配式方形桥墩的灌浆套筒内各测点(L1-2和L1-3)和灌浆套筒顶端处的测点(L1-4)应变均陆续达到钢筋屈服应变，其中L1-4测点应变增长最快，钢筋在此测点处最先达到屈服，塑性铰上移趋势十分明显。L1钢筋进入屈服阶段后，其应变增长速率迅速减小，应变增长缓慢，加载后期，全中空预制装配式方形桥墩试件L1-2～L1-6测点应变均达到或接近钢筋屈服应变，全中空预制装配式方形桥墩试件墩身墩底向上约650 mm范围内发展成为塑性铰区，塑性铰区高度较现浇方形桥墩试件明显增大，普通预制装配式桥墩和配置高强钢筋装配式方形实心桥墩试件L1纵筋各测点应变增长规律大致与全中空预制装配式方形桥墩试件相同。

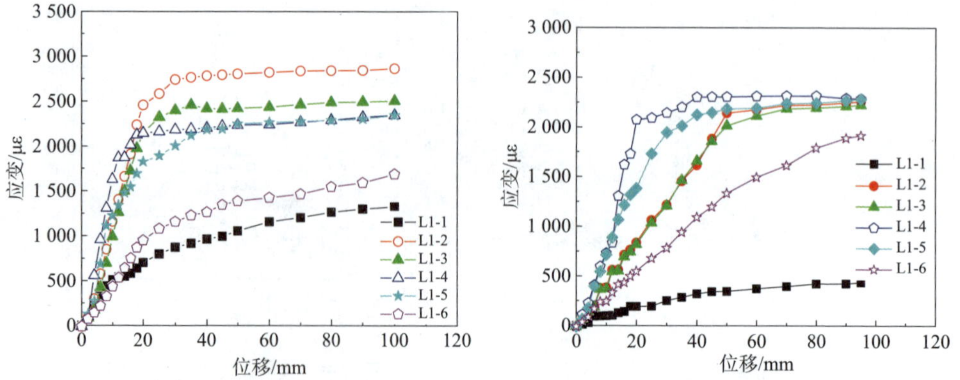

(a)现浇桥墩

(b)普通钢筋装配式方形实心桥墩

图 9-9

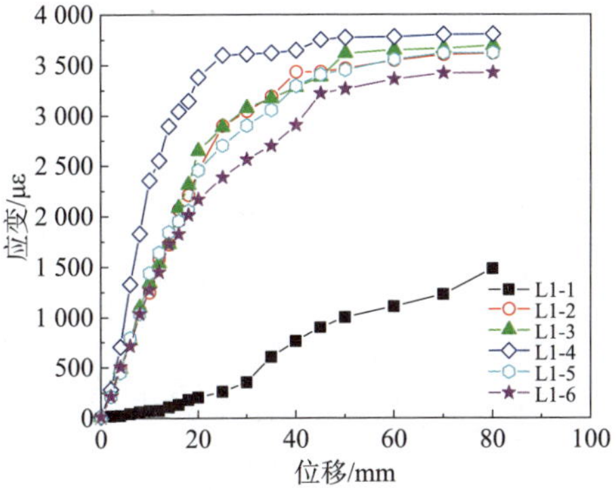

(c)高强钢筋装配式方形实心桥墩

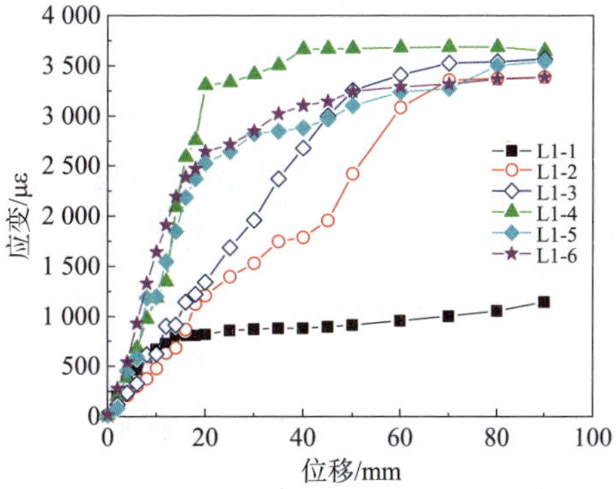

(d)全中空预制装配式混凝土方形桥墩

图 9-9　桥墩纵筋应变分布曲线

6)耗能曲线

各类桥墩的耗能曲线如图 9-10 所示。根据图 9-10 可知，四类桥墩耗能曲线整体发展趋势较为相近。在拟静力试验初期，加载位移较小时，全中空预制装配式方形桥墩墩身材料基本处于线弹性阶段，此时墩身塑性变形较少，桥墩整体刚度较大，墩身变形能力较弱且以弹性变形为主，往复荷载作用下，全中空预制装配式方形桥墩耗能曲线斜率较小，耗能能力增长缓慢。随着荷载的不断增大，全中空预制装配式方形桥墩墩身塑性变形逐渐增多，桥墩整体刚度有所退化，墩身塑性耗能能力逐渐增强，桥墩耗能曲线增长速率逐渐增大。当加载位移为 80 mm 和 90 mm 时，配置高强钢筋的预制装配式方形实心桥墩和全中空预制装配式方形桥墩耗能曲线达到各自峰值，全中空预制装配式方形桥墩最大耗能值约为配置高强钢筋的预制装配式方形实心桥墩最大耗能值的 99.7%，两者相近，说明配置高强钢筋的预制装配式方形桥墩核心混凝土对其耗能能力影响很小。相较于配置普通钢筋的预制装配式方形实心桥墩，配置高强钢筋的预制装配式桥墩和全中空装配式桥墩耗能曲线峰值分别减小了 41.0%和 41.2%，说明配置高强钢筋对试件耗能能力产生较大的不利影响，不利于提高试件耗能能力。

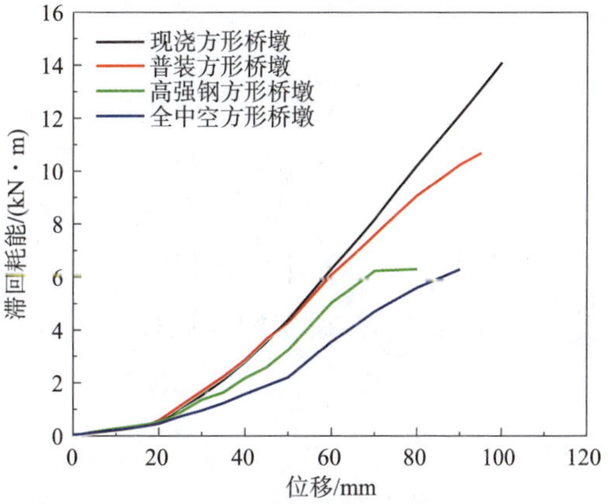

图 9-10　桥墩耗能曲线

7)残余位移曲线

各类桥墩的残余位移曲线如图 9-11 所示。根据图 9-11 可知,加载初期,试件基本处于弹性工作阶段,墩身刚度较大,整体变形能力较弱,在达到屈服位移之前,4 个桥墩试件的残余位移均较小,不同类型试件残余位移相近。随着加载位移的增大,桥墩试件混凝土产生多条水平贯穿裂缝,墩身纵筋应力达到屈服强度,桥墩不可恢复的塑性变形逐渐增多,墩身塑性损伤逐渐累积,桥墩残余位移逐渐增多,曲线斜率逐渐增大。高强钢筋的配置一定程度上增大了桥墩整体刚度和屈服位移,往复荷载作用下,延缓桥墩进入塑性阶段,使得墩身塑性变形有所减少,一定程度上减小了桥墩整体残余位移。配置普通钢筋的现浇试件和普通装配式试件残余位移增长速率明显大于配置高强钢筋的装配式实心方形桥墩试件和全中空预制装配式方形桥墩试件,4 个不同类型试件残余位移曲线逐渐分开,配置高强钢筋的装配式实心方形桥墩试件和全中空预制装配式方形桥墩试件残余位移最大值与配置普通钢筋的现浇试件和普通装配式试件残余位移最大值相差较大。整体而言,4 个桥墩试件的残余位移曲线发展趋势相似,4 个不同类型试件正、负向残余位移均随加载位移的增大而增大,说明 4 个桥墩均不具备自复位能力。相较于配置高强钢筋的预制装配式方形实心桥墩,全中空预制装配式方形桥墩正、负向残余位移分别减小了 4.6%和 45.4%,说明墩身核心混凝土可使桥墩残余位移产生一定程度的减小。

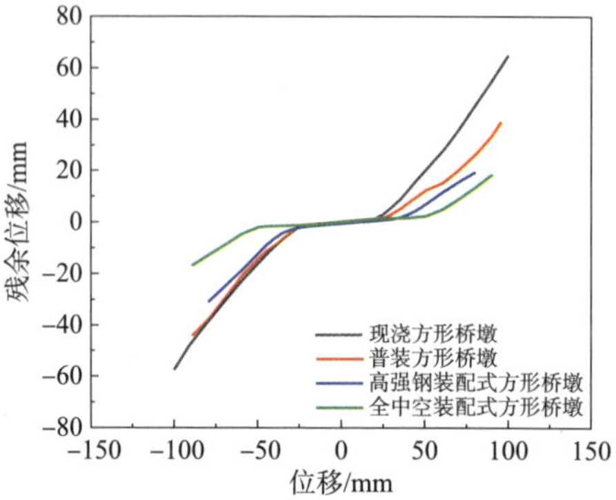

图 9-11　桥墩残余位移曲线

8)刚度退化曲线

各类桥墩的刚度退化曲线如图 9-12 所示。根据图 9-12 可知,四类桥墩刚度退化曲线整体发展趋势较为接近。加载初期,全中空预制装配式方形桥墩材料处于线弹性阶段,桥墩正、负向初始刚度较大,塑性损伤较少。随着荷载的增大,全中空预制装配式方形桥墩墩身塑性损伤逐渐累积,桥墩整体刚度产生退化,退化速率较大。加载后期,桥墩墩身产生大量塑性变形,墩身塑性损伤

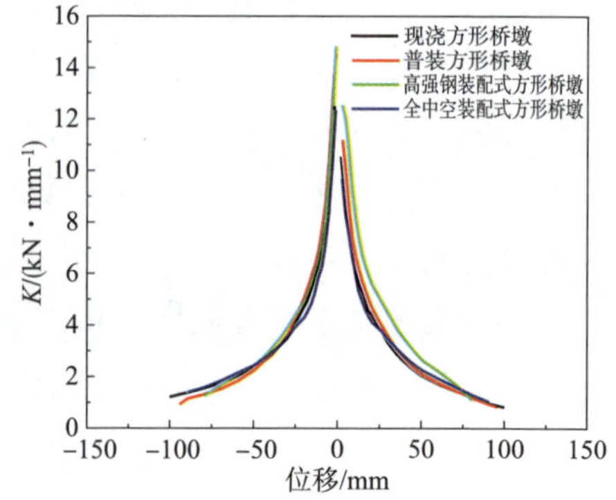

图 9-12　桥墩刚度退化曲线

大量累积，刚度退化曲线逐渐放缓，刚度退化速率有所减小，桥墩整体剩余刚度较小。相较于配置高强钢筋的预制装配式方形实心桥墩，配置高强钢筋的全中空预制装配式方形桥墩正、负初始刚度分别减小了 22.7%和 16.8%，随着加载位移的增大，全中空预制装配式混凝土方形桥墩正、负刚度退化速率较配置高强钢筋预制装配式方形桥墩更大，说明掏空墩身核心混凝土一定程度上可以减小加载初期墩身初始刚度，加快墩身刚度退化。整体而言，不同类型的试件整体刚度退化趋势类似。相较于配置普通钢筋的现浇桥墩和普通装配式桥墩，配置高强钢筋的装配式方形实心桥墩和全中空装配式方形桥墩刚度退化速率有所减小，墩身抵抗变形能力更强，说明配置高强钢筋可一定程度上减缓墩身刚度退化，提高墩身抵抗变形的能力。

2. 全中空预制装配式混凝土圆形桥墩

分析方法与全中空预制装配式混凝土方形桥墩类似，分析结果不再介绍。

9.3 全中空预制装配式混凝土桥墩拟静力试验有限元分析

9.3.1 材料本构模型

1. 混凝土本构模型

混凝土选用损伤塑性本构，本构模型与 6.3.1 节保持一致，其本构曲线见 6.3.1 节。

2. 超高性能灌浆料本构模型

超高性能灌浆料本构模型与 6.3.1 节保持一致，其受压、受拉本构曲线见 6.3.1 节。

3. 钢材本构模型

普通钢筋、高强钢筋、灌浆套筒均选用理想弹塑性本构，与 6.3.1 节保持一致，其本构曲线见 6.3.1 节。

9.3.2 有限元模型建立

基于 ABAQUS 有限元软件建立不同类型桥墩的有限元模型，混凝土和灌浆料等选用 C3D8R 实体单元模拟，钢筋选用 T3D2 桁架单元模拟，灌浆套筒选用 S4R 壳单元模拟。

相互作用方面，有限元模型钢筋骨架与混凝土实体部分均采用内置区域的相互作用方式。在低周循环往复荷载作用下，超高性能混凝土灌浆料、灌浆套筒及墩柱三者之间粘结滑移可忽略不计，故三者之间采用绑定(Tie)的相互作用方式。墩底与承台顶面采用表面与表面接触(surface-to-surface)的相互作用方式，墩底与承台顶面的切向行为选用“罚”函数，摩擦系数为 0.5，法向行为设定为硬接触。方形桥墩试件有限元模型如图 9-13 所示。

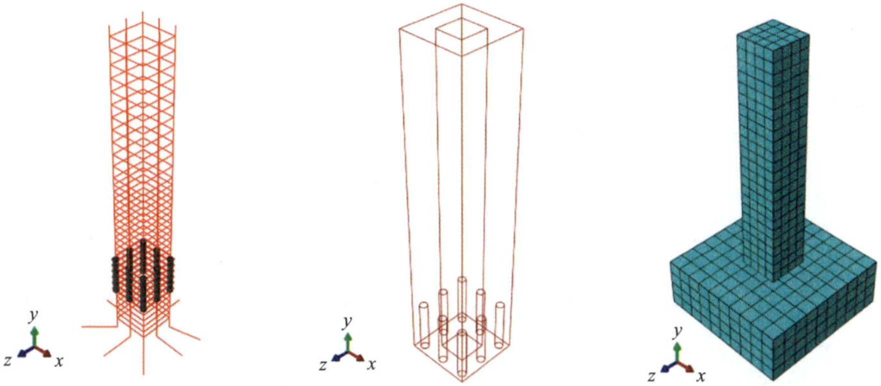

(a)方形钢筋骨架　　(b)方形桥墩墩身实体　　(c)方形桥墩网格划分

图 9-13　全中空预制装配式混凝土方形桥墩有限元模型

9.3.3　有限元分析结果

1. 全中空预制装配式混凝土方形桥墩试验曲线拟合

将试验与数值模拟获得的滞回曲线、骨架曲线、耗能曲线进行拟合对比，结果如图 9-14～图 9-16 所示，骨架曲线特征点参数见表 9-4。

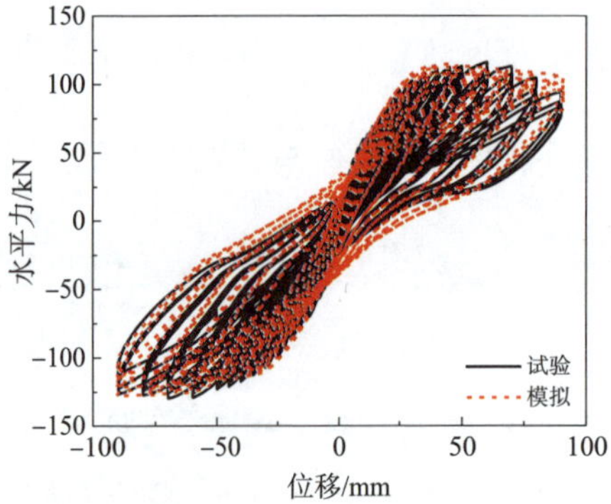

图 9-14　滞回曲线拟合

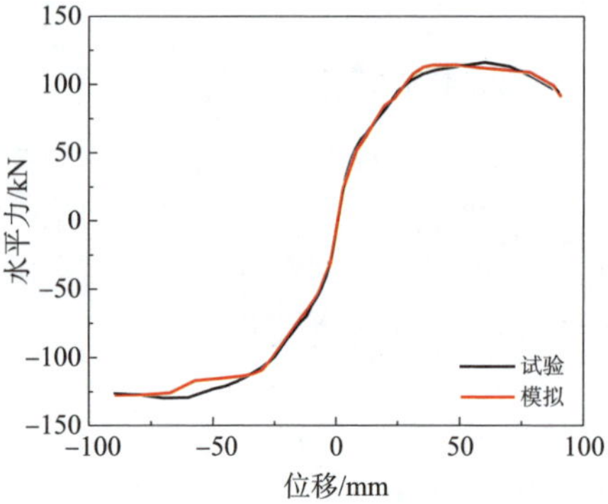

图 9-15　骨架曲线拟合

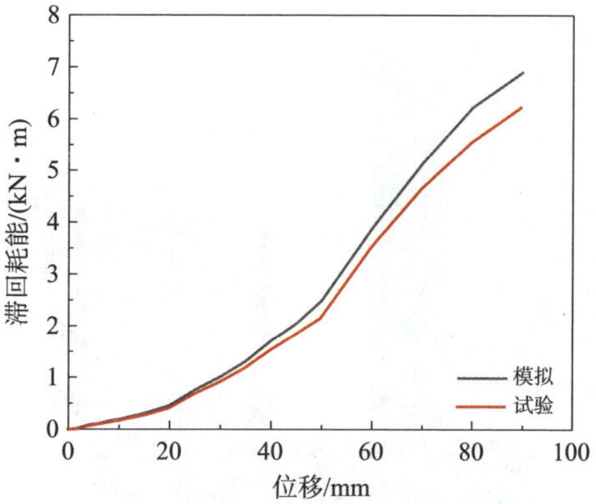

图 9-16　耗能曲线拟合

表 9-4　骨架曲线特征点参数(二)

试件类型		Δ_y/mm	P_y/kN	P_{max}/kN	Δ_u/mm	P_u/kN	位移延性系数	初始切线刚度/(kN·m^{-1})
全中空方形桥墩	试验	19.33	88.27	116.10	86.14	98.69	4.45	11 520
	模拟	19.26	86.73	113.58	85.35	96.54	4.37	11 348

2. 全中空预制装配式混凝土方形桥墩破坏形态

通过对配置高强钢筋的全中空预制装配式方形桥墩有限元模型施加低周循环往复荷载,获得其在整个加载过程中墩身破坏形态的发展历程,并与试验现象进行对比。根据墩身破坏的严重程度,主要分为三个阶段:轻微损伤阶段、中等损伤阶段和严重损伤阶段,通过有限元模型 DAMAGEC 云图和 DAMAGET 云图来表征。配置高强钢筋的全中空预制装配式方形桥墩有限元模破坏形态如图 9-17 所示。

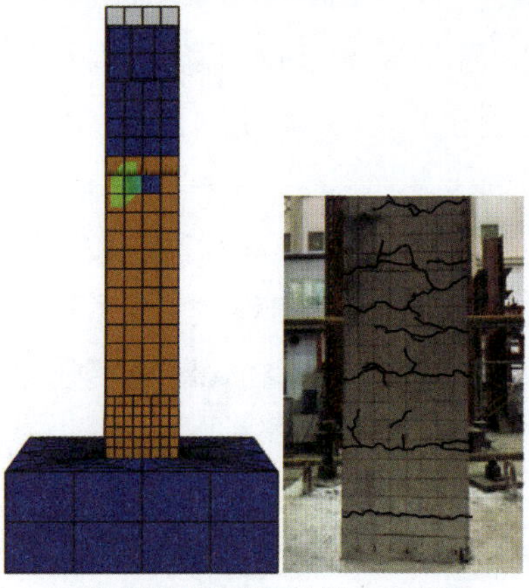

(a)轻微损伤阶段 DAMAGEC 云图

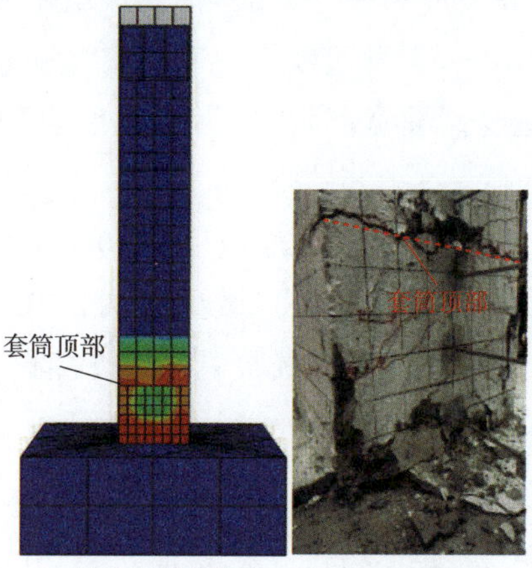

(b)中等损伤阶段 DAMAGET 云图

图　9-17

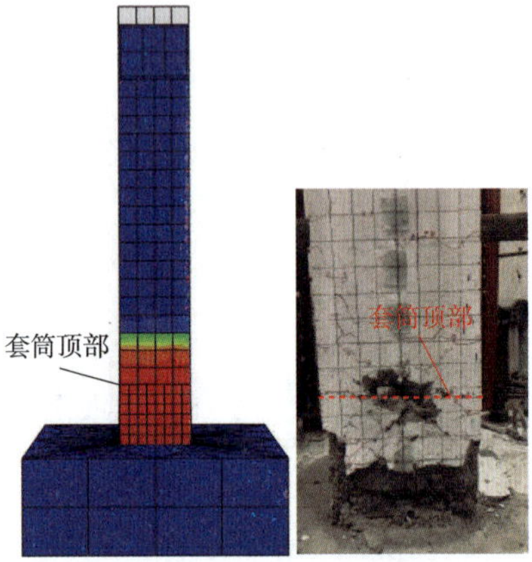

(c)严重损伤阶段 DAMAGET 云图

图 9-17　全中空预制装配式方形桥墩试件破坏形态

轻微损伤阶段:加载位移 25 mm 时,根据 DAMAGET 图可知,配置高强钢筋的全中空预制装配式方形桥墩自墩底向上 550 mm 范围内出现混凝土受拉破坏,墩身混凝土出现裂缝,主要受力纵筋达到屈服强度,墩身塑性变形逐渐增多,混凝土受拉破坏区域逐渐扩大。实际试验中,在往复荷载作用下,墩身刚度变化截面和墩底截面首先出现水平贯穿裂缝,随着荷载不断增大,墩身陆续出现多条水平贯穿裂缝,主要受力纵筋达到屈服强度。

中等损伤阶段:加载位移 50 mm 时,根据 DAMAGEC 图可知,灌浆套筒的存在使得墩身自墩底向上 320 mm 范围内刚度明显增大。在往复荷载作用下,灌浆套筒顶部刚度变化截面和墩底截面几乎同时混凝土压缩损伤,两个截面逐渐发展成为塑性铰区,损伤区域不断扩展。实际试验中,在低周循环往复荷载作用下,墩身刚度变化截面和墩底陆续出现混凝土起皮、剥落,随着荷载增大,墩身裂缝宽度较大,墩身灌浆套筒段混凝土保护层陆续剥落,剥落范围逐渐扩大。

严重损伤阶段:加载位移 100 mm 时,根据 DAMAGEC 图可知,墩身混凝土出现大面积压缩损伤,墩身灌浆套筒区段全部发展成为塑性铰区,并不断沿墩身向上发展。实际试验中,加载后期,墩身产生大量塑性变形,墩身损伤累积较多,墩身灌浆套筒段混凝土大面积剥落,露出箍筋,墩底接缝张开,墩底混凝土大量压碎。

9.4　全中空预制装配式混凝土桥墩抗震性能影响参数分析

9.4.1　预制装配式桥墩墩身纵筋强度参数分析

以配置高强钢筋的全中空预制装配式方形桥墩为基准，通过对试件墩身纵筋进行等体积代换来分析纵筋强度的不同对桥墩抗震性能的影响。将试件纵筋替换为 HRB400E 级钢筋和 HRB500E 级钢筋，并对试件施加与试验相同的低周循环往复荷载，获得不同强度纵筋等体积代换下的试件骨架曲线和耗能曲线，如图 9-18 和图 9-19 所示，骨架曲线特征点参数见表 9-5。

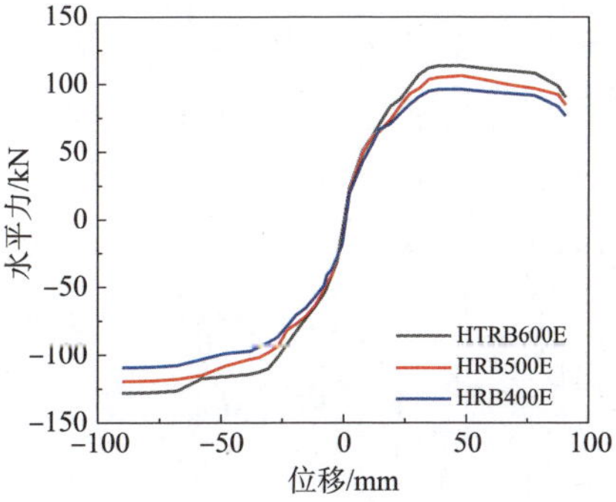

图 9-18　试件骨架曲线(一)

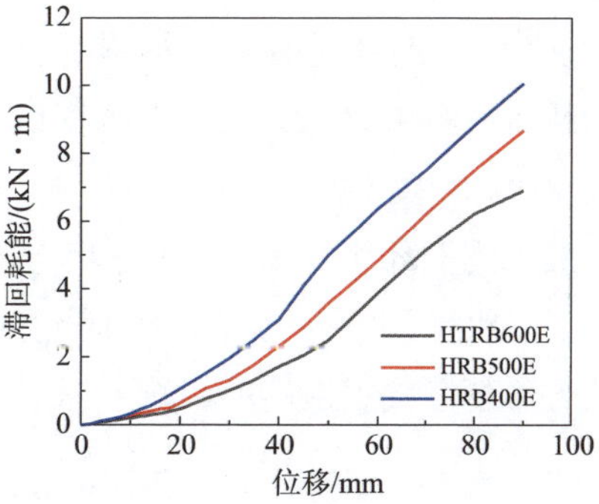

图 9-19　试件耗能曲线(一)

表 9-5　骨架曲线特征点参数(三)

纵筋类型	Δ_y/mm	P_y/kN	P_{max}/kN	Δ_u/mm	P_u/kN	位移延性系数	初始切线刚度/(kN · m^{-1})
HTRB600E	19.26	86.73	113.58	85.35	96.54	4.43	11 348
HRB500E	17.54	82.45	106.66	87.45	90.66	4.98	11 037
HRB400E	15.43	80.27	96.63	87.69	82.14	5.68	10 520

根据图 9-18 和表 9-5 可知，随着墩身纵筋强度等级由 HTRB600E 等体积代换为 HRB500E 和 HRB400E，试件水平抗弯承载力峰值 P_{max} 有所下降，分别减小了 6.1%和 14.9%。墩身纵筋等体积代换时，纵筋强度的降低减小了墩身屈服位移和墩身整体刚度，使得墩柱在往复荷载作用下的变形能力逐渐提高，墩身极限位移有所增大，试件位移延性逐渐增强，说明墩身内配置高强钢筋可一定程度上提高墩身刚度，增大墩身屈服位移，延缓墩身进入塑性阶段，但对墩身位移延性产生消极影响。

墩身内纵筋强度的不同对中空预制装配式方形桥墩整体耗能能力影响显著。墩身内纵筋等体积代换时，钢筋强度的降低减小了墩身整体刚度和屈服位移，相同的荷载等级下，配置低强度纵筋的试件墩身塑性变形能力有所增强，墩身总耗能中塑性耗能能力占比逐渐增大，总耗能能力明显提高。相较于配置 HTRB600E 级钢筋的试件，配置 HRB500E 级钢筋和 HRB400E 级钢筋的试件耗能曲线峰值分别提高了 24.6%和 45.9%。

综上所述，配置高强钢筋的中空预制装配式方形桥墩墩身内纵筋强度的改变对其抗震性能影响显著，墩身内配置高强钢筋，在提高水平抗弯承载能力和抗弯刚度，延缓墩身进入塑性，减少墩身塑性变形的同时，使得墩身延性有所降低，对墩柱整体耗能稍显不利。

9.4.2 预制装配式桥墩墩身中空率参数分析

在满足试件构造要求的前提下，通过改变配置高强钢筋的全中空预制装配式方形桥墩墩身中空部分尺寸来改变试件墩身中空部分的体积，从而改变试件墩身中空率，墩身中空部分尺寸见表 9-6。对不同中空率试件的有限元模型施加与试验相同的低周循环往复荷载，获得相应的骨架曲线、耗能曲线及骨架曲线特征点参数，见图 9-20、图 9-21 和表 9-7，研究中空率的变化对配置高强钢筋的中空预制装配式方形桥墩抗震性能的影响。

表 9-6 试件中空层截面尺寸

中空率/%	中空截面尺寸/mm	中空层长度/mm
16	160×160	2 000
18	170×170	2 000
20	180×180	2 000
22	190×190	2 000
25	200×200	2 000

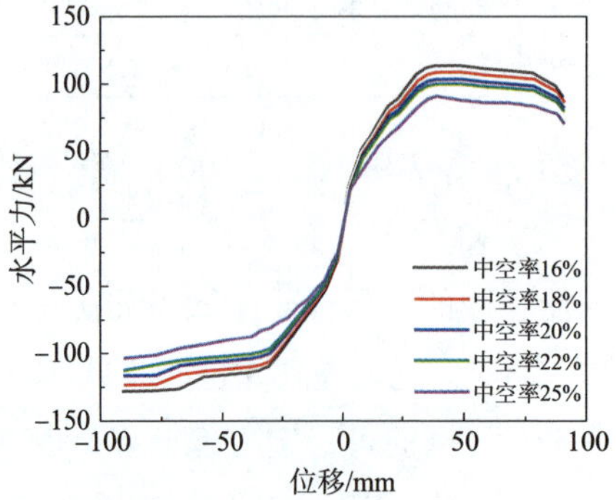

图 9-20 试件骨架曲线(二)

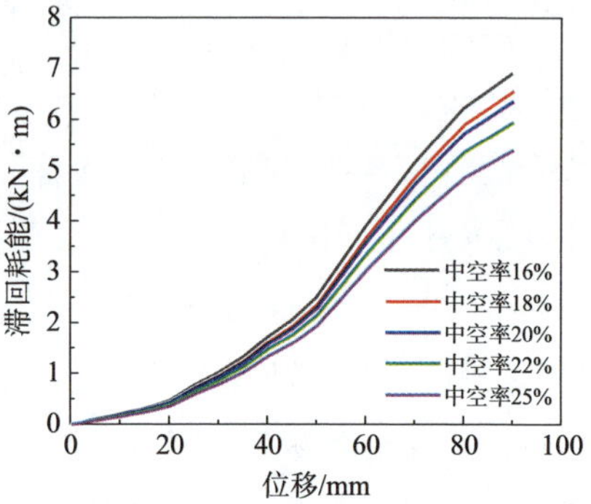

图 9-21 试件耗能曲线(二)

表 9-7　骨架曲线特征点参数(四)

中空率/%	Δ_y/mm	P_y/kN	P_{max}/kN	Δ_u/mm	P_u/kN	位移延性系数	初始切线刚度/(kN·m⁻¹)
16	19.26	86.73	113.58	85.35	96.54	4.43	11 348
18	17.86	84.98	109.17	88.64	92.79	4.96	11 253
20	16.43	82.06	103.48	88.14	87.96	5.36	10 236
22	16.02	81.57	99.66	87.41	84.71	5.45	10 174
25	14.46	72.89	90.57	87.91	76.98	6.07	9 765

根据图 9-20 和表 9-7 可知，在满足试件构造要求的前提下，随着墩身中空率的增大，墩身整体刚度有所减小，相同荷载作用下，试件水平抗弯承载能力出现不同程度的下降。相较于墩身中空率为 16%，墩身中空率为 18%、20%、22%和 25%时，试件水平承载力峰值分别减小了 3.9%、8.9%、12.3%和 20.3%。往复荷载作用下，墩身中空率的增大，使得墩身屈服位移和屈服荷载有所减小，加快了试件墩身的屈服，使得试件产生更多的塑性变形，相同荷载作用下，墩身塑性变形能力有所提高，墩身位移延性有所增强。相较于墩身中空率为 16%，墩身中空率为 18%、20%、22%和 25%时，试件位移延性系数分别增大了 12.0%、21.0%、23.0%和 37.0%。

随着墩身中空部分体积的增大，试件整体刚度有所减小，往复荷载作用下，试件墩身加快进入塑性阶段，墩身塑性损伤逐渐增多，墩身水平抗弯承载力峰值下降明显，相同位移变形下，墩身总耗能能力有所减弱。根据图 9-21 可知，加载中后期，不同中空率试件耗能曲线逐渐分开，耗能差值逐渐增大。相较于墩身中空率为 16%，墩身中空率为 18%、20%、22%和 25%时，试件耗能曲线峰值分别减小了 5.8%、7.8%、13.9%和 28.3%。

综上所述，增大墩柱中空部分体积，提高墩身中空率，进一步减轻了墩柱整体重量，降低了桥墩墩身整体刚度，增强了桥墩墩身位移延性，使得水平抗弯承载能力进一步减小，墩身累积塑性损伤增多，不利于墩柱耗能，对配置高强钢筋的中空预制装配式方形桥墩整体抗震性能产生消极影响。当试件中空率大于 20%时，试件耗能峰值和水平抗弯承载力等出现较大幅度的下降，基于降低配置高强钢筋的中空预制装配式方形桥墩墩身重量的目的，且综合考虑桥墩水平抗弯承载力、耗能能力等抗震性能指标，高强钢筋的中空预制装配式方形桥墩墩身中空率设置为 20%较为合适。

小 结

(1)在低周循环往复荷载作用下,配置高强钢筋的全中空预制装配式方形桥墩滞回环较为饱满,加载后期滞回环呈现明显的梭形和捏拢效应。由于其墩身配置高强钢筋,抗弯承载力较配置普通钢筋的现浇桥墩和预制装配式方形实心桥墩有明显的提高。试件中空率为16%时,其抗弯承载力与配置高强钢筋的预制装配式方形实心桥墩相近,在此中空率下,墩身核心混凝土对试件抗弯承载力的影响较小。

(2)在低周循环往复荷载作用下,配置高强钢筋的全中空预制装配式方形桥墩曲率分布曲线在墩身刚度变化截面产生较为剧烈的转折。刚度突变处墩身主要受力纵筋应变发展较快,率先达到屈服应变,塑性铰高度较现浇桥墩明显增大。

(3)全中空预制装配式方形桥墩耗能曲线发展趋势和最大耗能值与配置高强钢筋的预制装配式方形实心桥墩相近,略差于配置普通钢筋的现浇桥墩和预制装配式方形桥墩,说明墩身核心混凝土对配置高强钢筋的预制装配式方形桥墩耗能能力影响较小。配置高强钢筋使得预制装配式桥墩残余位移较普通钢筋桥墩显著减小。掏空墩身核心混凝土一定程度上减少了墩身塑性变形的产生,进一步减小了预制装配式桥墩的残余位移。配置高强钢筋减缓了试件墩身刚度退化速率,相较于配置普通钢筋桥墩,配置高强钢筋的全中空预制装配式方形桥墩刚度退化曲线斜率有所减小,刚度退化速率降低,减缓了墩身抵抗变形能力的退化。

(4)墩身内纵筋桥墩等体积代换时,纵筋强度的降低使得桥墩水平抗弯承载力和墩身整体刚度有所减小,墩身位移延性和变形能力有所增强,耗能能力明显提高。随着墩身中空率的增大,在减轻墩身重量、提高墩身位移延性的同时,墩身抗弯刚度逐渐减小,水平抗弯承载力逐渐降低,墩身塑性损伤逐渐增多,对桥墩整体耗能能力产生消极影响。

参考文献

[1]中华人民共和国住房和城乡建设部. 钢筋连接用套筒灌浆料:JG/T 408—2019[S]. 北京:中国标准出版社,2019.

[2]李世元. 装配式建筑钢筋套筒灌浆料研究[D]. 北京:北京市市政工程研究院,2017.

[3]黄政宇,钱峰. DSP早强高强灌浆料综合性能研究[J]. 湖南大学学报:自然科学版,2009,36(8):18-22.

[4]黄继起,黄政宇. 超高性能混凝土胶凝材料组成的研究[J]. 三峡大学学报:自然科学版,2011,33(3):47-50.

[5]郭浩. 超早强型聚羧酸减水剂在套筒灌浆料的应用研究[D]. 济南:山东建筑大学,2017.

[6]WANG Z Y, ZHANG Y, CHEN F, et al. Axial bearing capacity of large-diameter grouted connections analyzed by means of a simplified double shear test[J]. Construction and Building Materials, 2017, 134: 245-253.

[7]TAZARV M, SAIIDI M S. Seismic design of bridge columns incorporating mechanical bar splices in plastic hinge regions[J]. Engineering Structures, 2016, 124: 507-520.

[8]郭子鹏,辛光涛,陈彦江,等. 灌浆套筒连接装配式混凝土桥墩振动台试验研究[J]. 工程抗震与加固改造,2020,42(3):84-90.

[9]徐文靖,马骉,黄虹,等. 套筒连接的预制拼装桥墩抗震性能研究[J]. 工程力学, 2020,37(10):93-104.

[10]魏红一,肖纬,王志强,等. 采用套筒连接的预制桥墩抗震性能试验研究[J]. 同济大学学报:自然科学版, 2016,44(7):1010-1016.

[11]葛继平,夏樟华,江恒. 灌浆波纹管装配式桥墩双向拟静力试验[J]. 中国公路学报,2018,31(12):221-230.

[12]ZHANG G D, HAN Q, XU K, et al. Experimental investigation of seismic behavior of UHPC-filled socket precast bridge column-foundation connection with shear keys[J]. Engineering Structures, 2020, 228:111527.

[13]QU H Y, LI T T, WANG Z Q, et al. Investigation and verification on seismic behavior of precast concrete frame piers used in real bridge structures: Experimental and numerical study[J]. Engineering Structures, 2018, 154:1-9.

[14]DING Y, WU D Q, SU J S, et al. Experimental and numerical investigations on seismic performance of RC bridge columns considering buckling and low-cycle fatigue of high-strength steel bars[J]. Engineering Structures, 2021, 227: 111464.

[15]SU J X, LI Z X, WANG J J, et al. Numerical simulation and damage analysis of RC bridge piers reinforced with varying yield strength steel reinforcement[J]. Soil Dynamics and Earthquake Engineering,2020, 130:106007.

[16]WANG J C, ZHOU J H, PAN M X, et al. Experimental study on bond slip relationship of steel sleeve[J]. MATEC Web of Conferences, 2016,63:1-5.

[17]TULLINI N, MINGHINI F. Grouted sleeve connections used in precast reinforced concrete construction-Experimental investigation of a column-to-column joint[J]. Engineering Structures, 2016, 127: 784-803.

[18]LIU H T, HAN Q, BAI Y L, et al. Connection performance of restrained deformed grouted sleeve splice[J]. Advances in Structural Engineering, 2018, 21(3): 488-499.

[19]AMELI M J, PANTELIDES C P. Seismic analysis of precast concrete bridge columns connected with grouted splice sleeve connectors[J]. Journal of Structural Engineering,2016, 143(2):04016176.

[20]XU L, PAN J L, CAI J M. Seismic performance of precast RC and RC/ECC composite columns with grouted sleeve connections[J]. Engineering Structures,2019,188:104-110.

[21]郑永峰. GDPS灌浆套筒钢筋连接技术研究[D]. 南京:东南大学,2016.

[22]王瑞,陈建伟,王宁. 钢筋套筒灌浆连接性能有限元分析[J]. 华北理工大学学报:自然科学版, 2019,41(1):47-56.

[23]VAGHEI R, HEJAZI F, TAHERI H, et al. Development of a new connection for precast concrete walls subjected to cyclic loading[J]. Earthquake Engineering and Engineering Vibration,2017, 16(1): 97-117.

[24]LUIS FELIPE MAYA DUQUE, IGOR DE LA VARGA, BENJAMIN A GRAYBEAL. Fiber reinforcement influence on the tensile response of UHPFRC[C]//First International Interactive Symposium on UHPC. Des Moines, IOWA, USA ,2016.

[25]刘汗青,何宇,霍静思. 钢管混凝土柱预埋波纹管浆锚钢筋抗拔性能试验研究[C]//中国钢结构协会结构稳定与疲劳分会第 16 届(ISSF-2018)学术交流会暨教学研讨会论文集. 北京:中国钢结构协会结构稳定与疲劳分会,2018:561-568.

[26]陈俊,肖岩,尹齐. 预埋波纹套管的钢筋-高强浇筑料黏结锚固性能试验研究[J]. 建筑结构学报,2015,36(7): 140-147.

[27]贾俊峰,郭扬,宋年华,等. 基于灌浆波纹管锚固连接的预制拼装 RC 墩柱抗震试验[J]. 中国公路学报, 2018(12): 212-220.

[28]SHIN H O, YOON Y S, COOK W D, et al. Effect of confinement on the axial load response of ultrahigh-strength concrete columns[J]. Journal of Structural Engineering, 2015, 141(6): 04014151.

[29] SHIN H O, YOON Y S, COOK W D, et al. Axial load response of ultra-high-strength concrete columns and high-strength reinforcement[J]. ACI Structural Journal, 2016, 113

(2)：325.

[30]姜海西，王志强，沈佳伟. 灌浆金属波纹管连接预制拼装立柱抗震性能试验研究[J]. 结构工程师，2016，32(5)：132-138.

[31]上海市城乡建设和管理委员会. 预制拼装桥墩技术规程：DG/TJ 08-2160—2015[S]. 上海：同济大学出版社，2015.

[32]中华人民共和国住房和城乡建设部. 预应力混凝土用金属波纹管：JG/T 225—2020[S]. 北京：中国标准出版社，2020.

[33]中华人民共和国交通运输部. 公路钢筋混凝土及预应力混凝土桥涵设计规范：JTG 3362—2018[S]. 北京：人民交通出版社股份有限公司，2018.

[34]中华人民共和国交通运输部. 公路桥梁抗震设计细则：JTG/T B02-01—2008[S]. 北京：人民交通出版社，2008.

[35]American Association of State Highway and Transportation Officials. Standard specification for epoxy resin adhesives：AASHTO M_235-2013[S].

[36]American Association of State Highway and Transportation Officials. Standard specification for highway bridge：AASHTO HB-2002[S].

[37]PARK KEUM-SUNG，MOON JIHO，LEE SANG-SUP，et al. Embedded steel column-to-foundation connection for a modular structural system[J]. Engineering Structures，2016，110：244-257.

[38]WHITE SAMUEL PALERMO ALESSANDRO. Quasi-static testing of posttensioned nonemulative column-footing connections for bridge piers[J]. Journal of Bridge Engineering，2016，21(6)：1-13.

[39]ABOUKIFA MAHMOUD A. Behavior and design of precast column/base pocket connections with smooth surface interface[J]. Al-Azhar University Civil Engineering Research Magazine，2017，39(3)：191-202.

[40]MOHEBBI A，SAIIDI M S，ITANI A M. Shake table studies and analysis of a precast two-column bent with advanced materials and pocket connections[J]. Journal of Bridge Engineering，2018，23(7)：1-14.

[41]MOHEBBI A，SAIIDI M S，ITANI A M. Shake table studies and analysis of a PT-UHPC bridge column with pocket connection[J]. Journal of Structural Engineering，2018，144(4)：1-12.

[42]徐艳，曾增，葛继平，等. 承插式预制拼装桥墩的最小合理承插深度[J]. 同济大学学报：自然科学版，2019，47(12)：1706-1711.

[43]LI X，MA X H，DING B D. Seismic behavior of precast concrete filled dual steel tube columns in socket foundations[J]. Advanced Steel Construction，2019，15(3)：3215-3224.

[44]WANG Z Q，LI T T，QU H Y. Seismic performance of precast bridge columns with socket and pocket connections based on quasi-static cyclic tests：Experimental and numerical study

[J]. Journal of Bridge Engineering, 2019, 24(11): 1-12.

[45]葛继平,闫兴非,王志强. 2 段式预制拼装预应力混凝土桥墩的抗震性能[J]. 铁道科学与工程学报,2017, 14(11): 2390-2398.

[46]贾俊峰,赵建瑜,张强,等. 后张预应力节段拼装 CFST 桥墩抗侧力学行为试验[J]. 中国公路学报, 2017,30(3): 236-245.

[47]王军文,张伟光,艾庆华. PC 与 RC 空心墩抗震性能试验对比[J]. 中国公路学报,2015,28(4):76-85.

[48] BU Z Y, OU Y C, SONG J W, et al. Cyclic loading test of unbonded and bonded posttensioned precast segmental bridge columns with circular section[J]. Journal of Bridge Engineering,2015,21(2):10-18.

[49] MOTAREF S, SAUDI M S, SANDERS D. Shake table studies of energy-dissipating segmental bridge columns[J]. Journal of Bridge Engineering,2013,19(2):186-199.

[50]张建伟,李晨,李翔宇,等. HRB600 级钢筋高强混凝土柱抗震性能试验研究[J]. 土木工程学报,2019,52(8):6-17.

[51]苏俊省,王君杰,王文彪. 配置高强钢筋的混凝土矩形截面柱抗震性能试验研究[J]. 建筑结构学报,2014,35(11):20-27.

[52]王君杰,苏俊省,王文彪. 配置 HRB500E,HRB600 钢筋的混凝土圆柱抗震性能试验[J]. 中国公路学报,2015, 28(5):93-100.

[53]WANG T C, LIU X, ZHAO H L. Experimental research on seismic behavior of +-shaped columns reinforced with high-strength steel bars under cyclic loading[J]. KSCE Journal of Civil Engineering,2015, 19(4): 982-993.

[54]戎贤,段微微. 配置 HRB500 高强钢筋 T 形柱抗震性能试验及有限元分析[J]. 科学技术与工程,2016, 16(19): 91-96.

[55]苏俊省. 高强钢筋混凝土桥墩抗震性能研究[D]. 上海:同济大学,2017.